土壤重金属污染与植物-微生物联合修复技术研究

马占强　李娟　著

中国水利水电出版社
www.waterpub.com.cn
·北京·

内 容 提 要

随着我国国民经济的快速增长，土壤重金属污染问题日益严重，特别是近年来，我国重金属污染导致人民群众中毒事件频发，造成了极大的社会影响。为了人民群众的身体健康以及我国经济的健康可持续发展，需要对重金属污染的来源、危害以及治理手段进行深入的研究。为此，作者撰写了本书。本书的主要内容有：土壤重金属污染问题及危害、我国重金属排放来源调查、植物对重金属的解毒及机理、微生物对重金属的解毒及机理、苜蓿对土壤重金属的修复研究等。

本书适合环境专业的师生阅读，也可以作为从事环保研究的科研人员和工程技术人员的参考资料。

图书在版编目（CIP）数据

土壤重金属污染与植物-微生物联合修复技术研究 / 马占强，李娟著. -- 北京 : 中国水利水电出版社，2018.11（2024.1重印）
ISBN 978-7-5170-7173-0

Ⅰ. ①土… Ⅱ. ①马… ②李… Ⅲ. ①土壤污染－重金属污染－生物防治（环境污染）－研究 Ⅳ. ①X53 ②S156.99

中国版本图书馆CIP数据核字(2018)第272962号

责任编辑：陈 洁　　封面设计：王 伟

书 名	土壤重金属污染与植物-微生物联合修复技术研究 TURANG ZHONGJINSHU WURAN YU ZHIWU-WEISHENGWU LIANHE XIUFU JISHU YANJIU
作 者	马占强 李娟 著
出版发行	中国水利水电出版社 （北京市海淀区玉渊潭南路1号D座 100038） 网址：www. waterpub. com. cn E-mail：mchannel@263. net（万水） sales@waterpub. com. cn 电话：（010）68367658（营销中心）、82562819（万水）
经 售	全国各地新华书店和相关出版物销售网点
排 版	北京万水电子信息有限公司
印 刷	三河市元兴印务有限公司
规 格	170mm×240mm 16开本 13.75印张 243千字
版 次	2019年1月第1版 2024年1月第3次印刷
印 数	0001—3000册
定 价	60.00元

前言

土壤重金属污染是指由于人类活动，土壤中的微量金属元素在土壤中的含量超过背景值，对动植物以及人类的健康造成严重威胁的土壤污染问题。随着工业的发展，农用化学物质种类、数量的增加，我国土壤重金属污染日益严重，污染程度在加剧，污染面积逐年扩大。根据农业部环保监测系统对全国24个省市自治区，320个严重污染区约548万hm^2土壤的调查发现，大田类农产品污染超标面积占污染区农田面积的20%，其中重金属污染占80%；对全国粮食的调查发现，重金属Pb、Cd、Hg、As超标率占10%。我国每年因重金属污染而减产的粮食达1000多万t，被重金属污染的粮食每年多达1200万t，合计经济损失至少200亿元。据我国农业部进行的全国污灌区调查，在约140万hm^2的污水灌区中，遭受重金属污染的土地面积占污水灌区面积的64.8%，其中轻度污染的占46.7%，中度污染的占9.7%，严重污染的占8.4%。更为危险的是重金属污染物在土壤中移动性差，滞留时间长，大多数微生物不能将其降解，多数重金属可通过水、植物等介质最终危害人类健康。

近年来，我国重金属污染导致人民群众中毒事件频繁，造成了极大的社会影响，必须加强重金属防治与土壤重金属修复的措施。

本书是作者经过大量的文献调研并结合长期的教学和实践经验编写而成的。本书共六章，第一章是土壤重金属污染的简介，阐述了重金属污染的危害；第二章简要介绍了我国土壤重金属污染的来源及防治现状，并介绍了一些重金属排放量的统计方法；第三章介绍了重金属毒害植物的机制；第四章重点介绍了植物对重金属胁迫的解毒机理；第五章介绍了微生物在重金属胁迫的情况下的解毒机制，并重点介绍了植物与微生物对重金属污染土壤的修复作用；第六章介绍了经济作物苜蓿对土壤重金属的修复研究。

本书中，马占强（河南科技大学）负责第三章至第五章的撰写工作；李娟（洛阳理工学院）负责第一章、第二章、第六章的撰写工作。

本书从生态学的角度全面分析了重金属与生物的生态关系，深入阐明了土壤重金属污染修复的生态过程，构建了土壤重金属污染生态修复的技术体系，体现了土壤资源合理利用、持续发展的思想。

由于作者水平有限，书中难免有不妥与疏漏之处，恳请广大读者批评指正。

作　者

2018年5月

目　录

第一章
土壤重金属污染概述

土壤重金属污染是指人类活动使得土壤中重金属含量超过其背景值，从而造成生态环境质量的退化，危及人类健康及生物生存的环境污染问题。土壤重金属污染通常不易降解，人类长期生活在这种环境下，易患多种慢性疾病，包括肾脏毒性，肝脏毒性，骨骼毒性，血液、循环系统疾病，免疫系统疾病，神经系统疾病，生殖系统疾病，呼吸系统疾病，致癌、致突变毒性等。随着我国经济的快速发展，近年来重金属污染致病的群体性事件屡见报道，已成为环境保护领域重要的研究课题。

第一节　土壤重金属污染问题简述

一、重金属污染问题

重金属是土壤环境中具有直接和潜在危害的一类污染物。这类重金属元素在化学概念上尚无严格的定义，一般根据金属元素的密度把金属分成重金属和轻金属，通常把密度大于4.5g/cm^{3}的金属元素称为重金属元素，按此定义，元素周期表中属于重金属元素的有四十多种，但从环境科学的角度，人们更多关注的是其中污染来源广泛、生物毒性较大的重金属元素，具体包括汞、镉、砷、铅、铬、镍、铜、锌、钒、锰、锑等，其中前五种元素因其毒性大被称为“五毒元素”。

通常重金属污染并不能被人们直接观察到，容易被人们忽视，但是水体或土壤的重金属污染一旦超标，危害极大。而且，重金属污染不具有可降解特性，会通过动植物的累积和循环作用，贻害无穷。

重金属污染的危害主要表现为致癌、致疾、致突变等危害。研究表明，重金属进入人体后会导致蛋白质及各种酶失去活性，且不易代谢，当富集在人体器官中的含量超过人体耐受限度后，会造成人体急性中毒、亚急性中毒、慢性中毒等，严重危害人体健康。

土壤遭受重金属污染的典型事例最早可追溯到19世纪发生在日本足尾铜矿山的公害事件。那里由于铜矿山废水排入农田使土壤中铜含量高达200mg/kg，不仅造成水稻严重减产，而且最终使矿山周围农田变为不毛之地。进入20世纪五六十年代，相继发生了举世瞩目的“八大公害事件”，其中发生在日本的“痛痛病”和“水俣病”就是土壤受到重金属镉和汞污染的两个典型公害事件。公害事件的痛苦经历有力地推动了人们对土壤环境重金属污染问题的认识与关注，研究的视角从最初的重金属来源调查、含量分析、形态转化、对农作物生长发育的障碍等扩展到重金属在土壤-植物系统中的迁移转化、空间分布、长距离输送、食物链中累积和对人体的小剂量累积慢性毒害以及重金属污染土壤的治理与修复等方面。目前这一领域已成为当代土壤科学和环境科学研究的前沿热点。

调查发现，重金属污染主要来自于人类活动，比如采矿、重金属制品的生产废水、废气排放以及使用、污水灌溉等。少数来自于个别地区的石漠化导致的重金属释放，比如喀斯特地区。

英国早期开采煤炭、铁矿、铜矿遗留下的土壤重金属污染经过300年依然存在。1996—1999年间，英格兰和威尔士的相关人员尝试挖出污染土壤并移至别处，但并未从根本上解决问题。

日本在20世纪六七十年代爆发了非常严重的土壤重金属污染事件，著名的“痛痛病”“水俣病”“第二水俣病”“四日市病”等日本四大公害事件中，有三起由重金属污染引起。

荷兰在工业化初期也曾出现土壤污染问题。从20世纪80年代中期开始，荷兰就加强了土壤的环境管理，完善了土壤环境管理的法律及相关标准。国土面积为$4.15\times10^4km^2$的荷兰每年用于修复1500-2000个污染场地的花费达4亿欧元，直到2015年才基本修复。

工业、城市污染的加剧，农用化学物质种类、数量的增加，使得土壤重金属污染日益严重。土壤重金属污染已成为世界范围内普遍的问题，全球年重金属排放量大约为：汞为1.5×10^4t、铜为3.4×10^6t、铅为5×10^6t、锰为1.5×10^7t、镍为1.0×10^6t。土壤是这些重金属污染的最终归宿。

曾经人们对重金属污染问题并不关心，一直到20世纪70年代初，人们还认为包括重金属污染在内的一系列环境问题与我国无关，污染问题与公害事件是发达的资本主义国家特有的。改革开放短短的30多年，我国的经济建设取得举世瞩目的成就，一跃成为全球第一的贸易大国和第二大经济体，但经济高速发展的背后也付出了巨大而沉重的资源环境代价。发达国家近200年才累积出现的环境污染问题在我国短短30年内全部重现，而且有过之而无不及。抛开大范围长时间的空气污染和雾霾天气、全国十大河流水质监测断面半数超标和80%以上湖泊富营养化，仅就土壤环境污染的面积与程度也是全球最严重的。据国土资源部和环境保护部联合发布的全国土壤污染调查公报显示：全国约有16.1%的土壤重金属超标，其中轻微、轻度、中度和重度污染比例分别为11.2%、2.3%、1.5%和1.1%。污染类型以无机型为主，有机次之，复合型污染比重较小，无机污染物约占总污染物的82.8%。此外，耕地土壤污染占19.4%，其中轻微、轻度、中度和重度污染比例分别为13.72%、2.8%、1.8%和1.1%。土壤状况调查结果表明，中重度污染耕地大体在5000万亩左右。但如果加上轻度污染的耕地土壤和污染程度不同的非耕地土壤，保守估计我国污染土壤总面积在1.5亿亩以上，这其中重金属污染土壤占有较大的比重。据中国环境监测总站的资料显示，我国重金属污染最严重的是镉、汞、铅和砷，受镉和砷污染的比例最大，约分别占受污染耕地的40%。

近十多年来，随着中国工业化的不断加速，涉及重金属排放的行业越来越多，加上一些污染企业的违法开采、超标排污等问题突出，使得近年来重金属污染事件更是频繁发生。

2014年，湖南衡阳由于化工污染导致300多名儿童血铅超标，随后中央电视台对血铅儿童、污染企业、污染耕地等多方面进行调查，发现当地土壤铅污染严重，仅衡东县大埔镇就有超过300多名儿童血铅超标。

2014年，广西壮族自治区大新县五山乡三合村常屯出现镉中毒事件，部分村民出现不同程度的关节肿大、变形等情况，部分村民尿液检测镉超标，为铅锌矿遗留问题。

2013年11月，湖北省黄石市经济技术开发区大王镇发生砷污染事件，导致该区域49名村民中毒。

2011年6月，陆良化工将总量5000余吨的重毒化工废料铬渣非法丢放，致云南省珠江源头南盘江附近水质遭到铬渣污染，曲靖麒麟区三宝镇、茨营乡、越州镇附近山区以及三宝镇张家营村黑煤沟的一处100m^{3}左右的积水潭积水遭到铬渣污染。

2011年，上海康花新村发生25名儿童血铅中毒事件，其中，至少10名儿童需要住院治疗。

2011年，浙江海久电池公司违规排放铅，造成当地53人铅中毒，需住院接受治疗。该地区还有275人被查出血铅水平超过正常值。

2011年，浙江杨汛桥血铅事件造成包括103名儿童在内的600多名在锡箔工厂的工人或居住在锡箔工厂附近的居民血铅超标。

2011年5月30日，广东省政府调查组技术组的调查报告，共检测三威公司周边村民血样2231份，检测结果血铅超标者254人，达到血铅中毒标准者96人（其中成人39人，儿童57人）。

2010年3月，湖南郴州血铅中毒者超300人，血铅化验者激增。

2010年6月，崇阳县青山镇湖北吉通电瓶有限公司部分职工及家属出现血铅超标、铅中毒。

2010年，山东省超威电源有限公司污染导致山东宁阳县罡城镇吴家林村民集体血铅超标，尤以儿童最为严重。

2010年，江苏省滨海县超威电源有限公司附近的阜中村居住的10名儿童有铅中毒的症状。

2010年，安徽省泗县惠丰电源厂造成附近100多名儿童血铅超标。

2010年，江苏省新沂市耐尔蓄电池有限公司，确认至少有4名生活在工厂周围的儿童血铅超标。

2002年，曾经有“中国贡都”的贵州万山因资源枯竭，宣布政策性关闭，但几十年的贡矿开采给当地留下了严重的土壤和水体汞污染。据调查报告显示，贵州万山县在2005年时就有117.4hm^{2}的土壤遭受汞污染。含汞量在200mg/hm²以上的土壤有66hm²必须紧急处理。2014年，官方资料显示，万山受汞污染的耕地土壤面积约10万亩，涉及人口10万人左右，土壤汞浓度0.207～255mg/kg，最大超标量572.3倍。

二、常见重金属元素的基本性质

（一）汞（Hg）

原子序数为80，原子量为200.59，沸点356.6℃，熔点-38.87℃，密度为13.59g/cm³，常温常压下以液态存在。汞在常温下会蒸发形成汞蒸气，有剧毒。汞普遍存在于自然界中，动植物体内均含有微量的汞，进入人体后可以通过排泄、毛发等代谢。

汞不与大多数的酸反应，例如稀硫酸。但是氧化性酸，例如浓硫酸、浓硝酸和王水可以溶解汞并形成硫酸盐、硝酸盐和氯化物。与银类似，汞也可以与空气中的硫化氢反应。汞还可以与粉末状的硫反应，这一点被用于处理汞泄漏以后吸收汞蒸气的工具里（也有用活性炭和锌粉的）。汞的用途较广，常用于制造科学测量仪器（如福廷气压计、温度计等）、药物、催化剂、汞蒸气灯、电极、雷汞等。汞容易与大部分普通金属形成合金，包括金和银，但不包括铁。这些合金统称汞合金。冶金工业常用汞齐法（汞能溶解其他金属形成汞齐）提取金、银和铊等金属。在中医学上，汞用作制备治疗恶疮、疥癣药物的原料。汞可用作精密铸造的铸模和原子反应堆的冷却剂以及镉基轴承合金的组元等。由于其密度非常大，物理学家托里拆利利用汞第一个测出了大气压的准确数值。此外汞还可以用于制造液体镜面望远镜。利用旋转使液体形成抛物面形状，以此作为主镜进行天文观测的望远镜，价格为普通望远镜的1/3。

（二）镉（Cd）

原子序数为48。原子量为112.41。镉呈银白色，熔点320.9℃，沸点765℃，密度为8.65g/cm³。镉可溶于酸，但不溶于碱。镉的氧化态为+1、+2，形成氧化镉和氢氧化镉等化合物，不易溶解。镉的毒性较大，日本因镉中毒曾出现“痛痛病”。镉广泛用于合金材料中，如含镉0.5%～1.0%的硬铜合金，可提高合金的抗拉强度和耐磨性。镉（98.65%）镍（135%）合金是飞机发动机的轴承材料。很多低熔点合金中含有镉，著名的伍德易熔合金中含有镉达12.5%。镉还常作为电镀材料进行使用，可有效防止金属被碱性物质腐蚀。镉的化合物还大量用于生产颜料和荧光粉。硫化镉、硒化镉、碲化镉用于制造光电池。镉具有较大的热中子俘获截面，因此含银（80%）、铟（15%）、镉（5%）的合金可作原子反应堆的中子吸收控制棒。镉还用于制造电工合金，如电器开关中的电触头大多采用银氧化镉材料，具有导电性能好、燃弧小、抗熔焊性能好等优点，广泛地用于家用电器开关、汽车继电器等。

（三）砷（As）

原子序数为33。原子量为74.92。砷有黄、灰、黑褐三种同素异形体。其中灰色晶体是最常见的单质形态，脆而硬，具有金属光泽（故砷单质也称为金属砷），易导热导电，易被捣成粉末。熔点817℃（28大气压，即2.828×10^6Pa），温度达到613℃后，便直接升华形成砷蒸气，有一股大蒜的臭味。砷的化合价为+3和+5。第一电离能为9.81eV（1eV≈1.6×10^{-19}J，下同）。砷易进入细胞而杀死细胞。砷的化合物可分为有机砷和无机砷两类，无机砷的毒性更强。砷与汞类似，被吸收后容易跟硫化氢根或双硫根结合而影响细胞呼吸及酵素作用；甚至使染色体发生断裂。砷单质很活泼，在空气中加热至约200℃时，会发出光亮，于400℃时，出现蓝色的火焰，与空气中的氧气化合形成白色的As_2O_3。金属砷较活跃，加热情况下可与大多数金属和非金属发生反应。不溶于水，溶于硝酸和王水，也能溶解于强碱，生成砷酸盐。工业用途中的砷的许多化合物都含有致命的毒性，常被加在除草剂、杀鼠药等中。砷为电的导体，被使用在半导体上。砷的化合物通称为砷化物，常被用于涂料、壁纸和陶器的制作。砷作合金添加剂生产铅制弹丸、印刷合金、黄铜（冷凝器用）、蓄电池栅板、耐磨合金、高强结构钢及耐蚀钢等。黄铜中含有微量砷时可防止脱锌。高纯砷是制取化合物半导体砷化镓、砷化铟等的原料，也是半导体材料锗和硅的掺杂元素，这些材料广泛用作二极管、发光二极管、红外线发射器、激光器等。砷的化合物还用于制造农药、防腐剂、染料和医药等。昂贵的白铜合金就是用铜与砷合炼的。此外，砷可用于微管、各种微波设备和航空、航天用仪表等方面。砷在石油化工方面可用作催化剂。医药方面，砷自古以来就常为人类所使用，例如砒霜即是经常使用的毒药。砷也曾被用于治疗梅毒。

（四）铬（Cr）

原子序数为24。原子量为51.996。铬是银白色有光泽的金属，纯铬有延展性，含杂质的铬硬而脆。固态密度7.19g/cm³，液态密度6.9g/cm³。熔点1857.0℃，莫氏硬度为9。铬能慢慢地溶于稀盐酸、稀硫酸，而生成蓝色溶液。易被空气中的氧气氧化形成Cr_2O_3而呈绿色。铬与浓硫酸反应，则生成二氧化硫和硫酸铬。

金属铬在合金材料中主要以铁合金形式用于生产不锈钢及各种合金钢，少量作为铝合金、钴合金、钛合金及高温合金、电阻发热合金等的添加剂使用。氧化铬用作耐光、耐热的涂料，也可用作化学合成的催化剂，玻璃、陶瓷的着色剂。铬常用于钢铁和铜、铝等金属的抗腐蚀镀层，同时可以增加表层的光亮，大量用于家具、汽车等行业。不同价态的铬毒性差异很大，六价铬比三价铬毒性高100倍，且易进入人体并蓄积。铬是人体必需的微量元素，三价的铬对人体有益，而六价铬会使人体出现中毒反应。人体对无机铬的吸收利用率极低，不到1%；人体对有机铬的利用率可达10%~25%。铬在天然食品中的含量较低，均以三价的形式存在。

（五）铅（Pb）

原子序数为82，原子量为207.2，带蓝色的银白色重金属，熔点327.502℃，沸点1740℃，密度11.3437g/cm^3，比热容0.13J(kg·K)，莫氏硬度1.5，质地柔软，抗张强度小。可用于建筑、铅酸蓄电池、弹头、炮弹、焊接物料、钓鱼用具、渔业用具、防辐射物料、奖杯和部分合金。铅合金可用于铸铅字，做焊锡；铅还用来制造放射性辐射、X射线的防护设备；铅及其化合物对人体有较大毒性，并可在人体内富集，尤其是破坏儿童的神经系统，可导致血液病和脑病。长期接触铅和它的盐（尤其是可溶的和强氧化性的PbO_2）可以导致肾病和类似绞痛的腹痛。有人认为许多古罗马皇帝有老年痴呆症是由于当时使用铅来造水管（以及铅盐用来作为酒中的甜物）造成的。而且，人体积蓄铅后很难自行排出，只能通过药物来清除。

（六）锌（Zn）

锌是一种蓝白色常用的有色金属，原子序数是30，原子量是65.39，密度7.14g/cm^3，莫氏硬度2.5，熔点419.5℃。锌的化学性质比较活泼，在常温下的空气中，表面生成一层薄而致密的碱式碳酸锌膜，可阻止进一步氧化，当温度达到225℃后，锌氧化激烈。燃烧时发出蓝绿色火焰，易溶于酸。世界上锌的全部消费中大约有1/2是用于镀锌，约10%用于黄铜和青铜，不到10%用于锌基合金，约7.5%用于化学制品，约13%用于制造干电池，以锌饼、锌板形式出现。锌可以用来制作电池，此外，锌具有良好的抗电磁场性能。锌的导电率是标准电工铜的29%，在射频干扰的场合，锌板是一种非常有效的屏蔽材料，同时由于锌是非磁性的，适合作仪器仪表零件的材料及仪表壳体及钱币，同时，锌自身与其他金属碰撞不会发生火花，适合作井下防爆器材。广泛用于橡胶、涂料、搪瓷、医药、印刷、纤维等工业。锌具有适宜的化学性能。

（七）锰（Mn）

锰是一种银白色过渡金属，原子序数是25，原子量是54.94，密度7.44g/cm^3，莫氏硬度为6，熔点1244℃，在空气中易氧化，生成褐色的氧化物覆盖层。它也易在升温时氧化。氧化时形成层状氧化锈皮，最靠近金属的氧化层是MnO，而外层是Mn_3O_4。在高于800℃的温度下氧化时，MnO的厚度逐渐增加，而Mn_3O_4层的厚度减少。在800℃以下出现第三种氧化层Mn_2O_2。在约450℃以下最外面的第四层氧化物MnO_2是稳定的。锰能分解水，易溶于稀酸，并有氢气放出，生成二价锰离子。在实验室中二氧化锰常用作催化剂，锰最重要的用途就是制造合金——锰钢，冶金工业中用来制造特种钢；钢铁生产上用锰铁合金作为去硫剂和去氧剂。锰是炼钢时用锰铁脱氧而残留在钢中的，锰有很好的脱氧能力，能把钢中的FeO还原成铁，改善钢的质量；还可以与硫形成MnS，从而减轻了硫的有害作用。降低钢的脆性，改善钢的热加工性能；大部分锰能溶于铁素体，形成置换固溶体，使铁素体强化提高钢的强度和硬度。

（八）镍（Ni）

镍是一种银白色金属，原子序数是28，原子量是58.71，密度8.902g/cm^3，莫氏硬度为4，熔点1453℃。镍具有磁性和良好的可塑性，以及好的耐腐蚀性，能够高度磨光和抗腐蚀，溶于硝酸后，呈绿色。镍不溶于水，常温下在潮湿空气中表面形成致密的氧化膜，能阻止本体金属继续氧化。在稀酸中可缓慢溶解，释放出氢气而产生绿色镍离子（Ni^{2+}）；耐强碱。镍可以在纯氧中燃烧，发出耀眼白光。同样的，镍也可以在氯气和氟气中燃烧。与氧化剂溶液包括硝酸在内，均不发生反应。镍是一个中等强度的还原剂。盐酸、硫酸、有机酸和碱性溶液对镍的侵蚀极慢。镍在稀硝酸中缓慢溶解。发烟硝酸能使镍表面钝化而具有抗腐蚀性。主要用于合金（配方）（如镍钢和镍银）及用作催化剂（如拉内镍，尤指用于氢化的催化剂），可用来制造货币等，镀在其他金属上可以防止生锈。主要用来制造不锈钢和其他抗腐蚀合金，如镍钢、镍铬钢及各种有色金属合金，含镍成分较高的铜镍合金，就不易腐蚀。也作加氢催化剂和用于陶瓷制品、特种化学器皿、电子线路、玻璃着绿色以及镍化合物制备等。

（九）铜（Cu）

铜为金属元素。质子数29，中子数35，原子序数为29，原子量为63.546。纯铜呈紫红色，熔点约1083.4℃，沸点2567℃，密度为8.92g/cm^3，具有良好的延展性，莫氏硬度为3。声音在铜中的传播速率为3810m/s。铜具有许多可贵的物理化学特性，例如其热导率很高，化学稳定性强，抗张强度大，易熔接，且具有抗蚀性、可塑性、延展性。纯铜可拉成很细的铜丝，制成很薄的铜箔。能与锌、锡、铅、锰、钴、镍、铝、铁等金属形成合金，形成的合金主要分成三类：黄铜是铜锌合金，青铜是铜锡合金，白铜是铜钴镍合金。铜具有独特的导电性能，铜导线正在被广泛地应用。从国外的产品来看，一辆普通家用轿车的电子和电动附件所需铜线长达1km，法国高速火车铁轨每千米用10t铜，波音747—200型飞机总重量中铜占2%。铜普遍使用在电气工业、电子工业、能源及石化工业、交通工业、机械和冶金工业、轻工业、建筑业、高科技行业等。

（十）银（Ag）

银属金属元素，过渡金属系列。原子序数为47，原子量为107.8682，物质状态为固态，熔点961.78℃，沸点2162℃。密度10.5g/cm^3（20℃）。银质软，有良好的柔韧性和延展性，延展性仅次于金，能压成薄片，拉成细丝，溶于硝酸、硫酸中。银对光的反射性达到91%。常温下，卤素能与银缓慢地化合，生成卤化银。银不与稀盐酸、稀硫酸和碱发生反应，但能与氧化性较强的酸，如浓硝酸和浓盐酸产生化学反应。银的特征氧化数为+1，其化学性质比铜差，常温下，甚至加热时也不与水和空气中的氧作用。但当空气中含有硫化氢时，银的表面会失去银白色的光泽，这是因为银和空气中的H_2S化合成黑色Ag_2S的缘故。银的主要用途为电子电器材料、感光材料、化学化工材料、工艺饰品。

（十一）钼（Mo）

钼是一种银白色的过渡金属，原子序数为42，原子量为96，莫氏硬度为5.5，非常坚硬。把少量钼加到钢之中，可使钢变硬。钼是对植物很重要的营养元素，也可在一些酶中找到。钼的密度10.2g/cm^3，熔点2610℃，沸点5560℃。化合价包括+2、+4和+6，稳定价为+6。钼主要用于钢铁工业，其中的大部分是以工业氧化钼压块后直接用于炼钢或铸铁，少部分熔炼成钼铁后再用于炼钢。金属钼在电子管、晶体管和整流器等电子器件方面得到广泛应用。钼在电子行业有可能取代石墨烯。氧化钼和钼酸盐是化学和石油工业中的优良催化剂。二硫化钼是一种重要的润滑剂，用于航天和机械工业部门。钼在薄膜太阳能及其他镀膜行业中，作为不同膜面的衬底也被广泛地应用。钼是植物所必需的微量元素之一，在农业上用作微量元素化肥。

三、重金属在土壤中的基本特征与形态

重金属的形态是指重金属的价态、化合态、结合态和结构态四个方面，即它在环境中的存在形式。重金属在土壤中的存在形态受到重金属与土壤中的各种固体物质的化学反应影响，存在形态比较复杂。

对于重金属形态，学术界还没有形成统一的定义及分类方法。常见的、比较重要的几种形态如下所述。

（一）可交换态

可交换态重金属是指吸附在黏土、腐殖质等土壤物质上的金属，易受环境的影响，易于迁移转化，能被植物吸收。该形态重金属通过离子交换和吸附而结合在颗粒表面。可交换态在总量中所占比例较少，均小于10%。

（二）碳酸盐结合态

碳酸盐结合态重金属是指土壤中重金属元素在碳酸盐矿物上形成的共沉淀结合态，其对土壤的pH值敏感，当pH值较高时容易形成碳酸盐金属沉淀。当土壤的pH值为5.33时，易被生物吸收利用。

（三）铁锰氧化物结合态

铁锰氧化物重金属形态的存在受到土壤中pH值和氧化还原条件的影响，pH值和氧化还原电位较高时，有利于铁锰氧化物的形成。铁锰氧化物具有巨大的比表面积，易于吸附金属离子，当遇到适合形成凝絮沉淀的土壤水环境时，金属离子就会随着其吸附于的铁锰氧化物一同沉淀下来，重金属与铁锰氧化物以离子键的形式结合，具有较强的结合力，因此不易再次释放。

（四）有机物结合态

有机物结合态是指重金属污染与土壤的有机物螯合而形成的重金属形态，包括动植物残体、腐殖质及矿物颗粒的包裹层等。有机物结合态的重金属会受到氧化还原的作用，将有机物分子降解而析出金属离子，从而造成环境的重金属污染。

（五）残渣态

残渣态重金属一般存在于硅酸盐、原生和次生矿物等土壤晶格中，是自然地质风化产生的结果。它们来源于土壤矿物，性质稳定，不易进入植物体内，因此对环境的伤害较小。例如，重金属Cd以铁锰氧化物结合态为主，残渣态最少，Zn和Pb以铁锰氧化物结合态和残渣态为主，Cu以有机结合态和残渣态为主。

四、土壤重金属的空间分布

重金属化学形态对环境敏感，我国幅员辽阔，地理环境条件在不同地区很不相同，再加上经济发展不平衡，这就导致不同地区的重金属存在的化学形态很不相同。我国重金属污染分布表现为东部比西部严重，南部又比北部严重，珠三角地区尤为显著。另外，像湖南等有色金属大省也是重金属污染的重点地区。湘江是中国重金属污染最严重的河流。一项由原国家环保总局进行的土壤调查结果显示，广东省珠江三角洲近40%的农田菜地土壤遭重金属污染，且其中10%属严重超标。

近几年随着产业转移，西北地区也呈现出重金属污染高发的态势。我国中西部省份经济相对比较落后，近年来为了发展经济，引进了一些东部地区的高能耗、高污染项目，包括化工企业、光伏企业和制药企业，同时又由于在优先发展经济的思路下，并没有相应地提高环境的监管水平和力度甚至主动放松，导致中西部地区的污染问题日益严重。

对于城市来说，土壤重金属含量根据城市区域功能的不同而变化幅度很大，分布不均匀。就不同功能区来看，As：工业区＞生活区＞公园绿地区＞主干道路区＞山区；Cd：工业区＞主干道路区＞生活区＞公园绿地区＞山区；Cr：生活区＞主干道路区＞工业区＞公园绿地区＞山区；Cu：工业区＞主干道路区＞生活区＞公园绿地区＞山区，Hg：工业区＞主干道路区＞公园绿地区＞生活区＞山区。城市中Pb的空间分布主要受交通影响，交通比较繁忙的道路附近具有较高的Pb含量；城市中Zn的空间分布则主要决定于城市生活废水的排放，利用城市生活污水进行灌溉的农田或者雨水地表径流汇集点的土壤中，具有较高的Zn含量；土壤中Cu含量则主要受到有机肥使用情况的影响，有机肥施用量大的土壤中Cu含量较高；Cd含量的空间分布情况则受地形影响较大，低洼处土壤中Cd含量相对高一些。由于近郊菜地的耕作时间相对于郊区和农区长，近郊菜地表层和次表层土壤中重金属含量均要显著高于郊区和农区。

土壤重金属含量在垂直方向同样具有一定的分布规律，受土壤中的无机及有机胶体对重金属的吸附、代换、配合和生物作用，大部分重金属被固定在耕作层中，很少迁移至46cm以下的土层。研究表明，重金属污染物（Hg、As、Pb、Cr等）主要累积在土壤耕作层，可给态含量分别占全量的60.1%、30%、38%和2.2%，Hg、Pb的可给态含量较高。Hg在污水中主要以溶解态和络合态形式存在，作为灌溉用水排入土壤后，95%的Hg会被土壤表层中的胶体迅速吸附、固定，越往地层深入，Hg含量越少。As在土壤中的动态行为不同于Cu、Hg、Cd等元素，在含有大量Fe、Al成分的酸性（pH=5.3～6.8）红壤中，砷酸根可与之结合形成不易溶解的盐类，主要分布于30～40cm的耕作层中。

重金属在土壤中的垂直分布，主要决定于这些元素的化学性质与所处土壤的理化性质。对于进入土壤的重金属，经过土壤中胶体的吸附、代换、络合及生物富集等作用，降低重金属元素的迁移能力，使得重金属主要富集于土壤耕作层中，重金属在土壤中具有显著的垂直分布规律。北京地区土壤重金属垂直迁移分布的研究表明，在旱作农田中，重金属元素一般集中分布在耕作层，向下迁移的深度为20～60cm。我国菜园土壤重金属元素的分布研究表明，在熟化程度较高的土壤中，重金属元素（Cu、Zn、Cd、Pb、Hg等）集中在土壤表层，主要在0～10cm的土壤表层中，向下层呈递减趋势。

在对福建耕地土壤进行研究后发现，虽然重金属元素仍然主要集中在0～20cm的土壤表层中，但是在40～60cm的土层中出现了中间低两头高的分布情况，这主要受到了成土过程和土壤环境化学条件的影响。Hg、Cd淋溶深度为40cm，Pb为20cm，其下移深度均未超过40cm，表明重金属纵向迁移能力差的特点，并没有发现明显淋溶淀积的环境化学特征。而是主要以残渣态的形式存在于土壤表层（0～20cm）或亚表层（20～40cm）。

采用田间深度间隔采样法，分析苏南6个处于不同环境影响下的水稻土剖面中Cu、Pb、As和Hg全量深度分布，结果表明，这四种元素在土壤剖面中的移动能力均较差；在工业环境下田块土壤中的Hg、Cu、Pb的表层富集和垂直分异较为明显；而在非工业环境下，重金属纵向分异不明显；个别田块存在较严重的As污染，耕层As达56.93mg/kg，超出国家土壤环境质量二级标准。

五、重金属在土壤中的迁移与转化

（一）迁移

重金属在自然环境会发生一定的迁移过程，主要包括以下几个过程。

1.物理迁移

重金属是相对较难在土体中迁移的污染物。重金属进入土壤后总是停留在表层或亚土层，很少迁入底层。金属离子溶于水后可以随着水的流动而迁移到地表水体，在我国东南部雨水较多的地区，这种重金属随水流的流动而迁移的现象更加普遍。在我国西部干旱地区，土壤中重金属元素还会随着风沙的迁移进行迁移。

2.物理化学迁移和化学迁移

土壤环境中的重金属污染物能以离子交换吸附、配合螯合等形式和土壤胶体相结合或发生沉淀与溶解等反应。

（1）重金属与无机胶体的结合。重金属通常以两种方式与无机胶体进行结合：一种是非专性吸附，即离子交换吸附；另一种是专性吸附，即胶体与重金属离子以共价键或配位键的方式结合。

1）离子交换吸附，与土壤胶体微粒所带电荷有关。土壤胶体表面常带有净负电荷，对金属阳离子的吸附顺序一般为Cu^{2+}＞Pb^{2+}＞Ni^{2-}＞Co^{2+}＞Zn^{2+}＞Ca^{2+}＞Mg^{2+}＞Na^{+}＞Li^{-}。不同黏土矿物对金属离子的吸附能力存在较大差异。其中蒙脱石的吸附顺序一般是$Pb^{2+}>Cu^{2+}>Hg^{2+}$；高岭石为$Hg^{2+}>Cu^{2+}>Pb^{2+}$；而带正电荷的水合氧化铁胶体可以吸附PO_4^{3-}、AsO_4^{3-}等。一般而言，阳离子交换量较大的土壤具有较强吸附带正电荷重金属离子的能力；而对于带负电荷的重金属含氧基团，它们对土壤表面的吸附量则较小。上述过程受到离子浓度以及是否存在络合剂的影响。

2）专性吸附，又称选择性吸附。水合氧化物表面对重金属离子具有较强的吸附力，通过$-OH$和$-OH_2$键与重金属离子紧密结合，使得重金属牢固地吸附于固体表面。这种吸附还可发生在中性体表面，甚至还会出现在胶体表面电荷与吸附离子电荷同号的情况下。专性吸附中被吸附的重金属离子通常不能被氢氧化钠或乙酸铵等中性盐置换，只能被亲和力更强的元素置换而解吸，在低pH值条件下也可能会发生解吸过程。重金属的专性吸附受到了土壤中胶体性质和土壤溶液pH值的影响极大，随pH值的上升吸附能力逐渐增加。在所有重金属中，以Pb、Cu和Zn的专性吸附最强。这些离子在土壤溶液中的专性吸附迁移占主导地位，专性吸附使土壤对重金属离子有较大的富集能力，影响到它们在土壤中的迁移和植物对其的富集。专性吸附对土壤溶液中重金属离子浓度的调节、控制甚至强于受溶度积原理的控制。

（2）重金属与有机胶体的结合。重金属元素可以与土壤中有机胶体表面进行络合或螯合作用。从交换吸附容量来看，单位有机胶体要远大于单位无机胶体，但是通常土壤中有机胶体的含量要远小于无机胶体的含量。重金属与有机体结合时同时存在着吸附交换作用与络合或螯合作用，当金属离子浓度较高时，吸附交换作用占主导地位；反之，络合或螯合作用占主导地位。当形成的络合物或螯合物可溶于水时，则重金属的迁移比较严重。

（3）溶解和沉淀作用。重金属元素在土壤中的化学迁移的一种重要形式是重金属化合物的溶解和沉淀作用。它反映了重金属化合物在土壤固相和液相之间的离子多相平衡的一般原理，掌握它的规律，可以控制重金属在土壤环境中的迁移转化，主要受到土壤pH值、Eh值的影响。

1）土壤pH值的影响。重金属化合物的沉淀与溶解作用受土壤pH值的影响较为复杂。一般来说，随着土壤pH值的升高，易生成Ca、Mg、Al、Fe等的不溶解沉淀，降低金属在土壤中的浓度。当pH值小于6时，土壤中以阳离子形式存在的金属迁移能力较强；当pH值大于6时，随着氢氧化物沉淀的生成，重金属阳离子溶解度大大降低，这时发生迁移的重金属主要以阴离子形式存在。

2）土壤Eh值的影响。当土壤Eh值小于0时，土壤中的含硫化合物会被还原生成H_2S，并且H_2S的产额会随氧化还原电位的进一步降低而迅速增加，其中的硫离子容易与重金属元素生成难溶性的硫化物沉淀，从而大大降低重金属的溶解度。土壤的Eh值会导致重金属元素价态的变化，从而影响金属化合物的溶解度。例如Fe、Mn等元素一般以难溶性化合物存在于土壤中；当土壤Eh值降低而处于还原状态下时，高价态的Fe、Mn被还原为低价态，从而增加其溶解度。重金属在土壤中的沉淀溶解平衡往往同时受Eh值和pH值两个因素的影响，使问题更加复杂。

3）重金属的配位（合）作用。土壤中的重金属常与土壤中的有机和无机配位体发生配位从而增加重金属的溶解性。例如，通常土壤中的汞元素主要以$Hg(OH)_2$和$HgCl_2$的形态存在，而当土壤中氯离子浓度较高时，则主要以$HgCl_4^{2-}$形态存在。同时对Hg^{2+}及Cd^{2+}、Pb^{2+}、Zn^{2+}的配位作用研究表明，这种配位作用对难溶重金属化合物的溶解度影响很大，同时还会降低土壤胶体对重金属的吸附能力，从而对重金属在土壤中的迁移转化进行影响。这种影响取决于所形成配位化合物的可溶性。

3.生物迁移

生物迁移主要是指植物对重金属的吸收、富集作用，富集重金属的植物被收割搬运或者动物啃食的方式进行空间上的迁移。除通过植物的吸收、富集迁移外，土壤中微生物对重金属的吸收也是一种迁移途径。但是通常自然环境下微生物的迁移范围较小，死亡后的残体会将重金属归还给土壤，对重金属的迁移影响较小。植物对重金属的吸收、累积作用受多种因素的影响，主要包括以下几个方面。

（1）重金属浓度及存在形态。一般水溶态金属最容易被植物吸收，而难溶态暂时不被植物吸收。重金属各形态之间存在一定的动态平衡。总的来说，土壤中重金属含量越多，以水溶态、吸附交换态形式存在的含量越高，植物的吸收量越多。

（2）土壤环境状况。土壤环境的酸碱度、氧化还原电位，土壤胶体的种类、数量，不同的土壤类型等土壤环境状况直接影响重金属在土壤中的形态及其相互之间量的比例关系，是影响重金属生物迁移的重要因素。

（3）不同作物种类。不同的作物由于生物学特性不同，对重金属的吸收富集量有明显的种间差异，就大田作物对汞的吸收而言，水稻＞高粱，玉米＞小麦。从籽实含镉量看，小麦＞大豆＞向日葵＞水稻＞玉米；从植物吸收总量来看，向日葵＞玉米＞水稻＞大豆。农作物生长发育期不同，其对重金属的富集量亦不同。

（4）伴随离子的影响。不同离子之间对植物的吸收作用表现为协同或拮抗作用，协同作用表现为一种重金属元素含量的增加促进植物对另一种重金属离子的吸收；拮抗作用则正好相反，一种重金属元素的存在会抑制植物对另一种重金属的吸收。例如，在土壤处于氧化状态时，Zn^{2+}离子的存在会促进植物对Cd的吸收；但当土壤处于还原状态时，Zn^{2+}又会反过来抑制植物对Cd的吸收。

（二）转化

重金属进入土壤后受土壤吸附特性的影响，各形态就会在土壤固相之间进行重新分配，进而影响重金属的移动性。不同重金属由于本身性质的差异，导致其在土壤中的环境行为不同，在重金属污染土壤中，一般是可交换态所占比例较低，残渣态为主要存在形态。

pH值反映了土壤化学的综合性质，随着土壤pH值的升高，土壤中矿物、水合氧化物和有机质表面的负电荷逐渐增加，导致这些物质对土壤中重金属离子的吸附力增强，从而降低了交换态重金属离子的浓度。土壤中有机质—金属络合物的稳定性和重金属在氧化物表面的专性吸附均随pH值升高而增强。碱性环境下土壤中Fe、Mg、Al离子易生成难溶性盐类化合物，从而降低土壤溶液中重金属离子的浓度。

土壤的Eh值会影响重金属的化合价、形态及离子浓度。重金属化合物在土壤中的溶解度受到土壤的氧化还原条件的调节，进而影响其在土壤中的形态分布。

土壤中有机质的存在可以直接改变重金属的形态分布。但是有机质对不同重金属元素的影响存在着差异，例如将有机物料稻草和紫云英加入潮土中时，可促进外源Cu和不定型铁结合态Cu转化，降低了Cu的生物有效性；而添加同样的有机物料，对Cd的影响刚好相反，使Cd的生物活性增加。

重金属形态的分布也会受到土壤水分、碳酸盐含量等因素的影响。例如，与干湿交替的稻田相比，持续水淹的水稻对$MgCl_2$提取态Cd下降，盐酸羟胺提取态Cd提高。碳酸盐的含量会影响土壤的pH值，从而影响土壤中交换态和非交换态的重金属含量。

第二节 土壤重金属污染的来源分析

重金属可通过多种途径进入土壤，随着人类生产、生活活动中重金属的大量使用，使得重金属随着废气、废水的排放而进入土壤环境，成为土壤重金属污染的重要来源。此外，成土母质本身就可能是某些重金属矿物，母质在分化分解为土壤的过程中，重金属自然也进入了土壤并进行了迁移，不同的母质、成土过程对重金属含量的影响差异很大。

一、重金属一般来源

（一）工业废气沉降

冶金、建筑材料生产、汽车尾气排放等过程中产生的气体和粉尘中通常含有重金属污染物，主要以Pb、Zn、Cd、Cr、Co、Cu等为主。这些重金属元素以气溶胶的形态进入大气，会随着自然沉降和降水的形式最终进入土壤。这种形式造成的土壤重金属污染情况，主要出现在工矿企业的周边，以及公路、铁路的两侧。其中，汽车尾气中尤以Pb含量最多，达20～50μg/L，土壤铅污染呈条带状分布，随离公路、铁路的距离逐渐增加，重金属含量逐渐减少，还会受到交通量的影响，主干道与普通道路附近重金属含量有明显的差异，同时，具有随时间推移而叠加的特点。此外，大气汞的干湿沉降也可以引起土壤中汞的含量增高。

（二）农用化学物质的使用

施用含有Pb、Hg、Cd、As等的农药和滥用化肥，均会造成土壤重金属污染。过磷酸盐中往往Hg、Cd、As、Zn、Pb含量较多，磷肥次之，氮肥和钾肥含量较低，但氮肥中Pb含量较高，其中又以As和Cd的危害较大。以上海地区菜园土地、粮棉地进行研究后发现，施肥后，Cd的含量从0.134mg/kg升到0.316mg/kg，Hg的含量从0.22mg/kg升到0.39mg/kg，Cu、Zn的含量增长2/3。如果长期大量施用含重金属的杀虫剂、杀菌剂、除草剂、杀鼠剂等，就会导致农田土壤重金属累积。重金属元素是肥料中报道最多的污染物质之一，其含量一般是磷肥＞复合肥＞钾肥＞氮肥。此外，农用塑料薄膜中的热稳定剂含有Cd、Pb，塑料大棚和地膜的大量使用也是造成土壤重金属污染的来源之一。

（三）污水灌溉

为更好地利用水资源，在我国干旱地区通常将城市污水进行一定的处理，达标后进行农田灌溉，已占到总灌溉面积的90%以上；南方地区较少，仅占6%。城市污水中含有Hg、Cd、Cr、As、Cu、Zn和Pb等重金属元素，这也会成为土壤重金属污染的来源之一。

重金属进入土壤后，以不同的方式被土壤截留固定而呈现出不同的分布特性，其中95%的Hg被土壤矿质胶体和有机质迅速吸附，主要富集于土壤表层。污水中的As元素则多以As^{3+}或As^{5+}态存在，容易被铁、铝氢氧化物及硅酸盐黏土矿物吸附，或与Fe、Al、Ca、Mg等生成复杂的难溶性化合物。Cd则易吸附于水中的悬浮物沉积，呈现出随着距排污口距离的增加迅速下降的趋势。Pb的迁移性弱，很容易被土壤有机质和黏土矿物吸附，其分布特点与Cd相似，主要分布于污染源附近。综上所述，污水灌溉造成的土壤重金属污染，具有“靠近污染源头和城市工业区土壤污染严重”的特点。

（四）污泥农用

市政污泥中往往富含大量有机质和氮、磷、钾等对植物生长有益的营养元素，但同时也含有大量的重金属，市政污泥的排放会导致排放区土壤中重金属含量的不断增加。污泥施肥可导致土壤中Cd、Hg、Cr、Cu、Zn、Ni、Pb含量的增加，Cd、Cu、Zn容易进入水稻、蔬菜；Cd、Hg则易被小麦、玉米吸收富集；污泥量增加，青菜中的Cd、Cu、Zn、Ni、Pb也增加。有研究表明，经过城市污水、污泥灌溉或修复的土壤中，Cd、Hg、Pb等的含量增加明显。

（五）含重金属废弃物的堆积

矿业和工业生产过程中的固体废弃物中往往含有大量重金属，在经过长时间的日晒、雨淋后，其中的重金属极易发生迁移，以辐射状、漏斗状向周围土壤扩散。重金属在土壤中的含量和形态分布特征主要受到其在固体废弃物中释放率的影响。

（六）金属矿山污染

采矿和冶炼业的迅速发展，给人类带来了巨大的财富。但金属矿山开采和冶炼等生产活动，产生大量的粉尘、污水（矿井废水、酸性废水、洗煤水、生活污水）、废气、固体废弃物等污染物，以及开矿后形成的废弃地，引发了很多环境问题，如土壤基质被污染、生物多样性丧失、生态系统和景观受到破坏。其中，矿山开采过程中Pb、Cd、Cu、Zn、Cr、Hg、As、Ni等重金属进入矿区周边土壤环境中，导致日益严重的金属矿区土壤重金属污染问题，受到人们的广泛关注。

（七）IT行业污水排放的污染

值得注意的是，一向被认为是高科技行业的IT行业也与重金属污染有关。据2011年发布的《2010 IT品牌供应链重金属污染调研》报告显示，珠三角、长三角等地区有大量生产印刷线路板的企业不能稳定达标排放，给当地河流、土壤和近海造成了严重重金属污染。

（八）纳米颗粒的污染

纳米颗粒通常是指颗粒直径为1～100nm的物质的总称，因具有许多独特的理化性质而广泛应用于材料、化工、化妆品等领域。例如，纳米TiO_2能有效地阻挡太阳光中的长波黑斑紫外线UVA与户外紫外线UVB，在防晒霜中具有重要应用价值。近年来，TiO_2，AiO_2，Fe_xO_y，Al_2O_3，ZnO等十余种纳米材料得到了广泛的应用，从而导致大量的重金属排入环境，估计其年排放量大于100t。而且纳米科技的发展还在飞速进行，必然导致排入环境中的纳米重金属颗粒大量增加，可能引起严重的生态风险，目前已将纳米颗粒定义为新型环境污染物，其迁移规律、存在形态和毒性研究得到了人们大量的关注。研究对象主要是常见的碳基纳米材料如足球烯、碳量子点、碳纳米管等，以及金属纳米材料如TiO_2，Fe_xO_y，Al_2O_3等。

在众多纳米材料中，二氧化钛纳米颗粒（TiO_2-NPs）由于具有纳米尺度效应、表面效应、量子尺寸效应、宏观量子隧道效应、光催化效应、吸收紫外线能力强等特点，被广泛应用于各个领域，如日化用品，抗菌材料、涂料、陶瓷、污水处理等。研究发现，TiO_2-NPs在生产、使用和废弃的过程中将不可避免地进入环境和生态系统，从而引发多种生物学效应。目前，TiO_2-NPs的毒性研究多限于单一 TiO_2-NPs在实验室条件下的毒性作用，然而在实际自然环境中，TiO_2-NPs与多种污染物往往同时存在并发生相互作用。TiO_2-NPs相对于宏观颗粒物具有更大的比表面积，一旦进入环境中，可显著影响和改变环境中污染物的环境行为，或导致污染物生物有效性和毒性效应的改变。TiO_2-NPs因其比表面积高和独特的表面化学性质常作为吸附剂来处理水环境中的重金属以及有机污染物，同时水体也被认为是TiO_2-NPs在环境中循环积聚的最终场所，因此其可与重金属充分接触，并有可能吸附大量重金属，如 Pb、Cd 和 As，成为毒物载体，增大其在水生生物体内总量，进而放大毒性作用。目前，关于重金属与TiO_2-NPs载体之间相互作用的研究尚处起步阶段，其联合毒性亟待深入研究。

随着越来越多的TiO_2-NPs的合成及使用，其中部分纳米颗粒将会被有意或者无意地释放到环境中，并在环境中扩散。资料显示，在瑞士多个地区的流经城市建筑物表面的雨水和附近河流、美国亚利桑那州中部的污水处理厂的污泥中已检测出TiO_2-NPs等。鉴于纳米材料对生态环境的潜在威胁，其毒性研究已引起学术界的关注。围绕TiO_2-NPs对环境及健康的影响已开展一系列研究工作。流行病学研究显示，生产TiO_2-NPs的工人和普通人相比更易患肺癌。尽管后期有相关实验表明TiO_2-NPs的暴露与肺癌之间并没有显著相关性，但其潜在危害及促进作用不可否认。动植物研究显示，5g/kg体重的TiO_2-NPs暴露剂量会对老鼠体内组织产生明显的损伤。TiO_2-NPs可使雌性小鼠卵巢损伤导致生殖功能障碍，TiO_2-NPs可显著影响秀丽隐杆线虫生长发育，如导致发育迟缓和畸形等。TiO_2-NPs可以通过减少导水率抑制植物生长；另有研究发现，TiO_2-NPs可通过加强叶的光合作用和根部固氮作用来提高植物生长。水生态环境研究显示，环境中的生物，尤其是直接与环境交换物质的水生生物如藻类、水溞、鱼类等，被认为更容易受到TiO_2-NPs的损伤。研究发现，在自然水中，低浓度的TiO_2-NPs（16mg/L）便可抑制藻类生长。TiO_2-NPs可在水溞体内富集，可通过鳃进入鱼体内，而一旦进入血液系统，TiO_2-NPs便可以转移至体内其他器官。TiO_2-NPs处理虹鳟后，鳃和肠道中Na^+K^+-ATPase的活性显著性下降，鱼鳃中谷胱甘肽水平显著性上升等。TiO_2-NPs通过吸附、摄食等途径积累在水生生物体内并通过食物链层层放大，不可避免地影响到人类健康。TiO_2-NPs的尺寸、形状、聚集程度、表面修饰、化学组成等多种物理化学因素都会影响其毒性。

二、土壤中常见五毒重金属的来源

（一）土壤中汞的来源

土壤中汞元素的来源主要包括污水灌溉、煤炭燃烧、汞冶炼厂和汞制剂厂的废水排放等。据估计，发电量为700MW的火电站，每天由燃煤产生的汞排放量就达215kg，全球范围内由燃煤产生的汞污染年排放量就达3000t左右。常见的汞污染源还包括了含汞颜料的应用、原材料为汞的工厂、含汞农药的施用等。进入土壤的Hg有95%以上会被土壤中黏土矿物和有机质迅速吸附、固定，因此Hg一般富集于土壤表层。汞一般以金属汞、无机态与有机态等形态存在于土壤中，并在一定条件下可以相互转化。汞对土壤的污染有多种途径，由于含汞农药的逐步减少，目前矿业和工业过程所引起的污染已成主导地位。首先，汞矿山开采、冶炼活动产生的“三废”亦使周围土壤受到污染，如我国贵州万山汞矿区炉渣渗滤水总汞含量高达4.46μg/L，导致附近土壤汞含量急剧升高。调查表明，贵州滥木厂汞矿区20世纪90年代停止生产活动至今，汞矿区土壤向大气的汞释放通量仍高达10500ng/(m^2·h)。其次，煤、石油和天然气在燃烧过程中，排放出大量的含汞废气和颗粒态汞尘。据估算中国燃煤每年向大气排汞超过200t。再次，氯碱、塑料、电子、气压计和日光灯企业也是重要的污染来源。

（二）土壤中镉的污染来源

Cd的污染源主要包括镉矿以及冶炼厂。常与同族的锌元素共生，通常冶锌厂的废弃物中常含有ZnO、CdO，这些氧化物挥发性强，可扩散至数千米之外。Cd一般富集于0～15cm的土壤层中，15cm以下的土层中镉含量显著减少，一般以$CdCO_3$、$Cd_3(PO_4)_2$及$Cd(OH)_2$的形态存在于土壤中，以$CdCO_3$的含量最多，特别是在呈碱性的石灰性土壤中。世界范围内未污染土壤Cd的平均含量为0.5mg/kg，范围大致在0.01～0.7mg/kg，我国土壤Cd的背景值为0.06mg/kg。成土母质为污染土壤中Cd的主要天然来源，我国地域辽阔，土壤类型众多，致使土壤Cd的环境背景值常随着母质的不同而有差异。一般而言，沉积岩Cd含量（平均为1.17mg/kg）高于岩浆岩（0.14mg/kg），变质岩居中，平均为0.42mg/kg，而磷灰石的含Cd量最高。磷灰石对Cd在食物链中的富集有重要意义，这与磷灰石作为磷肥生产原料的使用有关，会通过磷肥的使用而导致沉积在磷灰石中的Cd进入土壤，进而通过植物的吸收富集进入动物和人体内进行累积。据全国土壤背景值调查结果可知，石灰土Cd背景值最高，达到1.115mg/kg；其次是磷质石灰土，为0.751mg/kg；南方砖红壤、赤红壤和风沙土Cd背景值较低，均在0.06mg/kg以下，可能与其淋溶作用比较强烈、母岩以花岗岩和红土为主有关。此外，人类生产活动，包括采矿、金属冶炼、电镀、污灌和磷肥施用等工农业活动，常导致土壤发生Cd污染。

（三）土壤中砷的污染来源

土壤中砷的来源主要包括尾矿、燃煤以及含砷农药的使用等，尾矿及燃煤产生的粉尘进入大气并最终沉淀进入土壤，造成土壤的砷污染。砷元素主要富集于土壤表层的10cm左右，可能会随着水流进入较深的土层。按植物吸收的难易程度，可将土壤中砷的存在形态划分为水溶性砷、吸附性砷和难溶性砷，通常又把水溶性砷、吸附性砷总称为可给性砷，这部分易被植物所吸收。As可与土壤中Fe、Al、Ca离子结合形成难溶化合物，或与Fe、Al等氢氧化物发生共沉。pH值和Eh值会影响土壤对As的吸附能力，pH值高时，会降低土壤对As的吸附能力使得水溶性As增加；土壤环境呈氧化条件时，As主要以砷酸形式存在，砷酸易被胶体吸附，从而增强土壤对As的吸附能力。随着Eh值降低，砷酸转化为亚砷酸，从而增加了As的可溶性，使得其危害增加。

砷及其化合物为剧毒污染物，可致畸、致癌、致突变。区域地质异常（岩层或母质中含砷矿物，如砷铁矿、雄黄、臭葱石）是土壤砷的主要天然来源，并决定不同母质发育土壤含砷量的差异。我国土壤砷元素背景值平均值为9.2mg/kg，表层（A层）土壤砷含量范围在0.01～626mg/kg之间，其中95%土样砷含量介于2.5～33.5mg/kg之间。

污染土壤中砷的人为来源主要来自以下几个方面：

（1）含砷矿物的开采与冶炼将大量砷引入环境。矿物焙烧或冶炼中，挥发砷可在空气中氧化为As_2O_3，而凝结成固体颗粒沉积至土壤和水体中。如甘肃白银地区Cu、Pb、Zn等矿产在采集过程中有大量As排入环境，20世纪80年代每年随废水排放的砷达100t之多，使该区废水灌溉土壤As严重异常，全市16.3%的土壤As超过当地临界值（25mg/kg），最高达149mg/kg。我国南方工矿区砷异常状况亦较常见，尤以韶关、大全、河地、阳朔、株洲等地为重。

（2）含砷原料的广泛应用。砷化物大量用于多种工业部门，如制革工业中作为脱毛剂、木材工业中作为防腐剂、冶金工业中作为添加剂、玻璃工业中用砷化物脱色等。这些工业企业在生产中排放大量的砷进入土壤。

（3）含砷农药和化肥的使用。曾经施用过的含砷农药主要有砷酸钙、砷酸铅、甲基砷、亚砷酸钠、砷酸铜等。磷肥中砷含量一般在20～50mg/kg，畜禽粪便一般在4～120mg/kg，商品有机肥为15～123mg/kg。若长期施用含砷高的农药和化肥，则会使土壤环境中的砷不断累积，以致最后达到有害程度。

（4）高温源（燃煤、植被燃烧、火山作用）释放。燃烧高砷煤导致空气污染引起居民慢性中毒在我国贵州时有报道，贵州兴仁县居民燃用高砷煤，引起严重环境砷污染和大批人群中毒。据调查的55个村民组中有47个村民组查出慢性砷中毒病人1548人，患病率达17.28%。

（四）土壤中铅的污染来源

土壤铅的含量因土壤类型的不同而异。岩石矿物（如方铅矿PbS）风化过程中，多数铅被保留在土壤中，未污染土壤的铅主要源于成土母质。主要岩类中岩浆岩和变质岩中Pb浓度范围为10～20mg/kg，沉积岩中Pb含量较高，如磷灰岩铅含量可超过100mg/kg，深海沉积物中Pb含量可达100～200mg/kg。世界土壤平均Pb背景值在15～25mg/kg，而中国土壤Pb背景值算术平均值为（26.0±12.37）mg/kg，几何平均值为23.6±1.5mg/kg。赤红壤和燥红土的铅含量较高，平均值均介于40～43mg/kg。

人为铅污染源主要来自于矿山、冶炼、蓄电池厂、电镀厂、合金厂、涂料等工厂排放的“三废”，汽车尾气及农业上施用含铅农药（如砷酸铅），其中采矿冶炼是极为重要的铅污染源。研究表明，公路两侧表层土壤中Pb浓度的增高与汽车流量密切相关，且下风位置比上风位置累积得更多。我国湖南桃林铅锌矿区稻田中Pb含量高达（1601±106）mg/kg。

（五）土壤中铬的污染来源

Cr的污染源包括Cr电镀、制Cr废水、Cr渣等。Cr在土壤中以Cr^{6+}和Cr^{3+}存在，尤以三价铬化合物为主，土壤对Cr的吸附能力很强，90%的Cr会被土壤迅速吸附固定。以Cr^{6+}存在的Cr很稳定，毒性大，毒性是Cr^{3+}的100倍。三价铬化合物并不稳定，土壤胶体对三价铬具有强烈的吸附作用，并随pH值的升高而增强。土壤对六价铬的吸附固定能力较弱，仅有8.5%～36.2%。不过通常土壤中的Cr^{6+}易被还原为Cr^{3+}，因此含量很少，但是随着土壤pH值的升高，其还原能力逐渐降低，其中有机质在还原过程中起到了重要作用。土壤中的氧化锰会将Cr^{3+}氧化为Cr^{6+}，要注意这种潜在的Cr^{6+}毒害危险。铬广泛存在于地壳中，自然界中铬的矿物主要以氧化物、氢氧化物、硫化物和硅酸盐形式存在。根据各组分含量不同可分为铬铁矿、镁铬铁矿、铝铬铁矿和硬尖晶石等。

铬在不同矿物中的含量变化特征：①同种矿物中铬含量随所在岩石的基性程度增高而提升，超基性岩＞基性岩＞中性岩＞酸性岩；②从岛状到链状、片状硅酸盐，矿物中铬含量呈增加趋势；③云母类矿物中铬的含量低于角闪石和辉石。

土壤中高浓度的铬通常来自人为污染，如由镀铬、印染、制革化工等工业过程，污泥和制革废弃物利用引起。六价铬废水主要来源是电镀厂、生产铬酸盐和铬酸的企业，而三价铬废水主要源于皮革厂、染料厂和制药厂。另外，施肥及制革污泥农用亦使土壤有明显铬的累积。如在制革业比较发达的福建省泉州市，废弃皮粉被再利用作为有机肥原料，泉州某厂生产的有机肥曾检出含铬量高达8190mg/kg。而以铬渣为原料制备的钙镁磷肥中检测出总铬量高达3000～8000mg/kg的事件也曾见诸报道。马鞍山市郊的污水灌溉土壤含铬量高达950mg/kg，是清水灌溉土壤的11倍。一般而言，污水灌溉区土壤铬的含量是逐年累加的，主要富集于土壤表层。

第三节　土壤重金属的危害

一、重金属对土壤肥力的影响

土壤中重金属的累积会影响植物所需元素的存在形态以及植物的吸收能力，将对土壤的肥力造成影响。植物生长所需的氮、磷、钾会由于土壤重金属的污染，导致有机氮的矿化、植物对磷的吸附、钾的存在形态等受到影响，最终将影响土壤中氮、磷、钾素的保持与供应。

重金属污染对氮素的影响，主要是它会影响到土壤矿化势和矿化速率常数，当土壤被重金属污染后，土壤氮素的矿化势会明显降低，使土壤供氮能力也相应下降。不同重金属元素对土壤矿化势的影响不同。对磷的影响，主要是因为外源重金属进入土壤后，可导致土壤对磷的吸持固定作用增强，使土壤磷有效性下降。不同的重金属对土壤磷吸附量的影响不同，一般存在多个重金属元素的影响较单个重金属元素的影响要大。重金属对土壤钾素的影响表现在两个方面：一方面，会降低土壤胶体对钾元素的吸附、解吸和形态分配；另一方面，由于重金属对微生物和植物的毒害作用，导致对钾的吸收能力减弱，这会导致水溶态钾的含量增加，交换态钾则明显下降，最终加剧了土壤中钾素的流失。

二、重金属对农作物和植物的危害

重金属污染对植物的危害主要体现在对植物的形态结构、生理代谢、信号转导、遗传等方面的毒害作用，严重影响植物的生长发育。

土壤中重金属浓度较低时，往往可以起到刺激增产的作用，但是当重金属的含量超过植物的耐受范围之后，则会阻碍植物的生长发育，导致植物体内生理生化过程紊乱，光合作用降低，抑制微量元素的吸收。如图1.1所示，不同Cd浓度下花生的荚果产量、籽仁产量和出仁率的变化曲线，可以看出低浓度下Cd元素对花生的生长起到了促进作用，但是随着浓度的增加，花生的荚果产量、籽仁产量和出仁率均显著下降。

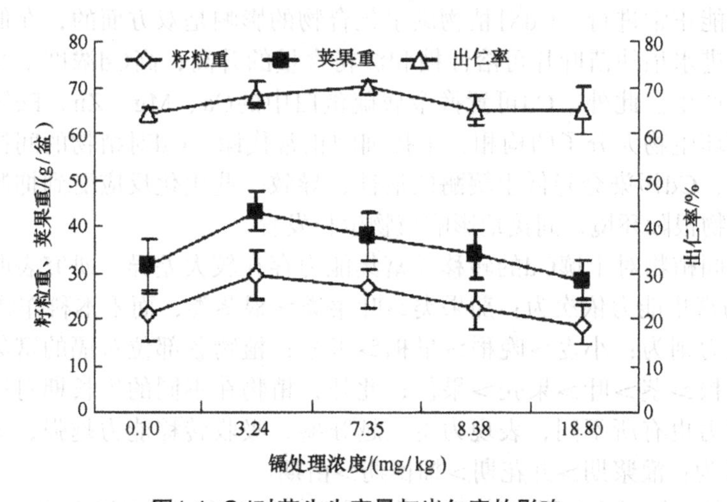

图1.1 Cd对花生生产量与出仁率的影响

下面以常见的五毒重金属元素介绍对植物的危害。

（一）镉对作物的危害

镉不是植物生长发育必需的元素。土壤中的镉含量超过一定阈值后，会引起植物叶绿素的结构损坏，降低植物叶绿素的含量，导致叶片发黄，叶脉组织成酱紫色，变脆、萎缩，表现出缺铁症状。由于叶片受到严重伤害，破坏了植物的生理平衡，导致植物生长缓慢，植株矮小，严重抑制根系的生长，最终导致作物产量降低，甚至会出现植物死亡的严重后果。据Bingham等（1975）研究，不同植物对土壤中镉的吸收和富集程度差异很大，菠菜在土壤加镉量为4mg/kg时，叶片含镉量为75mg/kg，而叶用甜菜在土壤加镉量为250mg/kg时，叶片含镉量才150mg/kg。菠菜、大豆、荇菜和莴苣作为对镉敏感的作物，当土壤中镉含量为4～13mg/kg时，产量就会降低25%，番茄、西葫芦、甘蓝等对镉毒害具有一定的免疫作用，当土壤中镉含量为160～170mg/kg时，会减产25%左右，水稻耐镉能力较强，产量下降25%的土壤处理浓度大于640mg/kg。

镉对植物的危害，主要是其对某些酶的活性中心基（-SH）有特别强的亲和力，从而抑制或破坏酶活性，影响植物正常生长。土壤溶液中的Ca^{2+}在根表面与Cd^{2+}竞争交换位置时，可以抑制作物对Cd^{2+}的吸收。由于Mn^{2+}（R=0.08nm）和Zn^{2+}（R=0.074nm）都与Cd^{2+}（R=0.097nm）的离子半径相似，当Mn^{2+}、Zn^{2+}与Cd^{2+}同时存在也会阻碍作物对Cd^{2+}的吸收。

Cd对植物的毒害首先表现在损坏根部的生长，如伤害根系细胞核仁，改变RNA合成，阻抑RNAse、硝酸还原酶及质子泵的活性。其次是破坏叶绿素的合成，可导致光合器官及色素蛋白复合物的损坏，导致植物的光合作用不能正常进行。Cd对植物碳水化合物的影响是双方面的，在低浓度时可以促进水稻幼苗叶片可溶性糖和淀粉含量的升高；高Cd浓度下又会抑制二者的产生。此外，Cd可置换金属硫蛋白中的Ca、Mg、Zn、Fe等必需元素，破坏生物大分子的构相，干扰细胞正常代谢。Cd对植物的间接伤害则表现为：Cd污染会降低土壤酶的活性，导致一些生化反应受到抑制，进而改变植物根际环境，间接地影响植物生长发育。

不同植物对土壤Cd的转移及富集能力存在较大差异。研究表明，蔬菜对Cd的富集能力依次为：茄果类＞叶菜类＞根茎类，而禾本科作物对Cd的富集能力则为：小麦＞晚稻＞早稻＞玉米；植物各部位对镉的富集能力表现为：根＞茎＞叶＞果壳＞果仁；此外，植物在不同的生长期对镉的吸收累积能力也有所不同，表现为生长越旺盛，吸收转移能力越强，如水稻吸收Cd量为：灌浆期＞开花期＞抽穗期＞苗期。

此外，镉对土壤微生物、土壤酶活性也有影响。镉对以下四种酶活性的抑制作用依次递减：脲酶＞转化酶＞磷酸酶＞过氧化氢酶。当土壤中Cd浓度为100mg/kg时，脲酶活性降至63%～82%，转化酶、磷酸酶和过氧化氢酶分别降至74%～98%。当土壤中Cd浓度为300mg/kg时，相应指标分别为55%～56%、67%、91%和98%。Cd对土壤酶活性的抑制程度较Hg的小，镉对硝化细菌的活性有明显的抑制作用，通过对19种痕量元素（Cd^{2+}、Cr^{3+}、Cu^{2+}、Mn^{2+}、Pb^{2+}、Zn^{2+}等）对硝化过程影响的研究，发现当其浓度为300mg/kg时，均表现为抑制作用，其中以Cd^{2+}的抑制作用最为明显。我国高拯民等的研究结果也证实了Cd^{2+}对NO_3^--N淋失抑制的强度仅次于Hg^{2+}，且抑制作用可持续7～11周。因此，镉对土壤中氮的转化具有明显的影响。

（二）铅对作物的危害

铅不是植物生长发育的必需元素。植物对铅的敏感性较汞、镉为低。

低浓度时对作物危害的症状不明显，当土壤含铅量>1000mg/kg时，秧苗叶面出现条状褐斑，苗身矮小，分蘖苗减少，根系短而少；4000mg/kg时，秧苗的叶尖及叶缘均呈褐色斑块，最后枯萎致死。铅在土壤环境中比较稳定，故引起作物明显减产的浓度较高。据中国科学院资料表明，比较对照处理凡引起作物减产10%者，北京地区的土壤铅浓度为300mg/kg，长江以南地区大于700mg/kg，当铅浓度达1700～2000mg/kg时，作物减产24%。

铅对植物的直接危害，主要是通过抑制或不正常地促进某些酶的活性，影响植物的光合作用和呼吸作用强度。表现为叶绿素下降，暗呼吸上升，从而阻碍植物的呼吸和CO_2同化作用。

铅是植物非必需元素，被植物吸收并富集到一定程度会影响种子萌发，使根系丧失正常功能，妨碍养分和水分吸收，阻滞农作物正常生长，降低产量和品质。铅可以抑制蛋白合成，阻碍细胞周期运行，导致有丝分裂指数下降，从而抑制植物体细胞分裂。此外，土壤铅在植物组织中累积可导致氧化、光合作用及脂肪代谢过程强度减弱，使植物失绿。铅在植物体内活性很低，大部分被固定在根部，向地上部运输的比例很低。铅在禾本科作物体内的富集和分配规律为：根>茎>叶。不同作物对铅的富集程度也存在差异。对北京蔬菜的调查分析表明，蔬菜中铅含量依次为：根茎类>瓜果类>叶菜类。此外，其他作物对铅的抗性顺序为：小麦>水稻>大豆。无机改良剂（石灰、钙镁磷肥、高岭石和海泡石）均可在一定程度上降低土壤铅含量，并有效减少糙米中铅浓度。

（三）铬对作物的危害

植物体内都含有微量的铬。至今还未充分证实铬是植物生长发育的必需营养元素。但它对植物的生长发育具有一定的影响，并与周围的自然环境有密切的关系。当土壤铬含量低时，增施微量铬可刺激作物生长，提高产量。但当环境中的铬超过一定量时，则对植物产生危害。

土壤铬对植物的毒性与铬化学形态、土壤质地和有机质、土壤pH值与Eh值等因素有关。六价铬在土壤中是可溶性的，易于被植物吸收，毒性大；三价铬是难溶性的，难以被植物吸收，毒性小。中国科学院资料表明，以减产10%为明显受害指标，三价铬（Cr^{3+}）对水稻的危害浓度为704mg/kg，而六价铬为208mg/kg。

植物吸收的铬约95%保留在根中，因而铬对植物的毒性主要发生在根部，这里铬的浓度最高。高浓度铬对植物的危害，主要是阻碍植物体内水分和营养向地上部输送，并破坏代谢作用。能穿过细胞，干扰和阻碍植物对必需元素如钙、钾、镁、磷、铁等的吸收和运输，抑制光合作用等。铬对种子萌发、作物生长的影响主要是使细胞质壁分离、细胞膜透性变化并使组织失水，影响氨基酸含量，改变植株体内的羟羧化酶，抗坏血酸氧化酶。植物遭受铬毒害后的外观症状是根功能受抑制，生长缓慢和叶卷曲、褪色。

微量铬可以促进某些作物（如小麦、大麦、玉米、亚麻、大豆、豌豆、土豆、胡萝卜、黄瓜）等的生产。不同作物对铬的耐受能力是不同的，对高浓度Cr（Ⅲ）耐受能力较强的有水稻、大麦、玉米、大豆、燕麦。高浓度铬对植物产生严重的毒害作用，植物体受害症状为植株矮小、叶片内卷，根系变褐、变短、发育不良。随着铬浓度的增加，它在农作物（水稻、小麦等）各器官中的浓度也增加，其分配规律基本为：根＞茎叶＞籽粒。施用制革污泥后，豆类作物不同部位Cr的富集量次序依次为：根系＞茎叶＞豆荚。铬在蔬菜体内不同部位的分布也呈现根＞叶＞茎＞果的趋势。Cr（Ⅵ）对作物的危害相对较强，研究表明，土壤中外源添加Cr（Ⅲ）至500mg/kg时，水稻各生态指标才出现明显差异，糙米产量减产10%左右；而添加Cr（Ⅵ）在50mg/kg以下时，水稻生长便明显地受到抑制。

此外，铬对土壤微生物及土壤酶活性也有一定的抑制作用，其影响趋势与Hg、Cd、Pb类似。如王惟咨等在其试验研究中发现，硝化作用明显地受到Cr^{6+}和Cr^{3+}的抑制。当Cr^{6+}为40mg/kg时，硝化作用几乎全部受到抑制。在很低浓度（10mg/kg）下，硝化作用就受到显著抑制，但这种抑制是短时期的，随着时间的延长，硝化作用的强度逐渐得到恢复。因此，将硝化作用强度用作土壤受Cr^{6+}污染的指标具有一定意义。

（四）汞对作物的危害

汞是植物非必需元素，但几乎所有的植物体内均含有微量汞，它是中度富集性元素。植物体可以通过根部吸收土壤中的汞，也可以通过叶片呼吸作用吸收大气飘尘中的汞和由土壤释放的汞蒸气中的汞。由于汞具有低熔点和高蒸汽压的特性，使其在环境中的分布与迁移具有独特的性质，也造成了研究其危害植物的困难。

汞对植物生长发育的影响主要是抑制光合作用、根系生长和养分吸收、酶的活性、根瘤菌的固氮作用等。植物受到汞污染后会出现叶片黄化、植株低矮、分蘖受限制、根系发育不正常等症状，严重时产量明显下降。土培试验结果表明，当用含汞2.5mg/L的水灌溉水稻时，水稻的生长明显受到抑制，产量降低了27.4%，当水中汞浓度为5.0mg/L时，可减产达90%以上，同样，在灌溉水中汞为2.5mg/L时，油菜的生长也受到明显影响，产量降低12.3%。有些资料报道，尽管土壤中总汞含量有时很高，但作物的含汞量不一定高，这时汞可能是不易溶的HgS等形态，而被作物直接吸收的有效汞则很少。目前土壤环境汞污染对作物生长发育直接影响的研究尚不多见，研究的重点仍是作物体内汞的残留、转移、累积规律及其影响因素问题。

土壤中汞的生物效应研究有一定难度，因为大气汞污染对植物汞的累积贡献也相当明显。大气汞污染对土壤-植物系统的危害研究表明，植物在吸收土壤汞的同时亦可吸收大气汞。当植物汞源于大气汞时，其地上部汞含量高于根部，而源于土壤汞时，则根汞高于地上部，因此在研究土壤中汞的植物效应时，汞污染源的区分十分重要。在农田环境中，汞主要与土壤中多种无机和有机配位体生成络合物，在作物体内富集并通过食物链进入人体。植物对汞的吸收随土壤汞浓度的增加而提高。不同植物及同一植物的不同器官在各自生长阶段对汞的吸收、富集完全不一样。粮食作物中富集汞能力的顺序是：水稻＞玉米＞高粱＞小麦。水稻比其他作物易吸收汞的主要原因是淹水条件下，无机汞会转化为金属汞，使水田土壤中金属汞含量明显高于旱地。研究表明，酸性土壤汞含量大于0.5mg/kg，石灰性土壤汞含量大于1.5mg/kg时，稻米中汞富集量会超过0.02mg/kg的粮食卫生标准，但不会影响水稻的生长。引起水稻生长不良的土壤汞浓度一般为5mg/kg以上。汞在水稻和小麦体内的分布情况类似，依次为：根部＞叶片＞茎＞籽粒，其中叶片因其生长时间不同，汞含量自下叶向上叶逐渐递减。研究表明，水稻对不同形态汞化合物吸收强弱依次为醋酸苯汞PMA＞$HgCl_2$＞HgO＞HgS。蔬菜对有机物结合态汞的吸收顺序为：Hg^{2+}＞富啡酸-Hg＞胡敏酸-Hg＞柠檬酸-Hg＞胡敏素-Hg。土壤中汞含量过高，不但引起汞在植物体内的累积，还会对植物产生毒害，其症状主要为：根系发育不良，植株矮小，叶片、茎可能变成棕色或黑色，甚至导致死亡。汞抑制植株生长有许多生理原因，如汞抑制硝酸还原酶活性，影响无机氮转化成有机氮的速率；抑制叶绿素合成，破坏叶绿素结构，降低了光合速率等。

汞污染对土壤微生物、土壤酶活性以及土壤的理化性质也有影响。受Hg、Cd、Pb、Cr污染的土壤细菌总数明显降低，当土壤中Hg为0.7mg/kg、Cd为3mg/kg、Pb为100mg/kg、Cr为50mg/kg时细菌总数开始下降。Hg和Cd相比，Hg的影响程度大于Cd。Pb和Cr相比，Cr的抑制作用显著。随着培养时间的加长，Hg、Cd、Pb的抑制作用呈略有降低的趋势，而Cr则相反，随着培养时间的加长抑制作用更为明显。Hg对脲酶的抑制作用最为敏感，其余依次为转化酶、磷酸酶和过氧化氢酶。据有关材料说明，Hg^{2+}对土壤中NO_3^--N的淋失抑制强度比Cd^{2+}、Pb^{2+}、Ni^{2+}、Cu^{2+}、Cr^{3+}大，并且可持续7～11周以上。

（五）砷对作物的危害

砷不是植物必需元素，但植物在其生长过程中会从外界环境主动或被动地吸收砷。土壤中微量砷（5～10mg/kg）可以刺激植物的生长，提高产量。砷可以提高植物细胞中氧化酶的活性，促进植物对磷的吸收。砷还可杀死或抑制危害植物的病菌，减少植物的病害。但是土壤砷含量过量时会抑制植物的蒸腾作用，抑制根系的活性和对水分、养分的吸收与运输。表现为出苗不齐，根部发黑、发褐，植株矮小，叶片枯黄脱落，最终导致生长发育受阻，产量降低，品质下降。

砷对植物的危害因价态而异，三价砷的毒性比五价砷的毒性大三倍以上。砷对植物危害的症状首先表现在叶片上，导致植物叶片卷曲、枯萎、脱落，其次是根部的生长受到阻碍，严重抑制植物的生长发育，甚至枯死。砷还会置换DNA中的磷，妨碍水分特别是养分的吸收，抑制水分从根部向地上部输送，从而使叶片凋萎以至枯死。过量的砷会引起地面蒸腾下降，抑制土壤的氧化与硝化作用以及酶活性等。砷对养分吸收阻碍顺序是K_2O>NH_4^+>NO_3^->MgO>P_2O_5>CaO。高等植物受砷害的叶片发黄的原因有两个：一个是叶绿素受到了破坏；另一个是水分和氮素的吸收受到了阻碍。砷在作物体内的分布是不均匀的，通常根部累积最多，茎、叶次之，籽实最少。

不同种类植物对砷的吸收和富集存在较大差异。对蔬菜砷富集能力的研究发现，芋、空心菜、细香葱、芹菜、莲藕属高富集蔬菜，并认为对砷的富集能力依次为：茎叶类>根茎类>豆类>瓜果类。植物不同部位的砷富集情况表现为：根>茎、叶>籽粒，呈现自下而上的递减规律。如谷中砷主要富集在谷壳，苹果各部分含砷量为：叶>果皮>果肉，作物中砷含量一般为：根>茎叶>籽实，如水稻根中砷含量一般是茎叶中的几十倍。在土壤砷含量相同时，种植水稻米粒中的砷含量显著高于麦粒，原因是在淹水条件下，可溶性亚砷酸含量提高，因此在砷污染严重农田，可改水作为旱作。

此外，砷对土壤微生物也有一定毒性。土壤受砷污染后，细菌总数明显减少，在试验浓度范围（10～40mg/kg）内，细菌总数明显减少，并随砷浓度的增加而递减。不同形态的砷化物对细菌的毒害作用存在一定差异，以亚砷酸钠的抑制作用最为明显。

三、重金属对土壤微生物和酶的活性的影响

（一）重金属对土壤微生物的影响

土壤微生物是土壤生态系统中极其重要的生命组分，它在土壤生态系统物质循环与养分转化过程中起着十分重要的作用。重金属的污染，会给

土壤微生物产生较大的影响，包括微生物的群落结构、种群增长特征，以及生理生化和遗传等方面都会对重金属的胁迫做出响应。土壤微生物包括细菌、真菌、放线菌等。它们以各种有机质为能源，进行分解、聚合、转化等复杂的生化反应，一般土壤肥力越高，有机质含量越多，微生物数量越多，活性也越强。大多数重金属在低浓度下，会对微生物的生长产生刺激作用，而在高浓度下则抑制微生物的生长，因而，在不同浓度范围的重金属对土壤微生物数量增长的影响不一定是相同的。不同类群微生物对重金属污染的敏感性也不同，其敏感性大小通常是放线菌＞细菌＞真菌。

土壤微生物量是表征微生物总体数量的常用指标，是指土壤中体积小于$5\times10^3\mu m^3$的生物量，属于土壤有机质。一般情况下，土壤微生物量与土壤有机碳含量之间存在正相关关系，当土壤出现重金属（如Zn、Cu等）污染时，则会破坏这种相关性，这时，微生物的呼吸量会成倍增加，而土壤微生物量则显著下降，表明土壤微生物在对重金属的污染响应过程中会启动某种逆境防卫机制，因而增加了呼吸消耗。实验发现，在重金属污染的土壤中加入葡萄糖和玉米秸秆后，发现CO_2的释放速率较正常土壤提高了50%，但土壤微生物碳和微生物氮仅为正常土壤的60%，说明微生物在逆境条件下维持其正常生命活动需要消耗更多的能量。

重金属对土壤微生物的影响，除了从数量上加以表征外，还常常从微生物的活性指标进行表征。研究土壤微生物对重金属污染响应的方式及其机理，对重金属污染土壤的生物评价和生物修复等方面具有指导意义。重金属在土壤中的迁移转化会受到微生物活性的影响，反过来微生物的生态和生化活性也会受到重金属毒害的影响。实验表明，当土壤中重金属浓度达到一定值（如Zn为114mg/kg、Cd为2.9mg/kg、Cu为33mg/kg、Ni为17mg/kg、Pb为40mg/kg、Cr为80mg/kg）时，可使蓝绿藻固氮活性降低50%，同时数量也会出现明显减少，这会导致豆科作物的减产。重金属抑制微生物的临界浓度受到土壤性质、气候及其他共存金属离子的浓度的影响，例如，Mn^{2+}在较高浓度时严重抑制微生物对铵（NH_4^+）的同化作用，而Mg^{2+}则能抵消Mn^{2+}对微生物氮代谢的影响。

有研究表明，假单胞杆菌（*Pseudomonas*）能使As(Ⅲ)、Fe(Ⅱ)、Mn(Ⅱ)等发生氧化，从而使其在土壤中的活性降低。微生物也能还原土壤中多种重金属元素，改变其活性，也可以通过对阴离子的氧化，释放与微生物结合的重金属离子。如氧化铁硫杆菌能氧化硫铁矿、硫锌矿中的负二价硫，将Fe、Zn、Co、Au等元素释放出来。微生物还可以通过氧化作用分解含砷矿物。高浓度的重金属对土壤微生物的生长与繁殖的抑制，主要是重金属对微生物的毒性使带巯基（-SH）的体内酶失活引起的，重金属还会损害微生物的三羧酸循环和呼吸链。

（二）重金属对土壤酶活性的影响

土壤酶与土壤微生物密切相关，土壤中许多酶由微生物分泌，并且和微生物一起参与土壤中物质和能量的循环。土壤中酶的种类很多，常见的有脲酶、磷酸酶、多酚氧化酶、水解酶和磷酸单酯酶等，土壤中酶的活性可作为判断土壤生化过程的强度及评价土壤肥力的指标，也有用土壤酶活性作为确定土壤中重金属和其他有毒元素最大允许浓度的重要判据，特别是近年来把土壤酶活性作为衡量土壤质量变化的重要指标越来越受到重视。

重金属会影响土壤酶的活性，研究发现，与土壤碳循环有关的酶受到的胁迫较小，与土壤氮、磷、硫等循环相关的酶受重金属胁迫显著。在重金属复合污染的情况下（Zn、Cu、Ni、V、Cd含量分别为300mg/kg、100mg/kg、50mg/kg、50mg/kg、3mg/kg），芳基硫酸酯酶、碱性磷酸酶和脱氢酶分别只有对照的56%～80%、46%～64%和54%～69%。

重金属对土壤酶的抑制有两方面的原因，首先是污染物进入土壤对酶产生直接作用，使得酶的活性基因、酶的空间结构等受到破坏，降低土壤中酶的活性；其次是污染物通过抑制微生物的生长、繁殖，减少微生物体内酶的合成和分泌，最终降低土壤中酶的活性。重金属对土壤酶活性的抑制作用是一种暂时现象。由于脲酶活性恢复得较少、较慢，所以脲酶活性有可能作为土壤重金属污染程度的一种生化指标。

对污灌区土壤盆栽模拟试验表明，土壤脲酶活性随土壤汞污染浓度增加而降低。当土壤中汞浓度达到12mg/kg时，脲酶活性降至对照的34%。虽然土壤磷酸酶活性也随土壤汞污染浓度增加而降低，但活性下降的幅度较脲酶小。当土壤汞浓度为12mg/kg时，磷酸酶活性为对照的77%。

四、重金属对人体健康的危害

重金属污染土壤的最终后果是影响人畜健康，土壤重金属污染往往是逐渐累积的，具有隐蔽性，一旦发现污染危害时，往往已经达到相当严重的程度，治理很难。重金属对人类健康的危害，最突出的两个事例就是被列入八大公害的日本“水俣病”和“痛痛病”，前者是由于汞的污染造成的，后者则是由镉的污染引起的。近年来，我国耕地土壤被重金属污染的情况也越来越突出，“镉米”的报道已不是偶尔，我国的农产品质量安全令人担忧。

如果食用重金属污染的植物，或人体暴露于重金属污染土壤的扬尘环境，重金属经呼吸道进入人体等，都将对人体的健康造成直接或间接的影响。对人体毒害最大的元素有五种：铅、汞、铬、砷、镉。这些重金属对人体的毒害介绍如下。

汞：进入人体后会沉积于肝脏当中，严重损坏人体大脑视力神经。0.01mg/L浓度的汞就会引起人体强烈的中毒反应。汞不易通过代谢排出体外，长期饮用含有微量汞的饮用水，会引起慢性中毒。

铬：铬中毒会引起人体四肢麻木，精神异常。

砷：砷中毒会引起皮肤色素沉积，出现异常角质化。

镉：会导致一系列的心脑血管疾病；破坏骨钙，破坏肾脏功能。

铅：毒性较大，进入人体后很难排除。会伤害人体脑细胞，导致婴儿先天大脑沟回浅，智力低下；造成老年人的痴呆、脑死亡等。

钴：具有放射性，会造成人体放射性损伤。

钒：损坏心、肺功能，导致胆固醇代谢异常。

铊：引起多发性神经炎。

锰：会引起甲亢。

锌：虽然是人体必需元素，但是过量会导致锌热病。

锑：与砷能使银首饰变成砖红色，对皮肤有放射性损伤。

重金属中毒都会引起头痛、头晕、失眠、健忘、神经错乱、关节疼痛、结石、癌症、乌脚病和畸形儿等；尤其对消化系统、泌尿系统的细胞，脏器、皮肤、骨骼、神经的破坏极其严重。且重金属排出困难，建议平常注意饮食，不然一旦在体内沉淀会给身体带来很多危害。

第四节　土壤重金属的治理与修复对策

进入土壤中的重金属难以被土壤微生物降解，但可为植物所富集。重金属是在土壤中可以不断富集的污染物，有的甚至可能转化为毒性更强的化合物（如土壤中的汞在还原条件下，能形成甲基汞，其毒性是汞的数倍）。它可以通过植物吸收，在植物体内富集、转化，危害人类的健康与生命。更为严重的是这种由重金属在土壤中所产生的污染过程具有隐蔽性、长期性和不可逆性的特点。不同于大气和水污染，土壤重金属污染一般不可见，需要通过专业的仪器分析才可确定，因而容易为人们所忽视。然而随着国民经济的快速发展，城市化和工业化进程不断加快，产生了大量的废弃物，作为大量污染物最终受体的土壤面临着严重的环境污染问题。2012年，农业部就土壤重金属污染问题做了初步的调查，发现土壤重金属污染问题已不同程度地出现在全国各个地区。2013年，国家环境保护部出具的一份文件显示：我国有$3.6 \times 10^4 hm^2$耕地土壤重金属超标，因此必须充分认识重金属污染土壤问题的严峻形势并制定相应的政策。

一、全面深入调查我国重金属污染状况

重金属污染防治工作既要重视环境介质（包括水体、大气、土壤等）中的重金属污染状况的全面、深入调查及监测工作等，同时要注重产品生产、消费、流通和废弃等全过程的重金属污染问题。开展土壤污染调查，加强企业生产流通过程中的排放管控。在充分掌握水体、大气、土壤等的重金属污染信息后，有针对性地提出重金属污染问题的解决方案。

二、完善土壤环境质量标准和污染土壤修复标准等标准体系

不仅需要尽快制定并颁布《中华人民共和国土壤污染防治法》依法保护土壤环境，同时应该完善和改进现有的涉及重金属污染的相关法律、法规和标准体系。我国地域辽阔，各地土壤性质差异较大，现有的土壤环境质量标准和污染土壤修复标准等标准体系缺乏适用性；质量评定指标、污染指标少。建立重金属污染场地环境监管档案，建立和完善重金属污染场地与土壤环境风险评估体系，明确责任，协调各利益相关方关系，推动污染场地问题的有效解决，并完善土壤环境质量标准和污染土壤修复标准等标准体系。同时也应把土壤重金属污染的管理、利用与治理工作列入政府的议事日程，建立一个全国性的土壤重金属管理体系。

三、尽快颁布《中华人民共和国土壤污染防治法》依法保护土壤环境

目前，我国土壤环境监督管理体系不健全，社会各界对土壤重金属污染防治的意识不强，国家对土壤重金属污染防治投入不足；近年来，重金属污染问题导致的群体性事件频繁出现，严重威胁群众身体健康和社会稳定。

我国尚无一部行之有效的土壤重金属污染防治法。迫切需要建立类似于美国《超级基金法》的专门清洁治理污染场地的法律或法规，尽快制定并颁布《中华人民共和国土壤污染防治法》，依法保护土壤环境。建立污染土壤风险评估和污染土壤修复制度，按照“谁污染、谁治理”的原则，加强土壤的保护及污染土壤的修复。在全国土壤污染状况调查的基础

上，建立健全土壤污染防治法律法规和标准体系，加强土壤环境监管能力建设，开展污染土壤修复与综合治理试点示范，建立土壤污染防治投入机制，增强科技支撑能力，加大土壤污染防治宣传、教育与培训力度。具体包括：进一步加大投入，不断提高环境监测能力，逐步建立和完善国家、省、市三级土壤环境监测网络，定期公布全国和区域土壤环境质量状况，制定土壤污染事故应急处理处置预案；降低现有农业措施关于施入土壤物质重金属含量标准，减少农田重金属污染；建立污染责任体系，充分体现污染者付费的原则以及预防为主的原则；加强对土壤重金属污染防治的管理力度，严格控制污染物排放、避免超标，通过法律手段有效防治土壤重金属污染。

四、优化产业结构

产业结构的不合理是增加土壤重金属污染问题的重要原因。各地区需要对当地的产业结构进行合理的调整与规划，根据当地条件合理规划各功能区的产业结构，促进产业结构从粗放型向节约型转化，以便更大程度地降低和控制重金属污染物的排放。重点监管与公众健康密切相关的污染源、风险源，加大科技投入，加强执法力度和执法能力建设，对各种重金属污染物的排放实施排污许可证管理，对排放实施严格控制。

五、加强土壤重金属污染防治宣传

土壤重金属污染具有隐蔽性、持久性和间接性。近年来，频繁爆发的土壤重金属污染导致的群体性事件引起了人们的关注，但总体上来说，普通大众对土壤重金属的危害认识还是不足，重视程度还远远不够，还需要加强宣传教育，加强人们的土壤重金属保护意识。从社会舆论导向层面引导人们充分认识土壤污染主要是人为原因引起，主要是人类活动造成了土壤污染和破坏。因此，防止污染和破坏的决定因素还是人类自身的觉悟和行为。通过宣传教育提高公众的认识，提高大家的环境意识。实际上真正的土壤污染防治离不开公众的参与，只有鼓励公众，让广大群众积极、主动地参与到土壤污染预防和治理的过程中来，才能起到事半功倍的效果。要加大宣传的力度，使广大群众，尤其是广大农民充分认识到土壤重金属污染的严重性，认识到这种污染直接与老百姓的生存环境及身体健康密切联系。充分利用广播电视、报纸杂志、网络等新闻媒体的主导作用，大力宣传土壤污染的危害以及保护土壤环境的相关科学知识和法规政策，确保各类土壤环境信息及时、准确发布，使公众了解土壤的危害及其与自身的利害关系。通过建立重点区域、重点污染行业群众监督机制，保障公众的土壤环境知情权。同时对全国各地潜在的土壤污染及事故，应对群众进行科普宣传教育，把土壤污染防治融入学校、工厂、农村、社区等的环境教育和干部培训中，引导广大群众支持和积极参与土壤防治工作，提高全民全社会对土壤重金属污染防治的认识。

六、加强信息公开与公众参与

建立信息公开制度，通过建立统一的环境监管信息公开平台，将涉重的企业基本信息、重金属污染的排放及监测情况、监察执法和行政违法等情况及时向社会公布。信息公开是公众参与的基础。重金属污染防治作为一项全民性的公益事业，提高公众参与意识，增强公众参与程度，是做好重金属污染防治工作的保证。

七、广开渠道筹集重金属污染土壤修复治理资金

当前中国土壤重金属污染调查评估与治理修复的资金主要来自于政府和土地开发商，资金来源没有保障，造成污染土壤的修复治理工作难以开展。国家在政策层面上也不断加强了对污染土壤修复技术的研发工作的支持。根据《全国土壤环境保护“十二五”规划》，环境保护部启动了国家土壤污染防治与修复重大科技专项，重点扶持土壤修复的技术研发。专项将重点支持国内自主研发的生物治理技术工艺，以目前受重金属污染最为严重的湖南、江苏、浙江、江西等14个省（区、市）为试点，全面启动重点污染物的源头控制和土壤修复治理工作。在财政支持上逐年加大了对修复技术和设备的研发资金支持。但有政府的资金支持远远不够，借鉴美国超级基金的案例，中国土壤环境保护政策研究项目组建议，应综合考虑中国土地资源国有的特点和“谁污染、谁治理”的基本原则，在受污染地块的开发商出资、政府拨款的基础上，对污染企业征收污染税，加强土壤重金属污染修复的资金来源。对逃避承担相关环境责任的公司及个人要进行罚款，还可倡导当地社区和居民集资、公益捐助，建立重金属污染防治基金。

八、加强重金属污染土壤修复关键技术的研发及人才培养

我国在土壤污染治理技术方面已开展了数十年的研究，尤其

“十五”“十一五”期间的研发投入更高，已经累积了大量的重金属污染治理技术，部分成果已经进入集成示范与应用阶段。但不可否认，国内土壤修复技术市场仍然较为原始，过多依赖技术含量较低的异位处理，很容易造成二次污染。国内土壤修复技术，装备研发和升级非常急迫。攻克污染土壤修复技术，重点联合多院校部门研发污染土壤原位稳定剂、异位固定剂，受污染土壤生物修复技术、安全处理处置和资源化利用技术，实施产业化示范工程，加快推广应用，是未来重金属污染土壤修复发展的重要方向。同时要加强专业技术人员和管理人才队伍的培养建设。

第二章 我国重金属排放来源调查与分析

由于重金属有明显的致畸、致癌、致突变的效应，重金属污染对人类的生命健康具有较大威胁，重金属污染排放引起公众的普遍关注。为定量分析重金属污染状况，为重金属污染防治提供数据支持，有必要对重金属排放来源进行调查，制定重金属污染排放统计指标体系，促进我国的重金属污染防治政策出台。

第一节　我国重金属排放来源调查与分析

工业是重金属的主要排放源。我国工业源量大面广，制造业尤其发达，涉及重金属污染物产生排放的企业非常多。同时，重金属污染物排放企业在部分行业又很集中。按照突出重点的原则，对于重金属污染排放集中的行业，应作为研究的重点，在调查方法、指标体系设计、核算方法上应重点考虑；对于零散存在重金属污染物排放企业的行业，在调查方法、指标体系、核算方法上很难全面细致地研究。因此，进行来源分析，识别重点行业，对于开展调查方法、指标体系、核算方法等相关研究非常必要。

一、五毒重金属在废水中的排放调查

（一）汞

湖南省汞排放量及其在全国汞排放量中的占比一直居全国首位；2003年工业废水汞排放主要集中在湖南、广西、广东、辽宁和甘肃等地，其中南方三省的占比超过70%，北方两省的占比约20%；至2010年，辽宁、甘肃的汞排放量大为减少，陕西的排放量大为增加，约占18.78%，山西和新疆出现不同程度的增加；同时湖南、云南、福建、江西的占比增加，南方的汞污染范围扩大，但两广地区出现下降态势，此六省的占比约为76%。同时排放量变化省际差异显著，如图2.1所示。

工业废水重金属汞排放主要集中在有色金属、黑色金属冶炼及压延加工业、有色金属矿采选业、化学原料及化学制品制造业行业（表2.1）。

表2.1　2003—2010年重点行业工业废水汞排放量占全行业比重　　单位：%

行业	年份							
	2003	2004	2005	2006	2007	2008	2009	2010
黑色金属冶炼及压延	0.24	0.5	1.38	0.53	0.83	30.6	28.91	28.56
有色金属矿采选	3.47	6.84	5.24	5.88	19.0	30.46	35.11	17.67
有色金属冶炼及压延	43.45	28.34	31.04	23.77	17.93	12.76	7.64	31.61
化学原料及制品制造	34.89	52.46	51.67	59.89	50.58	14.45	18.24	15.95
合计	82.05	88.14	89.33	90.07	88.34	88.27	89.9	93.79

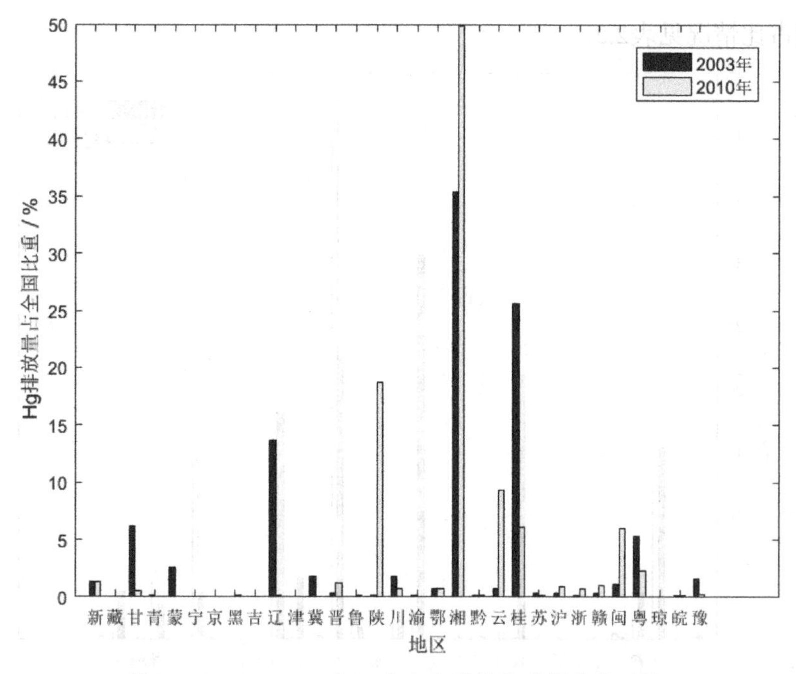

图2.1 2003、2010年工业废水汞排放省级占比对比

2003—2005年前后，有色金属冶炼及压延加工业、化学原料及化学制品业两大行业占全行业比重约为78%～83%，但在2003—2010年间，两大行业排放量持续下降，至2010年两行业所占比重已降到48%；而黑色金属冶炼及压延加工业、有色金属矿采选业减排进展缓慢，甚至一直呈现增加趋势，这两个行业的占比从2003年前后的3.7%增加到2009年的64%。

（二）镉

镉的排放主要集中在两大地区，如图2.2所示：一是以湖南、广西、江西为核心、包括广东等省在内的南方省区，其中以湖南省最为严重，并向湖北、福建两省扩散蔓延，这六省在2010年的占比约为80%；二是以甘肃为核心包括青海、四川、云南在内的西部地区，并扩散到陕西省；而辽宁省从2003年的21.02%降到了2010年的0.11%。从排放量变化情况看：辽宁省减排速率最高，2003—2010年递减幅度接近60%；云南、安徽、青海年递减幅度都超过20%，甘肃、广西两省区年递减幅度也分别为16.37%和18.23%，但广东、湖南的年递减率只有4.66%和5.72%；江西、陕西两省的排放量呈上升趋势，陕西2010年的镉排放量接近2003年的2倍，江西年递增率也超过4%。

镉排放主要集中在有色金属及压延加工业、有色金属矿采选业、化学原料及化学制品制造业、黑色金属冶炼及压延加工业，2003—2010年各行业的占比情况见表2.2。

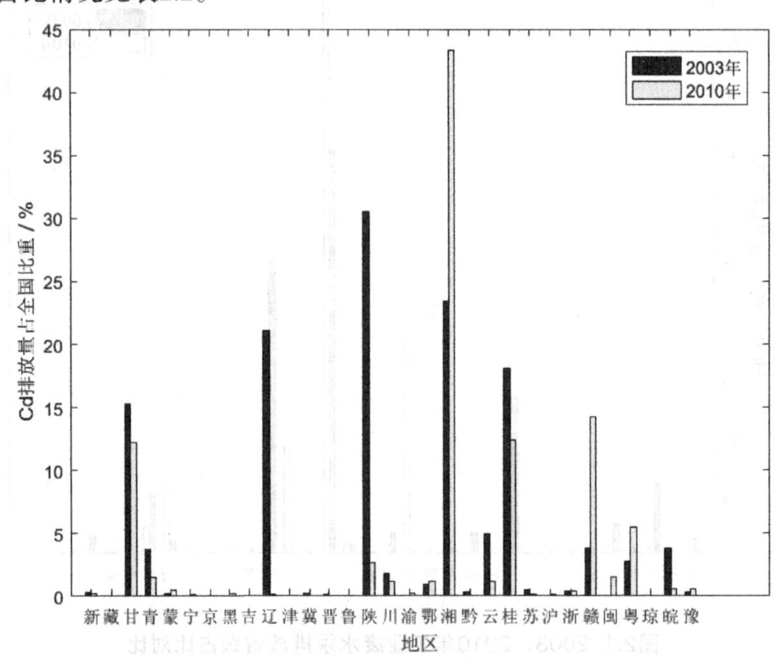

图2.2 2003、2010年工业废水镉排放省级占比对比

表2.2 2003—2010年重点行业工业废水镉排放量占全行业比重 单位：%

行业	年份							
	2003	2004	2005	2006	2007	2008	2009	2010
黑色金属冶炼及压延	2.28	3.41	2.56	1.69	2.55	1.49	1.82	1.52
有色金属矿采选	10.62	16.33	18.64	26.53	47.04	32.76	38.75	39.47
有色金属冶炼及压延	77.0	69.56	66.92	62.06	41.16	56.89	48.39	40.69
化学原料及制品制造	4.81	6.82	6.93	4.53	4.10	4.02	3.04	12.53
合计	94.71	96.12	95.05	94.81	94.85	95.16	92.00	94.21

（三）Cr^{6+}

全国来说Cr^{6+}的排放范围比较广，如图2.3所示。2003年时，Cr^{6+}的排放主要集中在湖南、湖北、重庆、河南、四川、陕西等西部地区以及江苏、浙江、福建、广东等东部沿海地区。2003—2010年，逐渐向东部及沿海省区集中。2010年，江苏、浙江、福建、广东四省的排放量占比约为49.3%；

同时重庆、辽宁、吉林等省市均有不同程度的增加，而中西部地区占比显著降低。福建省的排放量年递增率高达16.5%，为全国之最；江西为3%；湖南在2003—2006年的Cr^{6+}排放量一直居全国首位，但从2007年开始低于沿海四省。

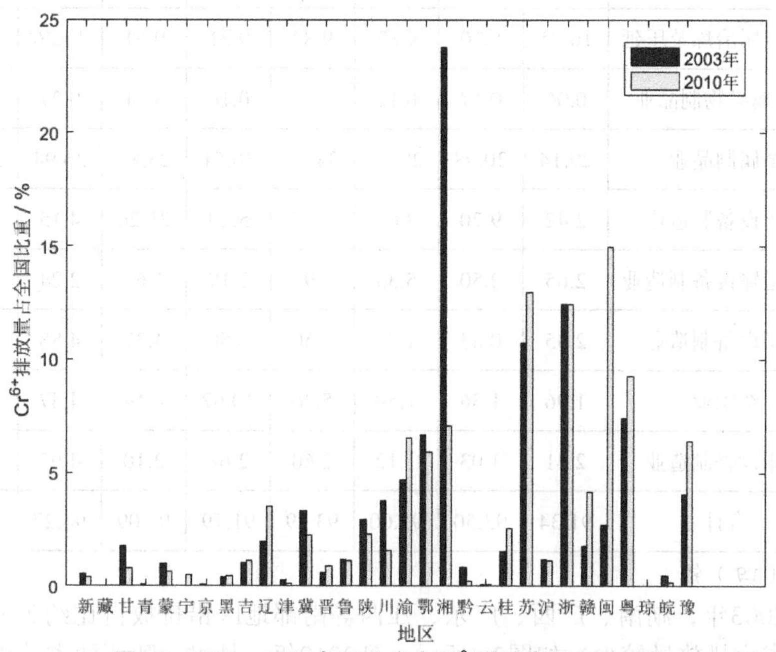

图2.3　2003、2010年工业废水Cr^{6+}排放省级占比对比

涉及Cr^{6+}排放的行业比较多，见表2.3，金属制品业在2003—2010年间排放量占比呈上升趋势，从29%上升至近40%，而皮革、毛皮、羽毛(绒)及其制品业从2005年的20%逐渐下降到2010年的13%；有色金属冶炼及压延加工业、化学原料及化学制品制造业两大行业的减排成效显著；黑色金属冶炼及压延加工业波动明显；而非金属矿物制品业排放量年递增幅度超过52%。通用设备制造业、专用设备制造业都呈增加态势。

表2.3　2003—2010年重点行业废水Cr^{6+}排放量占比　　单位：%

行业	年份							
	2003	2004	2005	2006	2007	2008	2009	2010
皮革、毛皮、羽毛业	8.3	16.80	20.28	12.55	11.13	8.93	11.33	13.21
有色金属矿采选	1.86	1.51	2.18	3.13	2.93	4.11	3.09	2.85
有色金属冶炼及压延	18.58	27.62	11.56	9.42	7.46	3.14	5.67	5.03

续表

行业	年份							
	2003	2004	2005	2006	2007	2008	2009	2010
化学原料及制品制造	10.86	5.30	6.11	5.98	5.06	2.96	3.00	3.49
黑色金属冶炼及压延	10.75	5.70	9.87	9.82	9.21	9.51	13.26	7.58
非金属矿物制品业	0.06	0.17	0.12	0.36	0.16	4.11	0.27	2.14
金属制品业	29.14	20.98	29.27	34.70	30.51	25.81	36.94	39.71
电子设备制造业	2.42	9.70	3.69	3.85	5.29	21.26	4.15	2.77
交通运输设备制造业	2.65	2.50	5.33	1.92	2.19	1.65	2.24	5.51
通用设备制造业	2.35	0.83	1.88	3.50	4.50	4.37	4.88	5.60
纺织业	1.96	1.36	1.59	5.36	10.67	4.14	4.47	1.56
专用设备制造业	2.41	1.03	1.12	2.60	2.68	2.10	4.97	5.12
合计	91.34	93.50	93.00	93.19	91.79	92.09	94.27	94.57

（四）铅

2003年，湖南、广西、广东、江西等南部地区铅排放占比约为55%，其他省市排放量较少，如图2.4所示；到2010年，甘肃、陕西两省的排放量大幅增加，占比约为31%，其中甘肃省成为排放量最大的省区；而南方四省区所占比重仍超过50%，除湖南、辽宁、江苏外，其他省区的排放量都呈现上升趋势。

表2.4　2003—2010年重点行业工业废水铅排放量占全行业比重　　单位：%

行业	年份							
	2003	2004	2005	2006	2007	2008	2009	2010
黑色金属冶炼及压延	18.68	24.91	17.32	11.03	10.73	9.34	8.39	5.96
有色金属矿采选	29.51	33.63	32.23	53.78	66.63	59.16	63.35	61.60
有色金属冶炼及压延	40.53	27.65	36.37	21.51	11.03	17.65	14.44	20.27
化学原料及制品制造	4.66	7.87	8.32	7.82	3.89	3.99	4.68	2.66
合计	93.38	94.06	94.24	94.14	92.28	90.14	90.86	90.49

铅的排放主要集中在表2.4中所示的四大行业。其中有色金属冶炼及压延加工业从2003年铅排放量占比首位逐年下降至2010年的占比为20.3%；而有色金属矿采选业增长迅速，至2010年其占比超过61%，位居首位；黑色金属冶炼及压延加工业的年减排速率超过了30%；另外，化学原料及化学制品制造业年减排速率也超过24%。

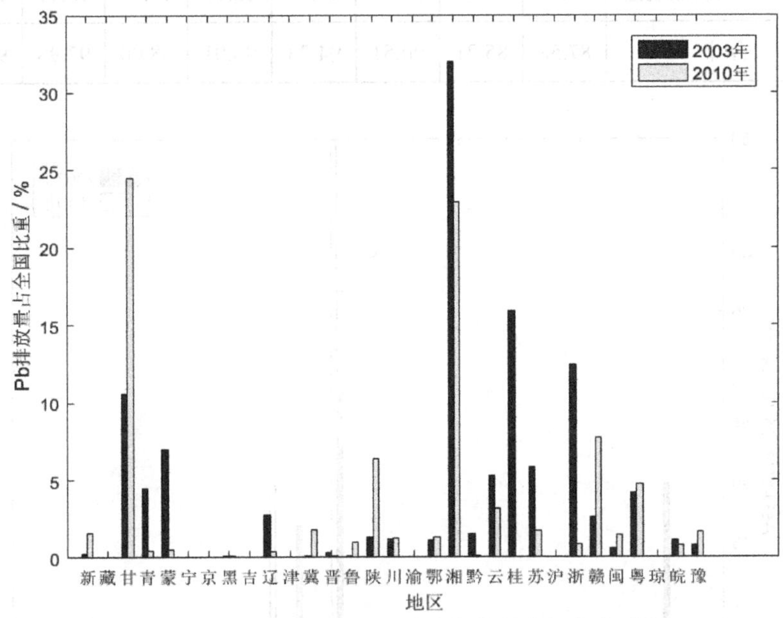

图2.4　2003、2010年工业废水铅排放省级占比对比

（五）砷

如图2.5所示，2003—2010年间，砷在甘肃、云南、西藏、辽宁、江苏等省区的排放量都在大幅降低，逐渐集中于以湖南为核心的南方省区排放的趋势；2010年湖南、广西、江西三省区的排放量占比超过了70%；周边的湖北、广东、福建和陕西省占比也在增加。

砷排放的主要集中在如表2.5所示的三大行业，从2007年开始已占到全行业的96%以上。但三大行业砷排放占比的波动都比较明显。

表2.5　2003—2010年重点行业工业废水砷排放量占全行业比重　　单位：%

行业	年份							
	2003	2004	2005	2006	2007	2008	2009	2010
有色金属矿采选	19.01	13.87	4.23	10.83	45.57	55.76	58.02	36.33
有色金属冶炼及压延	30.93	33.13	22.35	34.24	37.68	22.87	21.79	40.96

续表

行业	年份							
	2003	2004	2005	2006	2007	2008	2009	2010
化学原料及制品制造	37.64	38.21	63.93	49.16	12.76	19.37	18.17	19.91
合计	87.58	85.21	90.51	94.23	96.01	98.00	97.98	97.20

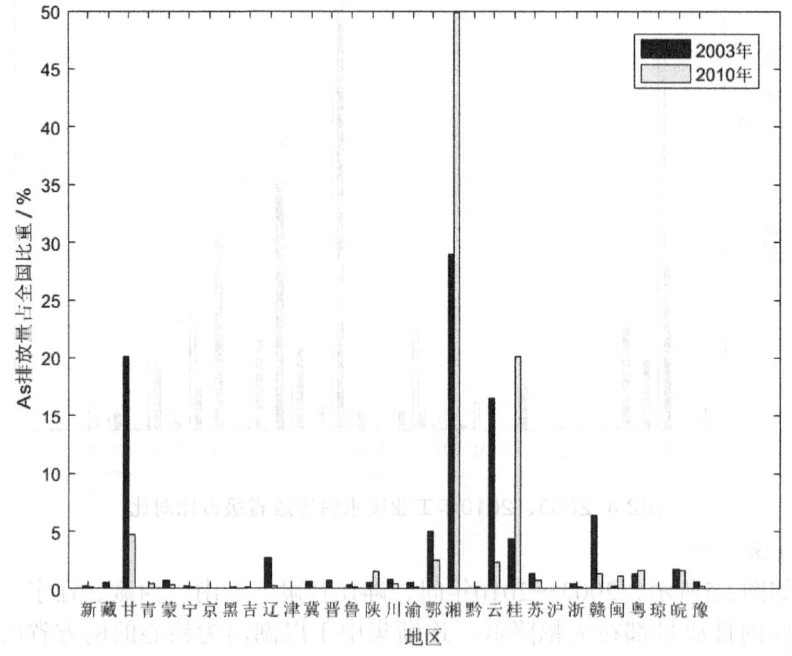

图2.5 2003、2010年工业废水砷排放省级占比对比

二、废气重金属排放量估计

利用可获得的2010年相关活动水平数据，利用美国国家大气污染物排放清单中大气重金属排放系数，对我国2010年大气重金属污染物排放进行估算，结果见表2.6。其中，木废料燃烧量、固定源燃气涡轮机能源消耗量、烷基铅生产量、木材防腐剂用量、混凝土配料产量、磨料磨具制造量由于无法获取，在本书中未进行估算。

根据估算得出的大气重金属排放量来看，对重金属排放量有明显贡献的行业如下：

（1）燃料燃烧对于各重金属的排放都具有非常大的贡献，均在50%以上。

（2）相对于其他污染物来说，垃圾焚烧对于Cd和Hg的排放贡献更大，分别占这两类重金属排放总量的45.6%和38.6%。

（3）水泥生产行业对于Hg和Pb的排放有一定贡献，但贡献率均在10%左右。

（4）铅冶炼行业对于Pb的排放贡献较大，贡献率为16%。

（5）木制品行业重金属排放量微小，可不统计。

表2.6　大气重金属排放量估计(极大值)

产业类别	行业分类	产品量	排放重金属	排放量
外部燃烧	沥青和亚烟煤燃烧	312236.5万t（其中工业量40534万t）	As	554.0t
	无烟煤燃烧		Cd	75.8t
	褐煤燃烧		Cr	385.4t
			Pb	609.6t
			Cr(VI)	112.0t
			Hg	117.7t
	燃油	3758.02万t（其中工业2087万t）	受控燃烧，不计排放量	
	天然气燃烧	1069.41亿m^3（其中工业682.57亿m^3）	Pb	0.87t
			As	0.35t
			Cd	1.91t
			Cr	2.43t
			Hg	0.45t
	木废料	不可得		
	住宅木废料	不可得		
固体废物处置	垃圾焚烧	2316.7万t	As	1.55t
			Cd	2.55t
			Cr	5.42t

续表

产业类别	行业分类	产品量	排放重金属	排放量
固体废物处置	垃圾焚烧	2316.7万t	Hg	64.87t
			Pb	42.63t
	污泥焚烧	440万t	As	5.28t
			Cd	57.20t
			Cr	8.36t
			Hg	10.10t
固体废物处置	露天焚烧轮胎	125万t	As	0.25t
			Cr	2.46t
			Hg	0.43t
	医疗废物焚烧	247466.3t	Pb	8.99t
			As	3.78t
			Cd	9.19t
			Cr	0.10t
			Hg	13.26t
固定源内燃	固定式燃气涡轮机	不可得		
有机化工	烷基铅	不可得		
木制品行业	木材防腐	31.5万m^3	Cr	7.15g
矿业	硅酸盐水泥生产	188191.1万t	As	12.23t
			Cd	7.90t
			Cr	7.34t
			Hg	22.58t
			Pb	71.51t
	混凝土配料	不可得		
	磨料磨具制造	不可得		

续表

产业类别	行业分类	产品量	排放重金属	排放量
矿业	焦炭生产	38864.03万t	As	6.80t
			Cd	0.07t
			Cr	2.22t
			Hg	0.07t
			Pb	10.65t
	粗铅冶炼	279.57万t	Pb	95.05t
矿业	二次镁熔炼	不再计算	Pb	不再计算
	杂铅产品	0.97万t	Pb	4t
	含铅矿石破碎研磨	3986.27万t	Pb	39.86t
合计			As	584.24t
			Cd	154.62t
			Cr	525.73t
			Hg	229.46t
			Pb	883.16t

第二节　我国重金属污染与防治现状研究

一、环境重金属污染状况

我国公开的环境质量监测数据中，只有地表水质量监测数据中有重金属监测指标。《环境空气质量标准》（GB 3095—2012）中有铅的浓度限值，但当前未全面开展铅的监测和评价工作。土壤调查重金属污染状况没有公开数据。

根据2014年《中国环境质量报告》，968个国控断面（点位）中，有6个地表水国控断面（点位）出现25次重金属超标现象。砷超标频次最高，占总超标次数的68.0%；其次是汞，占24.0%。在重金属超标断面（点位）中，砷超标断面（点位）3个，共超标17次，超标倍数为 0.1～0.9倍，最大超标断面出现在西藏堆龙河东嘎断面；汞超标断面（点位）1个，为长江流域云南螳螂川富民大桥断面，共超标6次，超标倍数为0.8～6.0倍；镉和锌超标断面（点位）均为1个，分别超标1次，浙闽片河流福建沙溪水汾桥断面镉超标0.1倍，黄河流域山西汾河温南社断面锌超标0.8倍。

有学者根据公开报道的文献资料等，对我国部分城市空气中总悬浮物颗粒（TSP）中重金属的监测结果、地表水重金属水平、土壤重金属污染水平进行分析或评价。根据分析结果，北京、天津、沈阳、长沙四个城市空气中铅含量超过国家标准，最严重的是天津，其次是北京。北京、天津的监测数据是在采暖的不利时段获得的监测结果，但可以得出结论，我国部分城市空气中重金属存在较明显的污染状况，主要来源有煤燃烧与工业排放。利用采样单因子污染指数对我国公开报道的部分地区地表水重金属水平进行评价。结果表明，所报道的大部分地区地表水中重金属含量能满足国家地表水质量标准要求，但也有一些地区的某些指标超过国家规定的限值，如汉江安康段的铬，上海黄浦江上游的汞，微山湖的铅，武汉水果湖的镉，齐齐哈尔仙鹤湖的铅、镉、砷，云南、浙江的铅、镉。利用采样单因子污染指数对我国公开报道的部分地区土壤重金属水平进行评价，结果表明，我国的土壤污染水平差异很大，如以单因子污染指数评价镉，发现污染严重程度依次为：白银＞泉州＞株洲＞湘潭＞芜湖＞徐州＞上海＞东莞；土壤铅、砷均以福建省泉州市水平最高；湖南省湘潭市的汞和江苏省徐州市的铬也达到重度污染水平。食品中重金属的超标与养殖水体、种植土壤受重金属污染密切相关。我国部分地区食品中重金属存在不同程度的超标现象，一些食品的超标范围十分广泛，如深圳海水贝中的镉、沈阳近郊大米中的铅、张士灌区蔬菜中的铅以及重庆玉米与稻米中的铅超标率均达到50%以上。

二、我国土壤重金属污染问题研究历程

相比于发达国家和地区，我国土壤重金属污染防治工作起步较晚。目前的研究工作基础还比较薄弱，尚未形成完善的土壤重金属污染防治技术体系。回顾我国有关土壤重金属污染问题研究的历史可以看出，实际上科学家对土壤中重金属污染问题的关注与我国土壤环境问题的出现基本一致，概括起来可分为萌芽起步、奠定基础和快速发展三个的阶段。

（一）萌芽起步阶段（1949—1979）

新中国成立之初，百废待兴，包括土壤污染在内的环境污染问题尚未出现，土壤科学工作者更多是从改良障碍土壤、提高耕地土壤肥力、增加作物产量的角度开展土壤科学研究。20世纪50年代后期开始，利用城市污水灌溉农田的面积逐步扩大，同时钢渣、粉煤灰、垃圾、污泥等固体废弃物开始用于农业，广大科技工作者开始关注污水灌溉和固体废弃物利用对土壤可能产生的不利影响，土壤中包括重金属元素在内的各种污染物的分析检测方法成为当时研究探索的重点。与此同时，土壤是否受到污染、如何判断的问题开始提出，相应有关土壤环境背景值的研究开始涉及。最先关注的金属元素是铜、锌、铁、钼、锰，因为这五种元素既是植物生长必需的微量营养元素，同时也属于重金属元素。进入20世纪70年代，环境问题的危害开始显现，个别地区开展了一些局部土壤环境背景值的测定工作，代表性的工作有"北京西郊环境质量评价""北京东南郊环境污染调查及防治途径研究"中测定了土壤中As、Hg、Cd、Zn、Pb的背景值。1977年初，中国科学院主持成立了专题性的土壤背景值协作组，与有关科研单位、高等院校及环境保护机构合作，先后开展了北京、南京及广州等地区土壤、水体和生物等方面的背景值研究。并于1979年在昆明召开了环境背景值学术讨论会，编辑出版了《环境中若干元素的自然背景值及其研究方法》。

（二）奠定基础阶段（1979—2000）

1979—1983年，原农牧渔业部环境保护科研检测所联合二十几个科研院所、环保机构等，在北京、上海、天津、广东、黑龙江、吉林、江苏、四川、新疆、贵州、浙江、陕西、山东等十三个省市区进行了农业土壤中As、Hg、Cd、Zn、Pb、Cr、Cu、Ni、F的背景值调查。1983—1985年，土壤背景值列入我国"六五"科技攻关项目中，重点围绕湘江谷地和松辽平原两个典型区域深入开展土壤背景值调查研究工作。到l1986年，也就是国家第七个五年计划期间，由中国环境监测总站承担、魏复盛教授主持的"中国土壤元素环境背景值研究"列入"七五"科技攻关计划，土壤环境背景值研究分析元素由最初的几种主要有毒重金属元素，扩展到六十多种化学元素，研究区域扩展到全国除台湾地区以外当时的29个省市自治区，并注意了土壤环境背景获取和实际应用相结合，同时开展对主要土壤的环境容量、污染承载负荷、污水土地处理系统、土壤环境质量评价、土壤环境质量演变机制、各种污染物在土壤中的迁移转化行为与危害、控制土壤污染的工程技术与方法、土壤生态建设等方面的研究。总之，在"六五"和"七五"期间，获得了我国大量宝贵的土壤环境背景数据，在此基础上于1995年颁布了我国第一个《土壤环境质量标准》（GB l5618—1995）。

（三）快速发展阶段（2000年至今）

进入21世纪，伴随着经济的快速发展，包括土壤污染在内的环境污染问题越来越突出，引起了科学家、政府和社会的广泛关注。这个阶段呈现出如下特点。

1.在科学研究方面

土壤修复进入国家自然科学基金委的目录，与土壤污染有关的基础研究和技术研发项目先后得到国家“973计划”“863计划”和科技支撑计划的资助，重金属污染土壤修复的基础理论不断完善，发表论文数量直线上升。“十五”以来，相关部门也组织开展了土壤环境基础调查工作。从1999年到2004年，国土资源部对$1.507\times10^6km^2$的土地进行了地球化学调查，其中包括13.86亿亩的耕地面积。2005—2013年，环境保护部会同国土资源部对约$6.3\times10^6km^2$进行了首次全国土壤污染状况调查。2012年，农业部启动了农产品产地土壤重金属污染调查，调查面积16.23亿亩。另外，环保和农业部门也对主要污水灌溉区、金属矿区、主要粮食产区、重要农产品产地、地表水饮用水水源地等土壤环境质量进行了长期监测。“十二五”期间，环境保护部已在部分省市开展试点，着手研究制定全国土壤环境质量监测网建设方案，拟在全国布设土壤环境质量监测基础监测点位和风险监测点位，并建立全国土壤环境基础数据库，构建土壤环境信息化管理平台，实现资源共享。

就目前我国农田土壤重金属污染状况来看，湖南、江西、云南、贵州、四川、广西等省区有色金属矿区土壤重金属污染尤为严重。我国西南地区（云南、贵州、广西等）土壤重金属背景值远高于全国土壤背景值，如镉、铅、锌、铜、砷等。这主要是由于重金属含量高的岩石（石灰岩类）在风化成土过程中释放重金属而富集在土壤中的缘故。大中城市郊区以污水灌溉农田土壤重金属污染为主，其中蔬菜，特别是叶类蔬菜超标比较明显，部分地区，玉米和小麦的镉、铅、汞等重金属污染超标也比较明显，但应该注意到对玉米、小麦重金属超标现象仍然需要考虑大气污染源的输入，而不一定全部来自土壤污染。

在重金属污染土壤修复方面，钝化修复是目前采用比较多的一类修复技术。国内外在农田土壤重金属污染钝化修复中，使用的钝化剂材料主要包括：①黏土矿物，如海泡石、蒙脱土、膨润土、凹土、高岭土等；②碳材料，如以秸秆、果壳等为原料制备的生物炭、黑炭、骨炭等；③含磷材料，如钙镁磷肥、羟基磷灰石、磷矿粉、磷酸盐等；④硅钙材料，如石灰、石灰石、碳酸钙镁、硅酸钠、硅酸钙、硅肥等；⑤金属氧化物，如氧化铁、硫酸亚铁、硫酸铁、针铁矿、氧化锰、锰钾矿等；⑥有机物料，如畜禽粪便、腐殖酸、泥炭、有机堆肥等；⑦工业废弃物，如粉煤灰、钢渣、赤泥等。但在实际农田使用中，应尽可能避免使用工业废弃物作为钝化修复剂，以免给农田土壤带来新的二次污染或破坏土壤结构和理化性质及环境质量，对农田长期环境质量带来不可预测的不利影响。

2.在政府监督管理方面

目前为止，各地区围绕土壤污染防治问题已开展了许多卓有成效的工作。一是由国土资源部和环境保护部联合组织开展全国土壤污染状况调查，掌握了我国土壤污染特征和总体情况。二是积极开展土壤环境质量标准修订工作，制定了污染场地修复、展览会用地的土壤质量标准，将原来的《土壤环境质量标准》（GB 15618—1995）进行修改完善，分别按照建设用地土壤、农用地土壤、污染场地分类制定标准，增加了污染物的种类。三是抓好土壤重金属污染的源头治理，2009年11月，国务院办公厅转发了环境保护部等部门《关于加强重金属污染防治工作的指导意见》，明确了重金属污染防治的目标任务、工作重点以及相关政策措施。为切实抓好重金属污染防治、保护群众身体健康、促进社会和谐稳定，依据有关法律法规和国务院办公厅通知要求，环境保护部会同发展改革委员会、工业和信息化部、财政部、国土资源部、农业部、卫生部等部门编制了《重金属污染综合防治“十二五”规划》，启动土壤污染治理与修复试点项目。四是国务院编制印发《土壤污染防治行动计划》简称“土十条”，目标是到21世纪中叶，土壤环境质量全面改善，生态系统实现良性循环。具体指标是到2020年，受污染耕地安全利用率达到90%左右，污染地块安全利用率达到90%以上；到2030年，受污染耕地安全利用率达到95%以上，污染地块安全利用率达到95%以上。相信土壤污染防治行动计划的实施必将全面推动我国的土壤污染防治工作。

三、我国重金属污染防治状况

（一）重金属产能退出的财政奖励制度

2011年，财政部印发了《淘汰落后产能中央财政奖励资金管理办法》（财建〔2011〕180号），明确指出，“十二五”期间，中央财政将继续安排专项资金，对经济欠发达地区淘汰落后产能工作给予奖励。企业承担淘汰落后产能的主体责任，严格遵守节能、环保、质量、安全等法律法规，主动淘汰落后产能；地方政府负担本行政区域内淘汰落后产能工作的职责，依据有关法律、法规和政策组织督促企业淘汰落后产能。适用行业包括电力、炼铁、炼钢、焦炭、电石、铁合金、电解铝、水泥、平板玻璃、造纸、酒精、味精、柠檬酸等行业。奖励资金专项用于淘汰落后产能企业职工安置、企业转产、化解债务等淘汰落后产能相关支出。

2011年5月，“血铅事件”引发国家对铅酸蓄电池行业进行休克式整顿，大小铅酸蓄电池企业经历大面积停产整顿之后，陆续复工。2012—2015年，中央财政淘汰落后产能奖励资金对全国范围内的铅酸蓄电池企业淘汰落后产能予以支持。

（二）重金属污染防治专项资金

2010年，中央财政设立重金属污染防治专项资金，支持了一大批重金属污染防治、民生应急、清洁生产等项目，发挥了重要的引导和示范作用。2015年，中央财政下达专项资金约28亿元，用于重点支持30个地市加快推进重金属污染综合防治，强有力地支持各地加快推进重金属污染综合防治的进程。

（三）重金属项目入园

重金属项目迁入工业园区是重金属污染防治的一个重要手段，重金属行业入园行动，可以将污染从小、散的单个企业，集中到园区进行综合管制。集中治理园区的污染，推动园区土地集中化、废物交换利用、水的循环使用、共用基础设施，有利于企业排放的达标。重金属项目全部纳入工业园区行动，意味着针对土壤污染的政策和措施进入了一个新的阶段。

（四）信贷税收综合调控政策

财政部2015年印发的《资源综合利用产品和劳务增值税优惠目录》（以下简称《目录》）规定纳税人从事《目录》所列的资源综合利用项目，其申请享受增值税即征即退政策时，应同时符合下列条件：①属于增值税一般纳税人；②销售综合利用产品和劳务，不属于国家发展改革委《产业结构调整指导目录》中的禁止类、限制类项目；③销售综合利用产品和劳务，不属于环境保护部《环境保护综合名录》中的“高污染、高环境风险”产品或者重污染工艺；④综合利用的资源，属于环境保护部《国家危险废物名录》列明的危险废物的，应当取得省级及以上环境保护部门颁发的《危险废物经营许可证》，且许可经营范围包括该危险废物的利用。

（五）提高重金属排污费缴纳标准

在重金属排污费缴纳标准方面，发展改革委印发《关于调整排污费征收标准等有关问题的通知》（发改价格〔2014〕2008号）规定，“2015年6月底前，各省（区、市）价格、财政和环保部门要将废气中的二氧化硫和氮氧化物排污费征收标准调整至不低于每污染当量1.2元，将污水中的化学需氧量、氨氮和5项主要重金属（Pb、Hg、Cr、Cd、类金属As）污染物排污费征收标准调整至不低于每污染当量1.4元。在每一污水排放口，对5项主要重金属污染物均须征收排污费；其他污染物按照污染当量数从多到少排序，对最多不超过3项污染物征收排污费。鼓励污染重点防治区域及经济发达地区，按高于上述标准调整排污费征收标准，充分发挥价格杠杆作用，促进治污减排和环境保护。”2015年，北京市正式发布《关于调整5项重金属污染物排污收费标准的通知》（京发改〔2015〕2319号），规定如下：①铅、汞、铬、镉、类金属砷5项主要重金属污染物排污收费标准调整为每当量1.4元。②铅、汞、铬、镉、类金属砷5项主要重金属污染物排放值低于北京市规定的污染物排放标准50%的（含50%），按收费标准减半计收排污费；污染物排放值在北京市规定污染物排放标准50%~100%（含100%）的，按收费标准计收排污费；污染物排放值超过本市规定排放标准的，按收费标准加倍计收排污费。

（六）推进清洁生产

2010年，环保部印发《关于深入推进重点企业清洁生产的通知》，明确指出当前要将重有色金属冶炼业、皮革及其制品业、重有色金属矿（含伴生矿）采选业、含铅蓄电池业、化学原料及制品制造业等5个行业定为重点防控行业，以及煤化工、水泥、电解铝、平板玻璃、造船、多晶硅、钢铁等7个产能过剩行业，作为实施清洁生产审核的重点。文件应将实施清洁生产审核并通过评估验收，作为重点企业申请上市（再融资）环保核查和有毒化学品进出口登记的前提条件，作为申请各级环保专项资金、污染防治等环保资金支持的重要依据，作为审批进151固体废物、经营危险废物许可证和新化学物质登记的重要参考条件。

（七）重金属污染防治规划考核

《重金属污染综合防治“十二五”规划》（以下简称《规划》）中提出，提高行业准入门槛，严格限制排放重金属相关项目严格准入条件，优化产业布局。坚持新增产能与淘汰产能“等量置换”或“减量置换”的原则，鼓励各省（区、市）在其非重点区域内探索重金属排放量置换、交易试点，实施以大带小“以新带老”，实现重点重金属污染物新增排放量零增长。

根据环保部《关于印发（重金属污染综合防治“十二五”规划实施考核办法）及（重点重金属污染物排放量指标考核细则）的通知》环发（2012181号），每年环保部会同发改委、工信部、财政部、国土资源部、农业部、卫生计生委等部门分别对规划实施情况进行考核。

总体来看，《规划》实施总体情况良好，重点重金属污染物排放量明显下降，项目实施进度加快，重点企业环境管理进一步加强。尽管《规划》实施取得积极进展，但近30年涉重金属产业的快速扩张造成重金属污染物排放总量仍处于高位水平，重金属环境风险隐患依然突出。部分地区重金属污染物排放量与2007年相比呈明显上升趋势。

第三节　重金属污染排放量的核算与应用

污染物排放量是环境统计数据的核心结果，污染物排放量是根据相关活动水平数据、监测数据按照一定规则计算得到的。当前各项环境管理中，涉及排放量计算的政策有多项，在排放量计算的具体方法上也有所差异。由于企业的实际情况千差万别，很难“一刀切”地给出最佳核算方法，需要根据企业的具体情况进行选择。无论选用何种核算方法，都必须按照核算方法的具体要求进行污染物排放量的计算。当前存在的各种核算方法，归结起来可以分为产排污系数法、物料衡算法和监测数据法3种，只是在具体应用时，一些技术细节和数据采选方式及优先顺序会存在不同。

一、核算方法概述

我国环境统计工作需要对工业污染源的产生、排放量开展核算和统计，核算方法主要为：产排污系数、物料衡算和监测数据3种。环保部门或企业分别根据已掌握行业的产能、工艺流程、原料消耗、排放量等不同条件，选取单一或不同组合的核算方法进行核算和统计。

工业污染源的产排污系数、物料衡算和监测数据3种核算方法，同样适用于重金属统计核算。

（一）产排污系数法

产排污系数分为产污系数和排污系数，产污系数是指在典型工况生产条件下，单位产品所产生的污染物量；排污系数是指在典型工况生产条件下，单位产品的污染物量在经过一系列处理流程后仍然存在的残余排放量。当污染物直接排入环境时，两者相同。

产排污系数法在污染物排放量核算上有以下优点：一是产排污系数既是通过理论计算得到，又是对大量企业的产排污进行测量后得到的平均水平，只要将企业产品等相关数据与系数进行计算，便可得到污染物的产排量，在污染物统计时核算简便，易于统计人员熟悉和操作。二是产排污系数适用条件便捷，只需根据与系数中的“四同”（同一产品、同一原材料、同一工艺、同一规模）条件相符，就能直接反映工业企业在相对规范的条件下污染物排放的规律，核算出各项重金属的产排量。

产排污系数法的缺点体现在以下方面：

（1）系数并不能准确反映特殊企业的产排污量。系数法是对行业整体平均水平的反映，可以基本反映“四同”企业的实际产排量，但对于那些生产条件较为特殊的企业，使用产排污系数得到该企业的产排污数据出现偏差。

（2）环保设施和当地污染防治措施的运行情况的影响较大，排污系数与污染治理的水平相关，各企业环保设施水平及运行情况可能存在差别，各地区污染防治措施也可能各不相同，这就会导致采用排污系数核算的排污量存在一定的偏差。

（3）系数的确定存在一定的滞后性。近年来，随着国家对涉重金属行业的技术革新以及新技术应用的重视与扶持，各种新工艺新技术发展迅速，产排污系数的更新不能实时更新，落后于科技进步的步伐。

（二）物料衡算法

物料衡算是将生产污染物的排放、生产工艺管理、原料的综合利用和环境治理有机结合，系统研究生产过程中污染物的产生、排放的定量分析方法。物料平衡法需要对生产工艺、生产过程中的原料化学反应及副产物的产生和环境管理等方面有全面的了解，掌握原料、辅助材料、产品的产收率等基本技术数据，才能得到比较真实的反映企业产排污量的数据。

物料衡算法核算的步骤介绍如下：①作控制体的流程图，标记进入边界的物质，或对其编号。选取衡算物料质量基准，并在图上将生产过程中的各物料质量和组成进行标注。②列出方程，确定是否可解。

物料衡算法对于工业锅炉、炼油工序二氧化硫产生量、钢铁业的烧结核算准确度较高。因为这类行业的燃料或原料数据容易获取且精度较高，反应过程中的硫元素去向比较明确，故根据质量守恒原理，即可核算出。

同时，物料衡算法也存在较明显的弊端：

一是计算工作量大，难度高。对于工艺复杂的行业，副产物种类很多，污染物的去向很难跟踪，很难收集到整个工艺流程中每个环节的相关数据，再加上从业人员的个人素质水平限制，不可能对所有行业的工艺流程全部掌握，会造成计算的偏差。

二是基础数据的获取比较困难。物料衡算法需要全面了解整个生产工艺流程中能源、原料的投入、使用、消耗情况，对于工艺复杂的行业，实际生产中很多数据对监测要求很高，难以获得，造成了数据的不准确，因此一般适用于工艺比较简单，污染物去向比较明确的行业。

（三）监测数据法

监测数据法是依据实际监测的调查对象产生和外排废水、废气（流）

量及其污染物浓度，从而计算出污染物的排放量。

监测数据法用于污染物排放量核算有以下优点：

一是数据通过实测获得，较为可靠。环境监测人员有一套严格的质控体系，通过现场采样、科学分析，得到科学准确的数据，从而核算出比较准确的污染物排放量。通过有效性审核的自动在线监测数据，可以反映企业在环境污染物排放方面的问题，数据全面真实，是国内外权威部门承认的数据来源。

二是监测数据的获取不受工艺、设施等变化的影响，环境统计部门可以直接通过企业“三废”的数据对产排量进行核算，方便快捷。

监测数据法用于污染物排放量核算的缺点主要表现在：

一是监测频次较高，人力、物力成本较大。自动在线监测数据需通过有效性审核并需要保留全年的历史数据；监督性监测的年监测频次要求是至少4次及以上；且每季度至少监测1次。季节性生产企业，在生产期内也需要有4次监测数据，或每月进行1次监测。高频次的监测可以提高数据的准确性，但是对人力、物力、财力是一个较大的挑战。

二是低频次监测数据的核算结果受工况影响较大。企业工况并不是一成不变的，可能会受到季节性、当前经济状况、机器运行情况的影响，监测人员无法完全掌握企业全部情况，瞬时工况与年均工况数据难以校核，工况数据的真实性和可靠性难以辨别，导致监测数据存在一定偏差。

三是监测过程质量控制对数据影响较大。监测过程包括现场采样、运输、保存和实验室分析等环节，每个环节都有相关规范要求。但客观存在监测部门人员素质和设备水平参差不齐的问题，在监测过程中经常会出现采样不合规范、仪器稳定性差等情况，导致监测结果不能准确反映真实情况。导致不能核算出准确的产排量。

二、核算方法应用实例

（一）监测数据法应用实例

实例一：以某电镀企业排放量计算为例。

该电镀企业总铅及废水流量每月开展一次监测，监测结果见表2.7。

表2.7 某电镀企业总铅及废水流量监测结果

监测月份	总铅浓度/（mg/L）	废水流量/（t/d）
1	0.003	235
2	0.024	428
3	0.042	280

续表

监测月份	总铅浓度/（mg/L）	废水流量/（t/d）
4	0.048	300
5	0.001L	260
6	0.035	325
7	0.050	280
8	0.004	225
9	0.062	325
10	0.001L	348
11	0.004	298
12	0.006	320

注：0.001L 指监测结果低于检出限。

根据监测结果所得总铅的加权均值为0.024mg/L。该企业年废水排放量为9.06万t，总铅排放量计算结果为2.17kg。

上述计算过程为利用手工监测结果进行计算的情况，由于监测频次的限制，该方法并非为直接利用监测结果进行累加，若有连续监测数据，可实现直接利用监测浓度与流量乘积的累加值作为排放量计算结果。

（二）物料衡算法应用实例

实例二：××省××市××股份有限公司采用国际先进的水口山法炼铅技术在××有色金属科技工业园内建设了一条10万t/a铅冶炼生产线。项目以混合铅精矿为原料，年产电铅10万t、次氧化锌2.1万t。

对于本案例，由于该企业在生产过程中，会记录各环节的物料及成分，因此具有利用物料衡算法核算重金属排放量的基础。

该公司原料情况见表2.8。

表2.8 混合铅精矿主要化学成分（干基%）

名称	Pb	Zn	Cu	S	Fe	SiO_2	CaO
%	51.38	5.15	0.86	14.04	7.16	4.07	0.46
名称	MgO	Al_2O_3	As	Sb	Bi	Ag	Au
%	0.27	0.59	0.30	0.29	0.25	1.76	0.185
名称	Hg	Cd	CO_2	F	其他	合计	
%	0.0005	0.026	0.65	0.005	12.51	100	

公司工艺流程如图2.6所示。

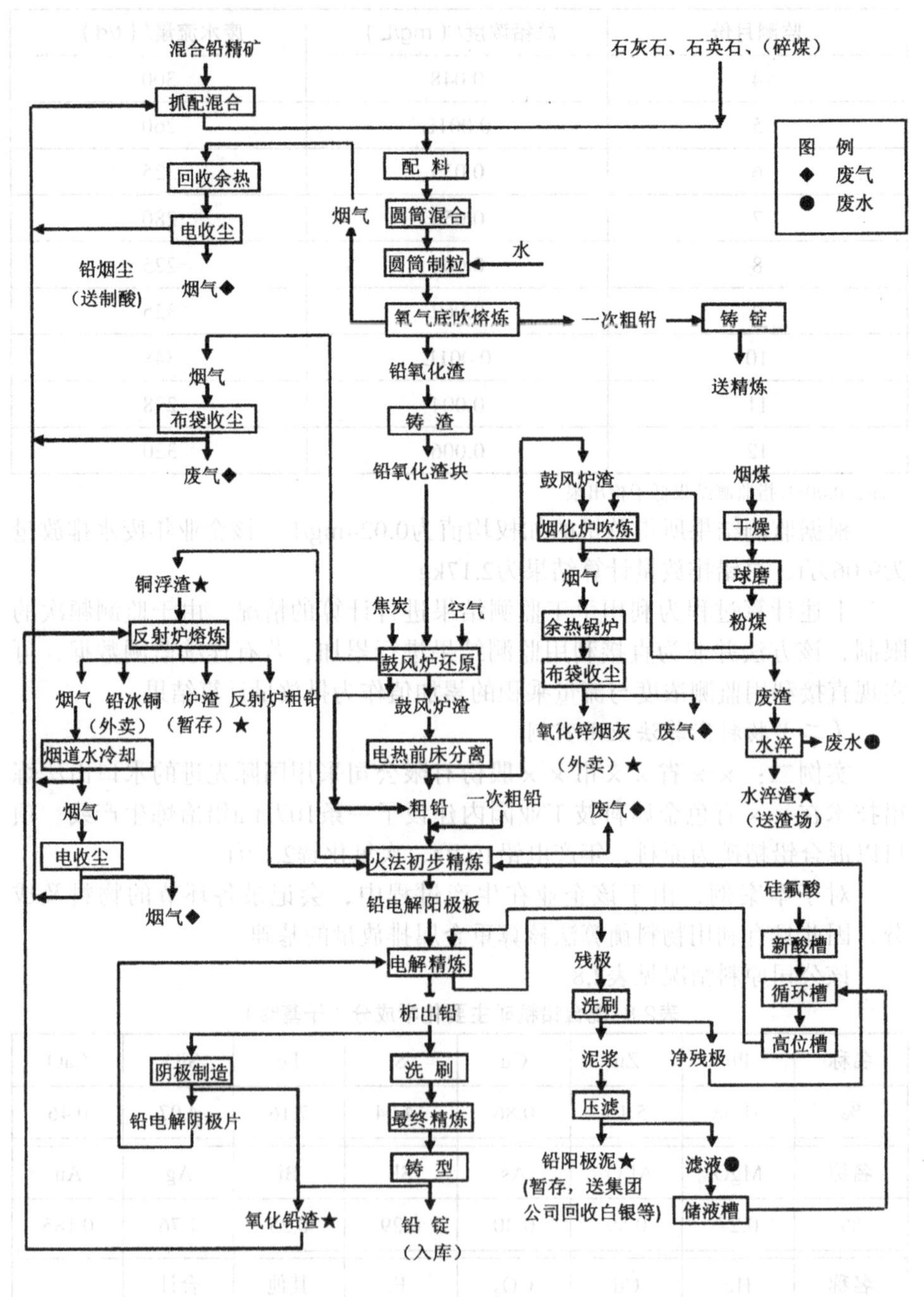

注：★物质流出

图2.6 工艺流程

在这个例子的计算中，我们首先需要分析其生产工艺，收集原辅料用量、组分及比例，产品、副产品及废渣的产量、组分及比例等相关信息，其次才能对各重金属进行物料衡算。物料衡算方式计算该公司排放总量数据见表2.9。

表2.9 污染物总量排放情况

废气污染物	排放量
Pb	15.46
Cd	0.94
As	0.40
Hg	0.308

实例三：以某年生产150万 kVAh铅酸蓄电池极板生产和电池组装的企业为例，通过物料平衡进行元素铅的平衡分析。

根据厂方提供的主辅材料及用量，极板生产项目使用的电解铅年需要12373.56t，含铅量98%的铅钙合金年需要6094t，通过组装进入产品的铅每年为18392t，工业“三废”排除的铅每年约为11t，详见铅物料平衡图2.7。

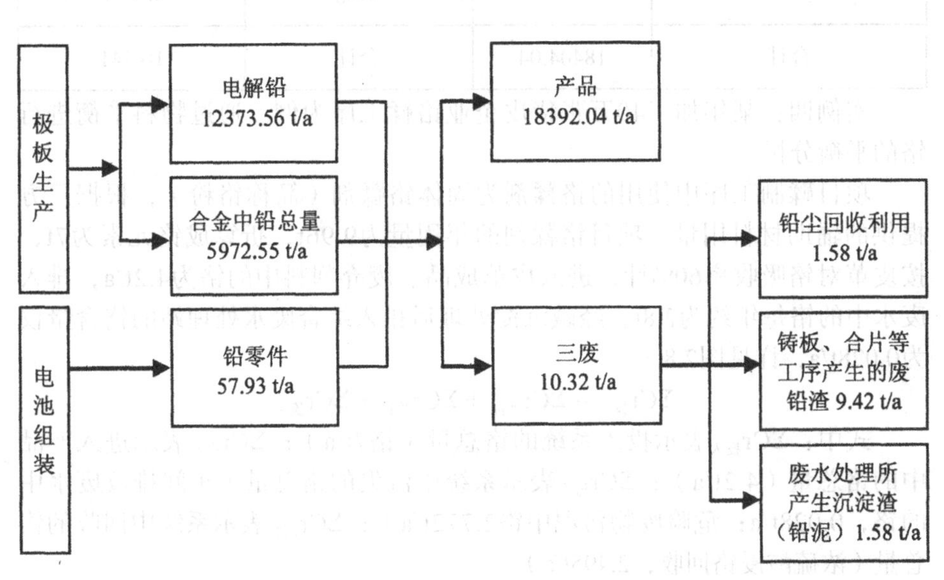

图2.7 某年生产150万kVAh铅酸蓄电池企业铅平衡

$$\Sigma Pb_{投入} = \Sigma Pb_{产品} + \Sigma Pb_{回收} + \Sigma Pb_{流失}$$

式中：$\Sigma Pb_{投入}$表示投入系统的铅总量（铅18404.041t/a）；$\Sigma Pb_{产品}$表示系统产出合金的铅含量（铅18392.038t/a）；$\Sigma Pb_{流失}$表示系统中流失的铅总量（废气、废水带走0.082t/a；危废10.341t/a）；$\Sigma Pb_{回收}$表示系统中回收的铅总量（回收利用，铅尘1.58t/a）。

表2.10 铅输入输出

输入		输出	
物质名称	铅含量/（t/a）	铅的去向	铅含量/（t/a）
电解、合金铅以及铅雾	18404.04	产品	12496.41
		捕集下来的铅尘	2.564
		废气	0.026
电解、合金铅以及铅雾	18404.04	废铅渣	9.416
		铅泥	0.925
合计	18404.04	合计	10.341

实例四：某年加工40万张猪皮企业铬鞣工序为例。通过物料平衡进行铬的平衡分析。

项目鞣制工序中使用的铬鞣剂为固体铬鞣剂（简称铬粉），根据厂方提供的辅助材料用量，项目铬鞣剂的年用量为9.96t，折算成铬元素为7t，按皮革对铬吸收率60%计，进入皮革成品、废弃削料中的铬为4.2t/a，排入废水中的铬每年约为2.8t，经碱沉淀处理后排入综合废水处理站的铬含量仅为0.028t/a，详见图2.8。

$$\Sigma Cr_{投入} = \Sigma Cr_{产品} + \Sigma Cr_{回收} + \Sigma Cr_{流失}$$

式中：$\Sigma Cr_{投入}$表示投入系统的铬总量（铬7t/a）；$\Sigma Cr_{产品}$表示进入产品中的铬总量（4.2t/a）；$\Sigma Cr_{流失}$表示系统中流失的铬总量（车间排放废水中的铬，0.028t/a；危险废物污泥中铬2.772t/a）；$\Sigma Cr_{回收}$表示系统中回收的铬总量（浓硫酸浸铬回收，2.495t/a）。

本工序元素铬平衡分析如图2.8所示。

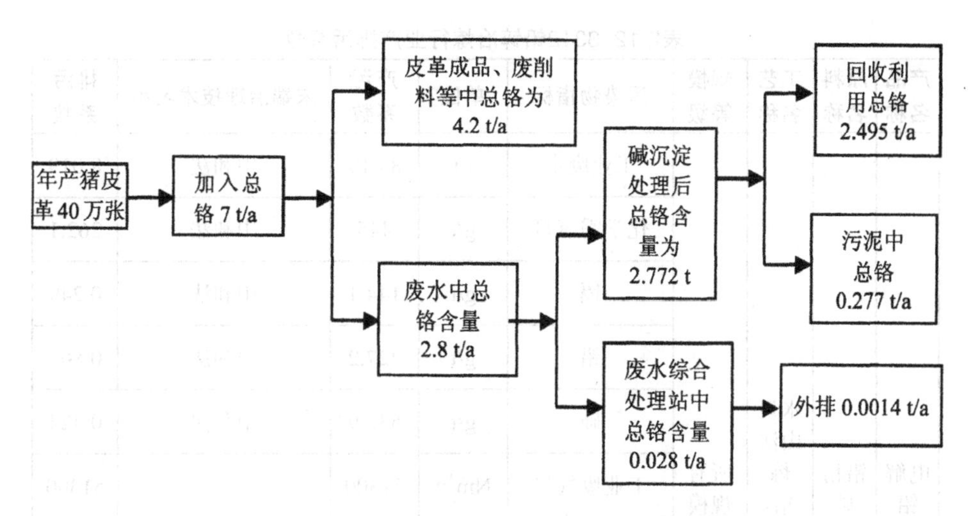

图2.8 某年加工40万张猪皮企业Cr物料平衡

表2.11 Cr的物料平衡

输入		输出	
物质名称	铬含量/（t/a）	铬的去向	铬含量/（t/a）
铬粉	7	产品	4.2
		废水	0.028
		污泥	0.277
		回收的铬	2.495
合计	7	合计	7

（三）产排污系数法应用实例

实例五：XX公司以混合铅精矿为原料，以富氧底吹—鼓风炉—电解法年产电解铅10万t，XX年实际生产电解铅8.9万t，废水采用化学沉淀法处理，烟气制酸，废气采用过滤式除尘法处理。

该案例中，“四同”组合清晰，没有监测数据和生产过程中的原辅材料成分分析，选用产排污系数法进行重金属产排量的核算。

根据国家组织编写的《工业源产排污系数手册（2010修订）》下册“3321铅锌冶炼行业产排污系数表”中给出的补充系数，具体见表2.12。

表2.12 3312铅锌冶炼行业产排污系数

产品名称	原料名称	工艺名称	规模等级	污染物指标	单位	产污系数	末端治理技术名称	排污系数
电解铅	铅精矿	水口山法炼铅-电解工艺	所有规模	工业废水	t/t	8.019	中和法	8.019
				化学需氧量	g/t	445	中和法	262.1
				镉	g/t	144.1	中和法	0.249
				铅	g/t	227.2	中和法	0.807
				砷	g/t	53.39	中和法	0.424
				工业废气量	Nm^3/t	51300	—	51300
				烟尘	kg/t	356.3	过滤式/静电除尘	2.383
				二氧化硫	kg/t	530.8	烟气制酸	5.911
				工业固体废物	t/t	0.597	—	—
				HW24废物（含砷废物）HW31废物（含铅废物）	t/t	0.101	—	—

注：对于实施生产废水“零排放”工程的冶炼企业，废水中各项污染物排放量为0。

由以上计算过程可知，系数法具有计算简单的优点，对单个企业能得出确定的总量。但是相对于有色冶炼行业来说，由于冶炼企业污染物排放与原料的品位直接相关。对于单个企业来说，入炉的铅精矿铅品位可以从30%到60%浮动，铅品位越高，得到单位产品排放的污染物相对来说就较低，但是系数法忽略了这点只能反映企业的平均水平。产排污系数得出的也是行业的平均水平，精度较低。

第四节　重金属排放统计制度完善与建议

一、环境统计体系完善建议

环境统计作为一项公共管理政策，建议从公共政策设计的视角建立我国环境统计体系框架，对体系进行完善。可以从决策体系、执行体系、监控体系、咨询体系、应用反馈体系五个方面，管理体制、运行机制、法律规范三个维度构建我国环境统计体系框架。其中决策体系和执行体系在目前环境统计实践中相对成熟，监控体系、咨询体系和应用反馈体系在当前环境统计实践中空缺或较弱。环境统计管理体系框架如图2.9所示。

（一）决策体系

决策系统是负责环境统计的行政部门所依据的体系，从而可以确定环境统计的方向与目标。决策的科学性是决策体系建设的首要任务。确定决策问题和目标是决策系统首要的、具有决定意义的任务。同时，决策体系也是建立规章制度的依据。

我国现有决策体系并不完善，并不能很好地满足环境管理前瞻性的需求。一般在采取具体的环境管理措施之前，需要一定的调查数据来提供信息服务。然而，目前我国环境统计工作在某种意义上讲，是一种环境管理信息的后续记录，这种滞后的环境统计，难以为环境管理提供实时的决策信息支持。

要完善决策机制，应该建立环境统计调查更新程序，结合发达国家的经验以及最新的科学研究进展，对未来环境管理可能需要的环境信息进行调查，及时更新调查内容和范围，将过时的指标淘汰，将新的有价值的指标及时列为考察指标。

（二）执行体系

执行系统也是环境统计的实施系统，是环境统计体系中的核心，由具体承担环境统计各项工作的部门及人员通过具体的行动将环境统计政策目标予以实现。

环境统计执行主体是环境统计各级技术支持单位以及调查对象的责任人。执行体系是要将决策体系确定的目标转化为具体行动，包括环境统计的整个工作流程，从环境统计报表制度制定、数据收集上报、数据审核、数据管理等操作层面的内容。

目前的执行体系相对比较成熟，但仍需要在两个方面进行改进：

一是政府与企业的责任界定问题，企业往往将本该承担的职责推给政府承担。目前我国企业大多只是负责报表的初步填报，由政府相关部门负责收集、审核，企业并没有承担起环境统计中应该程度的责任，使得政府既承担起了“裁判员”的角色，又承担起了“运动员”的角色，不能很好地履行监管与处罚的职责。应修订相关法律规范，对企业责任进行明确限定，并要求企业进行信息公开，接受公众监督。

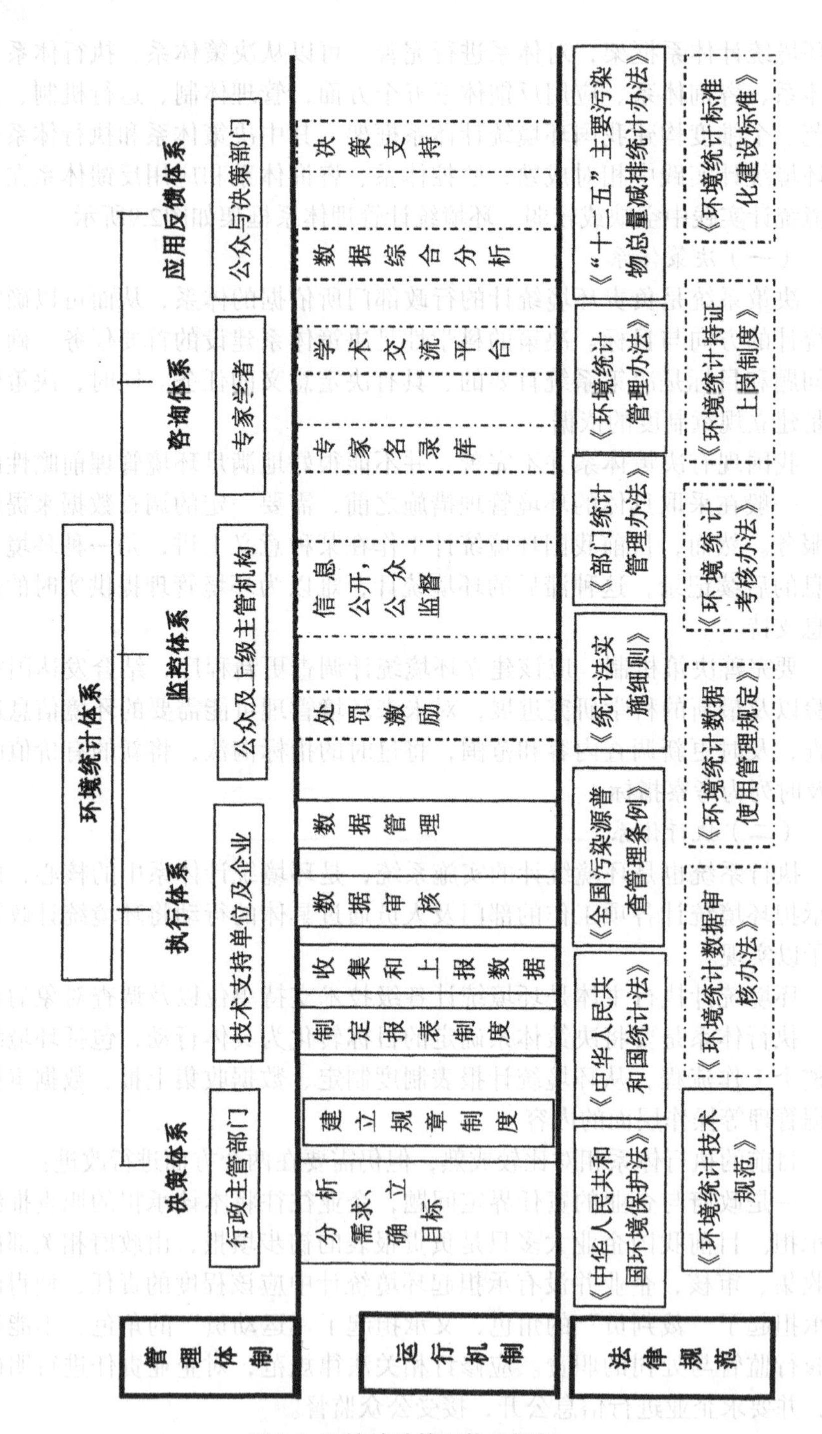

图2.9 环境统计管理体系框架

二是数据审核机制存在缺陷，效率和效果不尽人意。虽然目前的数据审核采用的是各方专家联合会审的方式，但审核的内容很多，而审核时间较短，不能很好地保证审核质量；审核结果缺少整合，可靠性尚需验证。究其原因，环境统计数据审核存在的这些问题可以归结为两个方面：技术问题和机制问题。需要从技术和机制两个方面入手来进行改进。从技术方面来看，地方还需加强审核技术的运用，国家应进一步完善数据审核技术，为地方提供技术保障。从机制上应努力促使地方提高数据质量的动力。需要完善激励处罚机制，这就需要发挥监控体系的作用。

（三）监控体系

监控系统的目的是保证政策的顺利实施，及时得到反馈，避免环境统计信息的失真，应该贯穿于整个环境统计过程中。

包括体制内的监控与体制外的监控，具体而言，责任主体包括公众和环境统计的上级主管机构。

目前我国环境统计的监督缺位现象非常严重，上级环境统计部门对下级的监督比较薄弱；环境统计部门缺乏对企业的监督处罚机制；企业的环境信息公开化严重不足，公众的监督作用完全没有得到体现。应从上述三个方面着手完善环境统计监控体系，使各监督责任主体能够有效完成自己的监督责任。

（四）咨询体系

咨询系统是环境统计体系的“智囊”，为其运行提供基础性与前沿性的咨询服务。

目前我国尚没有系统性的咨询平台。环境统计涉及的方面很广，为保证环境统计的科学性与有效性，需要行业专家的指导与参与，特别是在一些重点行业污染排放调查与核算方面。

应建立环境统计咨询专家库，将各行业专家、科研人员、各单位从业人员等各类专家纳入咨询专家库，方便在进行环境统计决策和执行时得到较为全面的咨询。还需要建立环境统计学术交流平台，促进各行各业专家学者、从业人员的研究成果和经验交流，使环境统计工作更好地得以开展。

（五）应用反馈体系

应用反馈系统是环境统计体系的落脚点和“矫正器”，目前我国在这方面的建设近乎没有。目前的环境统计体系中，存在重环境统计而轻统计分析的现象，导致统计工作难以真正意义上指导环境管理工作的实施。另外，还需要加强环境统计分析方法的规范性和可操作性。要推进环境统计应用反馈体系的建设工作，重点需要加强数据综合分析机制的完善和技术研究。

（六）法律规范体系

现有的环境统计法律规范体系是在《中华人民共和国环境保护法》《中华人民共和国统计法》基础上建立的，包括《全国污染源普查条例》《环境统计管理办法》，其中《环境统计管理办法》是环境统计工作的主要规范。

《环境统计管理办法》中虽对各级环境统计机构统计职能有所规定，但不够细致和明确，致使目前各级环境统计机构职责划分十分不合理，具体表现为：区（县）和地市级工作任务与能力不匹配；省级未承担相应职责；国家级过多承担了烦琐而具体的排放源层面的数据审核职责。另外，《环境统计管理办法》中对企业的环境统计责任规定过于简单，并且未提交企业信息公开，与新《中华人民共和国环境保护法》关于企业信息公开的要求不符。除了高位阶的法律法规，环境统计制度建设还应包括指导操作层面的规范性文件，分别从不同方面对环境统计的开展进行细致的规定，目前这方面还处于空白状态。

建议修订《环境统计管理办法》，进一步明确各级环境统计机构的职责，明确企业环境统计与信息公开职责；制定《环境统计数据审核办法》，明确各实施主体的责任界定；制定《环境统计数据使用管理规定》，规范环境统计数据的使用；制定《环境统计考核办法》，建立环境统计激励处罚机制；制定《环境统计持证上岗制度》，提升环境统计人员队伍建设；制定《环境统计标准化建设标准》，保证环境统计能力建设。

二、与其他制度相互衔接的建议

“十三五”环境保护重点工作对环境统计影响较大的制度预期为：总量控制制度、排污许可制度，同时与环境统计关系非常密切的工作还包括：排污单位自行监测（企业履行监测及信息公开的主体责任）、大气排放清单的编制等。由于这四项工作在管理对象上交叉明显，而且都涉及工业企业排放量的信息，因此有必要梳理这四项制度间的关系，如图2.10所示。

这四项制度中，排污单位自行监测核算排放量的责任主体是企业，大气排放清单排放量核算的责任主体是清单编制者。“十三五”总量控制和排污许可制度排放量核算主体目前还不十分明确，但从目前来看，将很大程度上依托排污单位自行监测，由企业承担说清排污状况的主体责任，政府仅承担监督管理的职责。环境统计中排放量核算的责任主体也为企业。因此，应当将总量控制、排污许可制度中依托自行监测测算，并经过核查核证过的实际排放量填报进环境统计系统，实现多源数据的衔接。大气排放清单核算结果与环境统计结果进行相互校验。对于未纳入上述管理制度的工业企业按照环境统计的技术规范进行填报。

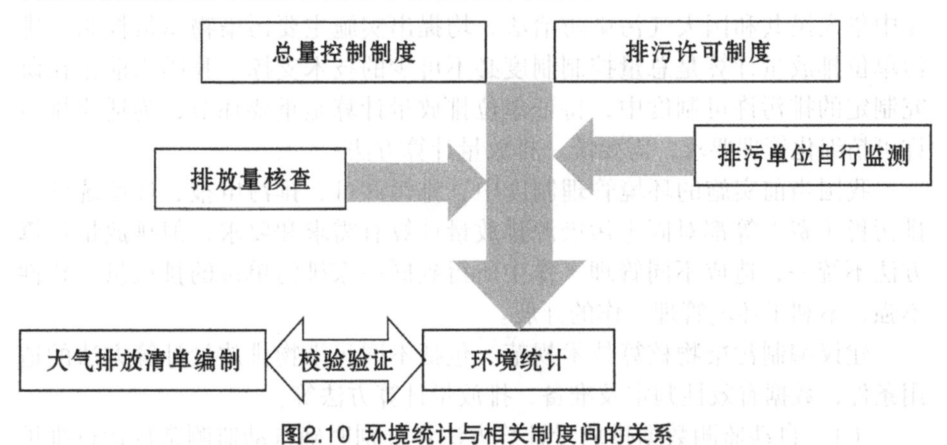

图2.10　环境统计与相关制度间的关系

三、夯实重金属污染物核算基础的建议

（一）建立产排污系数动态更新机制

环境统计数据是环境管理决策的重要基础，产排污系数是环境统计污染物核算的重要依据。不合理的产排污系数，会高估或低估污染物排放水平，对决策产生误导。目前的产排污系数没有动态更新调整机制，只能引用2010年修订版的《污染源普查产排污系数手册》的系数。由于行业污染治理技术不断改进，污染排放水平变化较大，固定的产排污系数很难真实反映排污状况。应建立产排污系数的动态更新调整机制，可依托污染源监测及信息平台，定期更新产排污系数。

（二）推进排污单位自行监测

监测数据是污染源排放监管的基础，而企业应在污染源监测中发挥主体作用，应大力推进企业自行监测及信息公开。对于大中型企业，经济实力较强，污染物排放贡献率较高，对环境潜在影响大，既有开展自行监测的必要性，也具备开展自行监测的能力，应优先推动大中型造纸企业自行监测的开展。

排污企业自行监测数据既可以作为公众监督企业排污行为的依据，也可以为排污监管提供数据基础。推行企业自行监测，要求其定期公开监测结果，并将监测结果作为环保台账的重要内容，接受公众和环保部门监督。在环保部门和公众监督监管下的企业自行监测数据，可以作为排放监管的依据，以此作为排污量核定数据基础。

（三）编制污染物核算技术规范

《中华人民共和国环境保护法》《中华人民共和国水污染防治法》《中华人民共和国大气污染防治法》均提出实施主要污染物总量控制，排污单位排放量计算是总量控制制度必不可少的技术支撑。我国当前正在研究制定的排污许可制度中，持证单位排放量计算是重要环节，为适应排污许可精细化管理要求，需要统一排放量计算方法。

我国当前实施的环境管理制度中，排污许可、排污申报、环境统计、排污税（费）等都对固定污染源排放量计算有需求和要求，但排放量计算方法不统一，造成不同管理工作中所得到同一家排污单位的排放量一致性不强，不利于环境管理工作的开展。

建议编制污染物核算技术规范。包括不同污染物排放量计算方法的适用条件，数据有效性判定及准备，排放量计算方法等。

（1）自动监测数据排放量计算方法：分别明确自动监测常规运行维护状况下无效数据的识别以及管理部门监督检查中无效数据的判定方法，提出可操作性强的无效数据剔除和缺失数据补充方法，形成可用于排放量计算的数据序列，进行排放量计算。

（2）手工监测数据排放量计算方法：明确排污单位自行监测和管理部门监督性监测数据关系，整理形成可用于进行排放量计算的数据序列；提出污染物排放流向复杂，排放不连续、不规律等特殊状况下排放量计算方法。

（3）产排污系数排放量计算方法：提出产排污系数选取原则和方法，本厂产排污系数制定方法流程和要求。

（4）物料平衡排放量计算方法：提出典型行业典型污染物利用物料平衡法计算排放量的流程、需提供的依据资料等。

（5）全厂排放量计算方法：针对工艺流程复杂的重点行业，利用不同方法计算单独工艺的排放量的情况，明确全厂排放量计算过程中的注意事项。

第三章
重金属对植物毒性的机制研究

重金属可以通过干扰细胞正常的代谢途径及物质在细胞中的运输过程，抑制植物的生长发育，从而对植物造成明显的伤害。植物根系吸收的重金属超过其毒性阈值时，一系列细胞/分子水平的相互作用导致植物体内显著的毒害症状。

本章首先就重金属对植物的毒害作用、评价标准、评价方法、毒害临界值作了简要介绍，并根据作物的表观毒害响应端点，评价作物对Cd、Pb、As、Hg、Cr等重金属的敏感性，进行敏感、较敏感、较不敏感和不敏感的分类。然后论述了植物受重金属毒害的条件，包括重金属的性质、存在形态、土壤理化与生物性质、环境温度、重金属元素之间的相互作用、重金属元素与营养元素间的相互作用等。最后阐述了植物受重金属毒害的机理，包括重金属离子对植物活性位点的竞争，损伤植物细胞结构、重要生物大分子及遗传物质等，涉及细胞、生理生化及分子等不同水平上的机理。

第一节　重金属对植物生理生化的影响

生理生化活动是生命体基本的过程，污染物对作物生长发育的影响，主要是通过生理生化过程实现的。本节论述重金属对植物光合色素、丙二醛、脯氨酸、细胞膜透性、保护酶系统、物质吸收与代谢的影响。

一、重金属对植物光合色素的影响

叶绿素是一类与光合作用有关的最重要的色素。高等植物叶绿体中的叶绿素主要有叶绿素a和叶绿素b两种。重金属进入植物体内会影响植物叶绿素生物合成的相关酶活性和活性氧自由基作用，进而引起植物体内叶绿体结构功能遭破坏，导致叶绿素含量的降低。叶绿素含量的降低将会影响光合作用的正常进行，引起植株矮小等症状。

表3.1 Cd处理对续断菊不同时期叶绿素含量的影响

时间/d	Cd浓度/（mg/kg）	叶绿素a/（mg/kg）	叶绿素b/（mg/kg）	总叶绿素/（mg/kg）	a/b	胡萝卜素/（mg/kg）
10	0	0.30 ± 0.010a	0.10 ± 0.008a	0.39 ± 0.007a	3.13 ± 0.17b	0.16 ± 0.013a
	50	0.26 ± 0.004b	0.08 ± 0.003b	0.35 ± 0.002b	3.12 ± .015b	0.10 ± 0.006a
	100	0.25 ± 0.010b	0.08 ± 0.003b	0.34 ± 0.012b	3.26 ± 0.11ab	0.09 ± 0.005a
	200	0.22 ± 0.005c	0.05 ± 0.002c	0.27 ± 0.012c	3.99 ± 0.52a	0.08 ± 0.060a
20	0	1.08 ± 0.007a	0.33 ± 0.021a	1.41 ± 0.014a	3.28 ± 0.22b	0.52 ± 0.042a

续表

时间/d	Cd浓度/(mg/kg)	叶绿素a/(mg/kg)	叶绿素b/(mg/kg)	总叶绿素/(mg/kg)	a/b	胡萝卜素/(mg/kg)
20	50	0.94 ± 0.056b	0.24 ± 0.018b	1.18 ± 0.063b	3.97 ± 0.32b	0.44 ± 0.025b
	100	0.86 ± 0.019c	0.22 ± 0.020b	1.09 ± 0.036b	3.87 ± 0.31b	0.39 ± 0.013b
	200	0.76 ± 0.007d	0.15 ± 0.003c	0.91 ± 0.006c	4.88 ± 0.12a	0.28 ± 0.002c
30	0	0.93 ± 0.058a	0.27 ± 0.027a	1.2 ± 0.035a	3.48 ± 0.52a	0.38 ± 0.009a
	50	0.64 ± 0.025b	0.23 ± 0.018a	0.87 ± 0.034b	2.78 ± 0.21ab	0.34 ± 0.002b
	100	0.56 ± 0.030b	0.19 ± 0.006b	0.75 ± 0.036c	2.97 ± 0.08ab	0.25 ± 0.01c
	200	0.35 ± 0.023c	0.15 ± 0.013c	0.5 ± 0.031d	2.45 ± 0.2b	0.14 ± 0.014d

注：不同小写字母表示处理间差异显著 ($P<0.05$)，相同小写字母表示处理间差异不显著 ($P>0.05$)

研究表明，进入植物体内的Cd会抑制与光合作用有关的酶活性、改变叶绿体的超微结构、降低叶绿素的含量，进而抑制光合作用的发生。Cd^{2+}≥10mg/kg时，香椿叶绿素a和叶绿素b含量均呈下降趋势，叶绿素舶呈先上升后下降趋势。随着土壤中Cd^{2+}浓度的增加，樟树幼苗的叶绿素a、b含量均下降明显。这种现象同样存在于续断菊叶片中，见表3.1，随着Cd^{2+}胁迫时间的增长，总叶绿素含量经过最初的增长后逐渐下降。

Cd^{2+}浓度＞10mg/L时，生菜幼苗叶片中叶绿素a、叶绿素b及叶绿素总量的水平均显著降低。对白三叶进行不同浓度Cd^{2+}胁迫，7d后发现白三叶叶片的叶绿素a、叶绿素b和总叶绿素的含量逐渐降低。随着Cd^{2+}浓度的增加，差异显著性在增大，叶绿素a的反应比叶绿素b要更加敏感，出现差异显著性的浓度更低（表3.2）。

表3.2　Cd^{2+}胁迫对白三叶叶片光合色素含量的影响

Cd^{2+}浓度/(mg/kg)	叶绿素a/(mg/kg)	叶绿素b/(mg/kg)	总叶绿素/(mg/kg)	a/b
0	1.101 ± 0.018a	0.481 ± 0.0306a	1.582 ± 0.040a	2.298 ± 0.175a
100	1.033 ± 0.013b	0.492 ± 0.034a	1.526 ± 0.028b	2.1 ± 0.157bc
200	0.941 ± 0.004c	0.49 ± 0.029a	1.431 ± 0.026c	1.925 ± 0.112c
300	0.918 ± 0.016c	0.461 ± 0.028a	1.379 ± 0.027c	1.998 ± 0.134bc

续表

Cd^{2+}浓度/（mg/kg）	叶绿素a/（mg/kg）	叶绿素b/（mg/kg）	总叶绿素/（mg/kg）	a/b
400	0.877 ± 0.015d	0.403 ± 0.036b	1.279 ± 0.039d	2.188 ± 0.187bc
500	0.814 ± 0.017e	0.277 ± 0.019c	1.091 ± 0.005e	2.951 ± 0.266b

Pb、Cr单一及复合污染均能降低小麦苗中叶绿素的含量。Pb^{2+}浓度较低的情况下会促进香蒲叶片中的叶绿素a和叶绿素b含量的增长，但是随着Pb^{2+}浓度的进一步增加，会抑制叶绿素a、b的含量。其叶绿素a、b的峰值含量出现在Pb^{2+}处理浓度为0.50mmol/L的时候。在Pb^{2+}浓度较高的情况下，青葙、加拿大蓬和鳢肠等三种植物的叶绿素含量也会出现持续下降的情况，而苘麻和空心莲子草的叶绿素含量则呈现先增后降的趋势。Hg^{2+} ≥2mg/kg时，香椿叶绿素a和叶绿素b含量均呈下降趋势，叶绿素a/b呈上升趋势。

二、重金属对植物丙二醛的影响

丙二醛（MDA）是植物器官在衰老或处于逆境遭受伤害时，发生膜脂过氧化作用的分解产物，会与蛋白质、核酸等相互作用而引起其特征的改变；丙二醛的产生会导致纤维素分子间桥键的松弛，还会抑制植物蛋白质的合成。MDA的积累可能对膜和细胞造成一定的伤害，它在一定程度上也反映了植物受环境胁迫的情况。

玉米幼苗叶片的电导度和MDA含量会随着Cd^{2+}浓度的增大而增加。随着Pb^{2+}、Cd^{2+}处理浓度的增加，棉花叶片内MDA含量逐渐上升，当离子浓度为0～50mol/L时，MDA含量急剧升高，当离子浓度大于50mol/L时，MDA含量缓慢升高。随着Cd^{2+}处理浓度的提高，栽培大豆和野生大豆品种叶片内MDA含量逐渐升高，栽培大豆MDA含量一直高于野生大豆。随着Cd^{2+}处理浓度的提高，玉米叶片内MDA含量逐渐升高。Cd^{2+}胁迫使6个花生品种MDA含量升高。

Cd^{2+}胁迫下，美人蕉（*Canna glauca*）、红蛋（*Echinodorus osiris*）、风车草（*Cyperus alternifolius*）、彩叶草（*Coleus blumei Benth*）等湿地植物叶片丙二醛的含量均增加。对于同种植物来说，Cd^{2+}浓度增加，丙二醛含量升高。不同种植物中丙二醛的含量存在显著差异，丙二醛含量彩叶草＞风车草＞红蛋＞美人蕉（图3.1）。

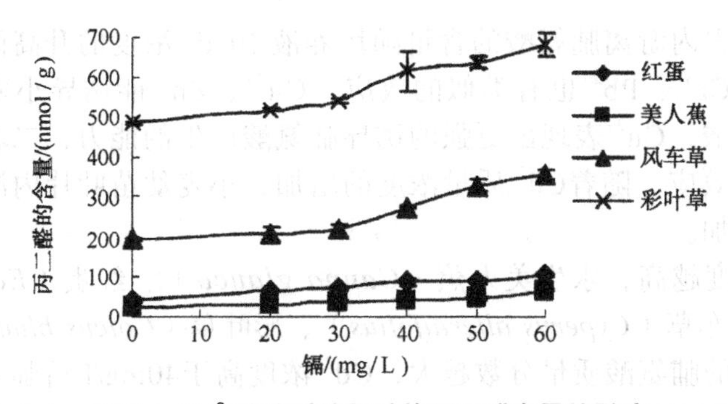

图3.1　Cd^{2+}胁迫对植物叶片丙二醛含量的影响

随着Cd^{2+}浓度的增加，续断菊丙二醛含量有显著性的增加，并且随着处理时间的增加，丙二醛含量增加（图3.2）。Pb和Pb+Zn复合胁迫使花菖蒲幼苗丙二醛含量上升。随着Pb和Cd处理时间的延长，草地早熟禾丙二醛含量呈上升趋势。

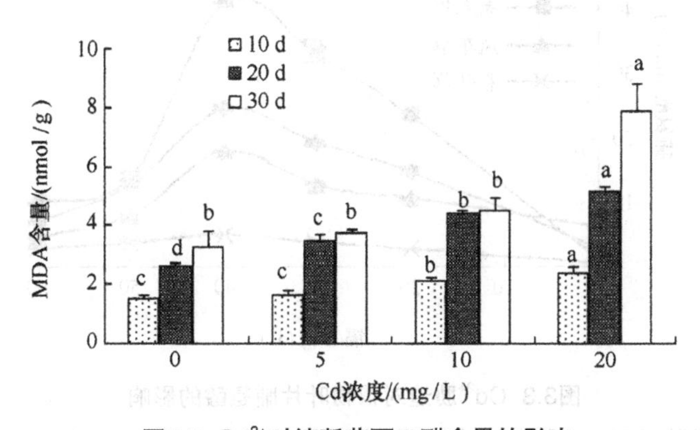

图3.2　Cd^{2+}对续断菊丙二醛含量的影响

三、重金属对植物脯氨酸的影响

脯氨酸是水溶性最大的氨基酸，具有很强的水合能力，其水溶液具有很高的水势。脯氨酸的疏水端可和蛋白质结合，亲水端可与水分子结合，蛋白质可借助脯氨酸束缚更多的水，从而防止渗透胁迫条件下蛋白质的脱水变性。脯氨酸在植物体内起渗透调节的作用，即使当植物体内细胞含水量很低的情况下，脯氨酸溶液仍然可以为植物提供足够的自由水，保证植物细胞正常的生命活动。当植物遭受环境胁迫时，其体内的脯氨酸含量较正常活动时显著增加，通过脯氨酸的增长可以一定程度上了解植物受环境胁迫的情况。

小白菜根内游离脯氨酸的含量随培养液中Cd^{2+}浓度的升高而增加。青菜对Cd^{2+}、Cr^{6+}、Pb^{2+}也有类似的效应。Cu^{2+}、Zn^{2+}能诱导小麦体内产生并积累脯氨酸，Cu^{2+}表现出更强的诱导脯氨酸产生的能力，二者都还表现出剂量依赖效应。随着Cd^{2+}质量浓度的增加，小麦幼苗叶片内游离脯氨酸质量分数增加。

Cd^{2+}浓度越高，水生美人蕉（*Canna glauca*）、红蛋（*Echinodorus osiris*）、风车草（*Cyperus alternifolius*）、彩叶草（*Coleus blumei Benth*）等湿地植物的脯氨酸质量分数越大，Cd^{2+}浓度高于40mg/L后脯氨酸质量分数随着Cd^{2+}质量浓度升高反而下降，表明在40mg/L时，4种植物抗性强度达到极限。在Cd^{2+}胁迫下，不同植物叶片脯氨酸的响应明显不同，脯氨酸质量分数美人蕉＞红蛋＞风车草＞彩叶草（图3.3）。

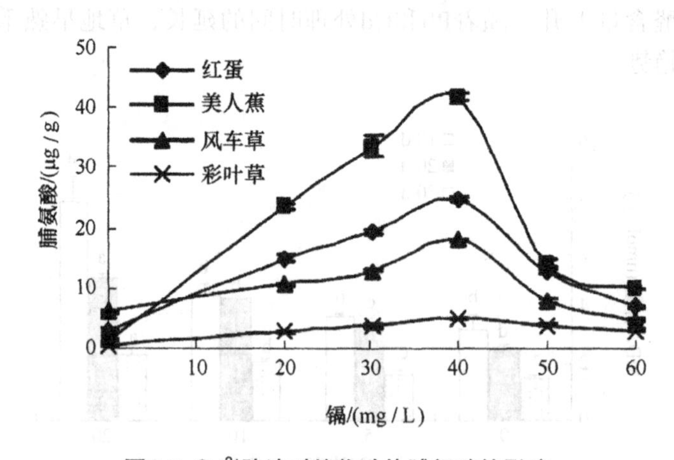

图3.3 Cd^{2+}胁迫对植物叶片脯氨酸的影响

重金属胁迫下，植物体内水分缺失的严重程度决定了脯氨酸的积累情况，脯氨酸积累实际上是植物的自我保护作用，通过脯氨酸积累来调节细胞及组织的水平衡，从而尽量减小细胞的损伤。Cu、Zn胁迫下植物体内产生并积累脯氨酸与植物体内活性氧自由基的清除，以及膜脂过氧化作用的减轻有密切关系。

四、重金属对植物细胞膜透性的影响

细胞膜的作用是防止细胞外物质自由进入细胞内，为植物体内的生化反应提供了一个稳定的环境。它最重要的特性是半透性，或称选择透过性，对进出细胞的物质有很强的选择透过性。用电导仪率法测定植物质膜透性的变化，可作为植物抗逆性的生理指标之一。

随着Cd^{2+}质量浓度的增加，水生美人蕉（*Canna glauca*）、红蛋（*Echinodorus osiris*）、风车草（*Cyperus alternifolius*）、彩叶草（*Coleus blumei Benth*）等湿地植物叶片的电导率升高，细胞膜受伤的程度也就加大。不同种植物中叶片的相对电导率大小为：彩叶草＞风车草＞红蛋＞美人蕉（图3.4）。

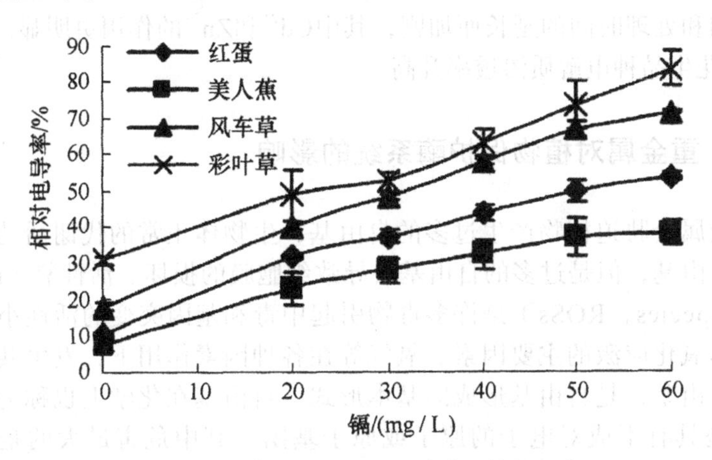

图3.4 Cd^{2+}胁迫对植物叶片膜透性的影响

随着Cd^{2+}浓度的提高，三个生长期续断菊（*Sonchus asper L*）叶片细胞膜透性均增加（图3.5）。

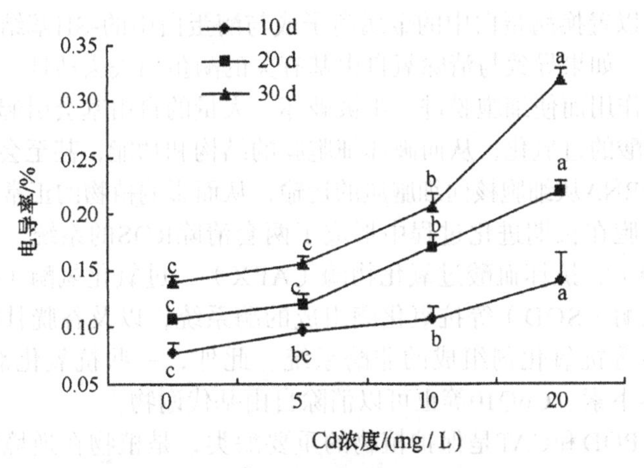

图3.5 Cd^{2+}对续断菊膜透性的影响

可以通过测定Cd^{2+}胁迫下植物体内外渗液电导度和外渗液钾含量来研究Cd^{2+}对植物的细胞膜的伤害作用。重金属的胁迫会破坏植物叶片细胞质膜的组成和完整性。细胞膜的损坏会使得细胞失去保护屏障，从而导致细胞内离子和有机物的大量外渗，外界的有毒物质也会自由的进入细胞内部，从而影响细胞内生理生化过程的正常进行。玉米幼苗叶片电导度随Cd^{2+}浓度的增大而增大。水生植物叶组织外渗液的电导度和钾离子浓度与水中的Cd^{2+}浓度存在紧密的正相关性。随着Cr^{6+}、Cd^{2+}、Pb^{2+}浓度的增加以及处理时间的延长，会大大增加青菜叶片细胞膜的透性，Cr^{6+}对青菜的毒害最大。Cd^{2+}、Zn^{2+}和Pb^{2+}对芦苇幼苗根系和叶片的电解质渗漏影响非常明显，且随处理浓度的增加和处理时间的延长而加剧，其中Cd^{2+}和Zn^{2+}的作用更明显。Cd^{2+}胁迫使6个花生品种电解质渗透率升高。

五、重金属对植物保护酶系统的影响

重金属会胁迫植物产生过多的自由基，生物体正常的代谢活动会产生一定的自由基，但是过多的自由基会导致细胞膜的损坏。活性氧（reactive oxygen species，ROSs）是许多毒物引起中毒和基因突变的活性小分子，也是机体氧化应激的主要因素。氧气等在各种因素作用下，发生共价键均裂形成自由基，是自由基形成的基本形式。自由基在化学上也称为“游离基”，是具有不成对电子的原子或原子基团，其中危害最大的是氧自由基（oxygen free radical，OFR）。OFR包括超氧物阴离子自由基（O_2^-）、H_2O_2、羟基自由基（·OH）和单线态氧（$^1O_2$）及分子氧。

重金属种植物的毒害不仅表现在胁迫其产生过多的自由基，还表现在重金属离子可以置换酶蛋白中的金属离子或与酶蛋白中的-SH基结合，破坏酶蛋白的活性。如果导致与清除氧自由基有关的酶蛋白失去活性，会加剧重金属氧化胁迫作用而使细胞膜进一步被破坏。大量的自由基会引起细胞膜组分不饱和脂肪酸的过氧化，从而破坏细胞膜的结构和功能，甚至会损害细胞内DNA，改变RNA从细胞核向细胞质的运输，从而影响植物的正常生命活动。

植物细胞在长期进化过程中形成了两套清除ROS的系统，即由过氧化物酶（POD）、抗坏血酸过氧化物酶（APX）、过氧化氢酶（CAT）和超氧化物歧化酶（SOD）等抗氧化酶组成的酶系统，以及谷胱甘肽（GSH）和抗坏血酸等抗氧化剂组成的非酶系统。此外，一些抗氧化剂，如VE、VC、p-胡萝卜素、CoQ10等也可以消除自由基代谢物。

SOD、POD和CAT是保护植物的重要酶类，是植物在逆境胁迫环境中生存的重要保护系统。SOD可以有效清除植物体内的O_2^-，可将其转化为氧化能力较弱的H_2O_2，然后由CAT和POD进一步将H_2O_2转化为H_2O和O_2。SOD、CAT、POD协同作用，保护植物细胞免受自由基的损害。

目前有文献报道了重金属损坏SOD活性的研究成果，对于不同的重金属以及重金属浓度，SOD的活性或随着重金属浓度的增加而增大；或随着重金属浓度的增加先升后降，与重金属种类以及处理植物的种类有关，下面介绍一些实验结果。

用Cd污染的土壤来胁迫处理5个不同小麦品种来研究重金属对SOD、POD和CAT活性的影响，实验发现不同小麦品种对Cd胁迫反应差异明显，同一品种小麦在相同处理条件下，Cd对其三种酶活性的影响也存在差异，其中SOD的活性随处理浓度的增加持续下降，而POD的活性出现明显提高，CAT的活性受Cd胁迫的影响较小，基本保持稳定；而采用Hg对油菜进行处理后发现，Hg对三种酶活性的影响基本一致，均出现了低剂量促进酶活性的提高，高剂量抑制酶活性的现象。在不同浓度Cd^{2+}污染下，水花生根中SOD和CAT的活性呈现先升后降的变化，POD的活性呈现持续下降的变化趋势。对印度芥菜（Brassic juncea）在Cd胁迫下三种酶活性的研究发现，SOD、POD、CAT的总活性出现先升后降的趋势，见表3.3。

表3.3 Cd对印度芥菜保护酶系统的影响

Cd添加量/（mg/kg）	SOD总活性/（U/g FW）	SOD比活力/（IU/mg）	POD活性/（Δ470nm/(min·g)FW）	CAT活性/（U/g FW）
0	46.03 ± 2.18b	11.75	1045 ± 32.9d	564 ± 17.5d
40	57.41 ± 3.2e	8.93	1055 ± 25.1e	597 ± 23e
80	70.64 ± 3.76f	14.21	1150 ± 37.8f	620 ± 16.9f
120	54.5 ± 2.95d	9.40	995 ± 29.6c	525 ± 17.2c
160	50.27 ± 3.07c	8.14	910 ± 25.1b	518 ± 19.4b
200	43.39 ± 3.56a	8.36	895 ± 30.2a	476 ± 23.4a

在对Pb^{2+}胁迫辣椒幼苗的实验中发现，在处理浓度较低的情况下，POD和SOD的活性均出现一定程度的提高；但是，当Pb^{2+}的胁迫浓度≥40mg/L时，POD和SOD的酶活性开始降低，且随着处理时间的延长，其活性降低得越明显。

在水稻幼苗期喷施Zn溶液均能提高水稻幼苗根和叶片中的SOD、POD活性，且随Zn浓度的增高，一直维持在一个较高水平。重金属Zn和Cd均不同程度地加快了翅碱蓬超氧阴离子自由基的产生速率，重金属Zn含量高于100mg/kg时，翅碱蓬生长及体内酶活性机制受到不同程度抑制，SOD、POD反应迅速，CAT相对缓慢。翅碱蓬对Cd污染抵御能力差，含量高于0.4mg/kg即可造成严重伤害，降低抗氧化酶活性。Zn和Cd共同作用（200mg/kg+ 0.2mg/kg）时，表现为协同作用，50d后，SOD、CAT均失活，影响极显著。

在幼苗期，0.5mmol/L Cd^{2+}和1mmol/L的Ni^{2+}分别使Cajanus cajan L.光合率降低50%和30%，对不同酶活性的抑制程度不等（2%~61%），RuBP羧化酶对离子的作用较为敏感，Ni^{2+}对3-PGA激酶的影响最小。在植物生长晚期，Cd^{2+}、Ni^{2+}浓度增加至10mmol/L时才表现抑制作用，1 mmol/L Cd^{2+}使光合率降低86%，只使酶活性降低约40%；10mmol/L Ni^{2+}使光合速率降低65%，而对酶活性则几乎无影响；表明重金属使酶活性的降低不是导致光合速率降低的直接原因。Cu、Fe可以直接参与植物的生理生化反应，增加其自由基的产生，而Cd则是通过影响消除自由基的活性酶活性的方式来损害植物的生长。三者导致植物自由基增加的能力是Cu>Fe>Cd。Cd对植物的毒害可能是通过影响消除H_2O_2的酶活性造成的，即在Cd的胁迫下导致H_2O_2的积累，过量的H_2O_2会破坏植物的抗氧化酶系统和非酶系统，导致植物失去对重金属的抗性，最终导致植物的中毒症状甚至死亡。

六、重金属对植物物质吸收与代谢的影响

（一）重金属对植物水分代谢的影响

植物一方面通过根系不断地从环境中吸收水分，经过根、茎的运输分配到植物体的各部分，以满足正常生命活动的需要；另一方面植物体通过蒸腾作用使水分大量散失到环境中。当植物吸水量补偿不了失水量时，常发生萎蔫现象，严重时可引起叶、花、果的脱落，甚至死亡。植物的伤流和蒸腾作用是反映植物水分代谢的重要指标。伤流是植物根压引起的溢泌现象。蒸腾作用是植物对水分吸收和运输的主要动力，可以促进植物生理代谢所需的营养物质和微量元素向植物叶面的传输。重金属对植物的毒害作用也表现在对植物蒸腾作用的影响。重金属进入植物体内，会刺激植物细胞的膨胀，从而将细胞间气孔间隙减小，影响正常的蒸腾作用。当污染浓度超过一定值后，甚至会导致气孔的关闭。

张素芹和杨居荣（1992）研究了Cd、Pb、As对黄瓜和玉米伤流和蒸腾作用的影响，发现Cd、Pb具有导致导管周围细胞代谢增强，向导管分泌增加的现象，对蒸腾速率也有刺激。与Cd、Pb不同，As对伤流和蒸腾的速度均有明显的抑制。王焕校（1990）认为蒸腾下降可能与重金属诱导的植物体内脱落酸（ABA）浓度增加有关。来自矿区两个海州香薷种群的蒸腾速率受Cu的胁迫影响较小，而来自非矿区的两个海州香薷种群蒸腾速率随处理浓度的加大而明显降低。桐花树幼苗叶片蒸腾作用在Cd低于6mmol/L时增强，高于6mmol/L时减弱。As对植物的胁迫表现在会阻碍水分在植物中

的传输，使得水分不能正常输送到植物的茎叶部分，Cr进入植物体内甚至会引起永久性的质壁分离，从而导致植物组织失水性死亡。

（二）重金属对植物激素代谢的影响

植物激素也称为植物天然激素或植物内源激素，是植物体内产生的一种微量但可以明显调节植物生理生化过程的有机化合物。已知的植物激素主要有以下5类：生长素（IAA）、赤霉素（GA）、细胞分裂素（CTK）、脱落酸（ABA）和乙烯（ETH）。而油菜素甾醇（BR）也逐渐被公认为第六大类植物激素。最近新确认的植物激素有多胺、水杨酸类、茉莉酸（酯）等，都属于有机小分子化合物，对植物的生长发育具有非常重要的调节作用。植物激素在植物对重金属污染的耐性方面发挥着重要作用。

Cd胁迫可刺激玉米体内ZR含量的增加，缓解Cd对玉米的伤害。Zn或Cd胁迫下12h内东南景天（Sedum alfredii）体内IAA、GA、CTK和ABA快速增加至最大值，东南景天这4种内源激素对重金属胁迫具有快速响应的特征。重金属胁迫下IAA和GA大量增加，表明IAA和GA对东南景天耐受和积累Zn或Cd的能力有重要作用。

黄瓜根中ABA的含量随着Pb^{2+}浓度的增加而呈增加趋势，叶与根中玉米素的含量则随Pb胁迫浓度的增加而呈下降趋势。Pb胁迫处理下，黄瓜GA、ABA含量升高，IAA、ZR含量先升高后下降，表明植物抗重金属的能力与内源激素水平和内源激素平衡相关。

Zn能抑制吲哚乙酸的合成，增强吲哚乙酸氧化酶的活性，加快吲哚乙酸的分解，从而降低植物体内生长素的含量。重金属Zn处理能促进茶树GA和IAA含量的增加，并且可影响IAA和ABA在植物不同器官中的分配情况，还有利于植物体内自由态ABA向结合态ABA的转化。Zn处理极显著改变棚栽香椿的内源激素含量，促使自由态ABA向结合态ABA转化，促进IAA、GA含量增加，从而有效打破棚栽香椿的休眠。重金属Zn能提高玉米穗叶IAA的含量，从而延缓叶片的衰老，有利于提高春玉米叶中GA的含量。

幼苗和成年植株中酶对Cu的敏感性不一样。任何Cu处理浓度下，都会激发幼苗的IAA-氧化酶活性，但对超过三周大的植物，在高浓度的Cu处理1～4天后，IAA-氧化酶活性开始受到抑制。玉米中Zn与由色胺形成生长素的步骤有关。

（三）重金属对植物营养元素吸收的影响

重金属除对植物直接产生毒害外，还可以与其他元素产生拮抗或协同作用，破坏植物体内的元素平衡，从而影响植物的正常代谢活动。例如，重金属污染可能会抑制土壤中氮素的吸收和同化作用，导致植物体内的蛋白质代谢失调，破坏植物体内的氨基酸水平。氮是许多植物体中所必需的矿物元素，占植物体干重的1.5%~2.0%。研究表明，Cd对植物的胁迫会影响植物氮素代谢的过程，会诱导植物合成一组含氮的代谢产物，而这些代谢产物会反过来影响植物的代谢、资源分配等功能，从而影响植物的生长发育。

重金属进入植物体内后，会降低氮素的吸收和硝酸还原酶的活性，破坏氨基酸组成，阻碍蛋白质合成，导致植物体内蛋白质快速分解。硝酸还原酶是植物氮同化和吸收的关键酶，极易受到重金属污染的胁迫。陈愚等（1998）研究了Cd对4种沉水植物（红线草、金鱼藻、黑藻和菹草）硝酸还原酶的影响，发现一定浓度的Cd能提高沉水植物的硝酸还原酶活性，抑制SOD酶的活性，从而破坏其抗氧化防御系统。重金属影响蛋白质的过程是一个十分复杂的机制，蛋白质的合成需要Mg离子的参与，重金属进入植物体内后，可能会与Mg发生置换反应，导致蛋白质的合成无法正常进行。

重金属在植物根系的富集会造成其生理代谢的失调，减弱其吸收能力，最终导致植物体的营养不良。Cd会抑制根系透根电位以及H^+的分泌，并能使质子泵受抑60%。而根系质子的原初分泌为细胞质膜上的ATP酶所催化，是阴阳离子透过质膜的次级转运的动力来源，而Cd等重金属可以通过改变ATP酶的活性来影响根系对阴阳离子的吸收，从而影响根系的代谢。As会抑制根系的生长，甚至导致根系的腐烂，直接影响植物的生长和产量。

重金属可以通过影响土壤微生物以及植物体内的酶的活性来影响植物根系对土壤中营养元素的吸收，土壤微生物、酶活性的降低，会影响土壤中某些元素的释放和有效态的数量。Cd能明显影响玉米对N、P、K、Ca、Mg、Fe、Mn、Zn和Cu的吸收。Cd污染通过降低植物对硝酸盐的吸收及氮代谢关键酶硝酸还原酶（Nitrate Reductase，NR）、谷氨酰胺合成酶（GS）、谷氨酸合酶（GOGAT）及谷氨酸脱氢酶（GDH）等酶的活性来破坏植物的氮素代谢过程，其相关规律在玉米、豌豆、小白菜等农作物中得到证实。

硝酸盐是植物最重要的氮来源，而重金属会严重影响氮素的代谢。Ni不仅会抑制小麦叶片对NO_3^-的吸收以及运输过程中NH^{4+}的累积，而且会抑制NR和NiR的活性，从而极大地影响了硝酸盐的同化。NR起到限制氮同化的作用，对重金属的胁迫很敏感。硝酸盐同化为氨基酸的过程包括以下反应：硝酸盐首先被NR和NiR还原为NH^{4+}，是N-NO_3^-转化为有机氮的关键环节。NH^{4+}的累积会严重威胁细胞的安全，需及时处理。

植物中有两种同化NH^{4+}的调控途径：NH^{4+}与α-酮戊二酸在谷氨酸脱氢酶（GDH）的作用下合成谷氨酸，然后NH^{4+}通过GS/GOGTA循环结合成谷氨酰胺和谷氨酸，在GS的催化作用下，铵与谷氨酸结合生成谷氨酰胺，而

GOGTA催化谷氨酰胺与α-酮戊二酸结合，形成两分子谷氨酸。谷氨酰胺和谷氨酸是含氮化合物生物合成的重要参与物质，在植物对重金属的耐性方面十分重要。

此外，重金属会与某些元素产生拮抗作用而影响植物对该元素的吸收。例如，Zn、Ni和Co等重金属能严重妨碍植物对磷的吸收；As的化学行为与磷相似，会影响ADP的磷酸化，进而抑制ATP的生成，最终抑制植物对K的吸收；Pb会降低磷在土壤中的溶解性，进而影响植物对磷的吸收。Cd明显抑制玉米苗对N、P、Zn的吸收，增加Ca的吸收。Cd还抑制小白菜根系对Mn、Zn的吸收。100mg/L Cd降低燕麦对K的吸收，随Cd浓度增加，悬浮培养的细胞对K、Mg的吸收下降，对Ca、Fe、Zn的吸收则增加，但过高浓度的Cd将使Zn的吸收量下降。随着Cd浓度的增加，圆锥南芥植物体中的NH^{4+}含量明显增加，Cd处理降低了小白菜对Cu、Ca、Fe、Mg的吸收，但促进了对P的吸收，促进了黄瓜对K、Ca、Fe的吸收，促进了番茄对P、K、Fe、Mn的吸收，并促进了黑麦草、玉米、白三叶草和卷心菜对Fe、Mn、Cu、Zn、Ca、Mg的吸收，增加了黑麦草等对P、S的吸收，卷心菜对S的吸收则减小。

第二节　重金属对植物的毒害作用

植物根系吸收的重金属超过其毒性阈值时，一系列细胞/分子水平的相互作用，就会导致植物体内显著的毒害症状。细胞内的重金属离子能与酶活性中心或蛋白质的巯基结合，从而抑制蛋白质的活性或导致细胞结构破坏；重金属也可以通过置换生物体中必要元素，导致酶活性丧失及必要元素缺乏，进而影响生物体生长发育；另外，过量重金属也会刺激自由基和活性氧的产生而导致细胞氧化损伤。对植物的生长发育、形态结构、生理代谢、遗传物质等产生有害的生物学变化。重金属毒害作用的常见症状有：植物光合生理、呼吸代谢、矿质营养等生理代谢作用减弱，叶片和植株形态改变，细胞器显微、亚显微和超微结构受损，叶片出现黄化或坏死，导致植物株高、生物量和产量下降，生长发育受到抑制，DNA、RNA等遗传物质数量与结构也可能受损。不同种类的植物对同一种重金属的反应差别很大，而不同重金属对同一种植物常常有不同的毒害作用，不同的环境条件又影响着植物与重金属之间的相互作用，即使是同一种重金属元素、同一浓度，在不同的环境条件下，对植物的危害也可能表现出明显的差异。

一、重金属毒害作用的评价方法

急性毒性研究是化学品安全性评价中最基本的工作，是全身给药的毒性研究内容之一，是评价单次或24小时内多次（2次间隔6～8小时）累积给药后，动物表现出的毒性反应。该项研究一般与药效学研究同时进行，以通过急性毒性研究资料和药效学研究资料，获得治疗指数或其他定量指标，初步判断试验药物是否有继续研究的价值，为深入全面研究该药物的毒性作用打下基础。急性毒性研究的结果对于化学物毒性的分级、其他毒性研究中染毒剂量及观察指标的选择等起到不可或缺的作用。

（一）经典的急性致死性毒害评价

急性毒害作用实验是通过设定一组不同浓度的试剂，对动植物进行胁迫，通过记录试剂与动植物死亡的剂量—反应关系，得到LC_{50}或LD_{50}。LC_{50}或LD_{50}的值及其95%的可信度范围可以通过多种方法求得，如霍恩氏法、简化寇氏法、概率单位—对数图解法、直接回归法、Bliss法等。下面简要介绍几种。

1.霍恩氏法

霍恩氏法是一种非参数统计方法，又称平均移动内插法。该方法要求使用4个剂量组，而试剂组的浓度成等比数列，可根据试验对象的死亡情况查表求出LD_{50}及其95%可信限。该方法具有操作简单、试验材料较少的优点，但同时也存在着95%可信限范围较大的缺点。

2.简化寇氏法

简化寇氏法是利用剂量对数与死亡率呈S形曲线而设计的方法，又称平均致死量法。简化寇氏法具有计算简单，不需要复杂统计计算，不需要因数据不准确而进行修改，计算结果准确的优点。其计算公式如下：

$$m = X - i\left(\sum p - 0.5\right) \tag{3.2.1}$$

$$S_m = i\sqrt{\sum \frac{pq}{n}} \tag{3.2.2}$$

式中：m为LD_{50}；i为相邻两剂量组的剂量对数差；X为最大剂量对数；q为存活率（q=1−p）；$\sum p$为各剂量组死亡率之和；S_m为$\lg LD_{50}$的标准误差；n为每组动物数。

由上述公式求得$\lg LD_{50}$及其95%可信限$m \pm 1.96S_m$，则$LD_{50}=10^m$ mg/kg

（体重），其95%可信区间范围为：$(10^{m}\text{-}10^{1.96S_m})\sim(10^{m}+10^{1.96S_m})$。

3.直接回归法

假定不同剂量下死亡频率呈正态分布，如果以剂量的对数为横坐标，死亡频率为纵坐标，随剂量增加，死亡率曲线则呈现“钟罩”形；若将纵坐标改为累积频率，则曲线变为S形；若再将累积率改为死亡概率时，反应曲线变为直线。与概率单位5（反应率50%）对应的对数剂量即为$\lg LD_{50}$。直接回归法就是将剂量对数值与死亡率（概率单位）的关系，进行直线回归，用最小二乘法求得回归方程：$Y = a + bX$，进而求得受试化学物的LD_{50}及其95%可信区间。计算式如下：

$$\lg LD_{50}=\overline{X}+\frac{5-\overline{Y}}{b} \tag{3.2.3}$$

$$\sigma_m=\sqrt{n^2(\lg LD_{50}-\overline{X})^2+D/(nb^2D)} \tag{3.2.4}$$

式中：$\overline{X}$为对数剂量的平均值，$\overline{X}=\frac{1}{n}\sum X$；$\overline{Y}$为各剂量组动物死亡概率单位平均值，$\overline{Y}=\frac{1}{n}\sum Y$；$b$为$Y$依$X$的回归系数，$b=(n\sum XY-\sum X\sum Y)/D$；$\sigma_m$为标准误差；$n$为剂量组数；$D=n\sum X-(\sum X)^2$。

回归法求LD_{50}较为准确，不要求每个剂量组动物数相等，剂量组距可设计为等差级数。

（二）急性毒害试验的其他方法

经典的急性毒性试验需要消耗大量的实验对象，以动物为例，一种化学品的一种染毒途径急性毒性试验通常就需要100只动物。另外，试验获得的信息量比较有限，LD_{50}值所表征的仅是试验对象在50%的存活率下的点剂量，它不能等同于急性毒性，死亡仅是评价急性毒性的许多观察终点之一。另外，经典急性毒性试验中的LD_{50}测量值并不准确，1977年欧洲的13个国家、100个实验室，进行了一项对5种化学物的LD_{50}测定的实验。在收集了80个实验室的数据进行分析后发现，结果并不令人满意。所以，导致有人认为在化学品安全性评价中，并不需要准确测定LD_{50}，只需了解其近似致死量和详细观察记录中毒表现即可。为此，新的急性毒害实验方法的发展迫在眉睫。经合组织（OECD）等组织相关专家学者对此开展了专门的研究，最终得到了几种替代方法。

1.固定剂量法

固定剂量法由英国毒理学会于1984年首先提出，OECD于1992年正式采用。该方法是利用一系列固定浓度的试剂对试验体进行染毒，常用的试剂浓度包括5mg/kg、50mg/kg和500mg/kg，最高限2000mg/kg，然后观察试验体的死亡情况及毒性反应，从而得到化学物毒性的分类和分级情况。首先以50mg/kg的剂量给10只实验受体染毒，如果出现受体死亡情况，则以5mg/kg的浓度再换一组新的实验受体进行实验，若仍然出现毒害致死的情况，则该化合物可认定为“高毒”类，若第二组受体存活率为100%，则将该化合物归为“有毒”类。如果50mg/kg染毒动物存活率为100%，但有毒性表现，则将该化合物归于“有害”类。如以50mg/kg浓度的试剂对受体染毒后，没有出现死亡情况，而且动物没有中毒表现，则以500mg/kg浓度的试剂对另外一组受体染毒；若仍然没有死亡情况，且没有出现中毒症状，则以2000mg/kg浓度的试剂对受体染毒：若受体仍然保持100%的存活率，则可以将该化合物归于“无严重急性中毒的危险性”类。

2.急性毒性分级法

OECD在1996年提出的急性毒性分级法（acute toxic class method）采用分阶段试验，每阶段3只动物，根据动物的死亡情况，平均经2～4阶段即可对急性毒性做出判定。一般利用25mg/kg、200mg/kg和2000mg/kg三个固定剂量之一开始进行试验，根据动物死亡情况决定是对受试物急性毒性进行分级，还是需选择另一种性别，以相同染毒剂量进行下一阶段试验，或以较高或较低的剂量水平进行下一阶段试验。

3.上、下移动法

上、下移动法（up/down method），亦称阶梯法。先用某个浓度的试剂对第一个受体染毒，如果受体死亡，则以较小浓度的试剂对下一个受体染毒；若受体存活，则增加试剂的浓度再对受体染毒，依此类推。实验需要选择一个比较合适的剂量范围，使大部分动物的染毒剂量在LD_{50}的上下。用下式求得LD_{50}及其标准误差：

$$LD_{50}=\frac{1}{n}\sum xf \tag{3.2.5}$$

$$S=[\frac{D}{n^2(n-1)}]^{1/2} \tag{3.2.6}$$

式中：n为使用动物总数；x为每个剂量组的剂量；f为每个剂量组使用动物数；$D=n\sum x^2 f-(\sum xf)^2$。

此方法节省实验动物，一般12～14只动物即可，但只适用于快速发生中毒反应及死亡的化学物。

（三）重金属对植物急性毒害的评价

目前，重金属毒害作用评价的定量试验研究主要关注了鱼类、小白鼠等动物，关于重金属对植物的毒害效应的试验相对较少。关于重金属对植物毒害作用评价的定量试验，试验数据应建立在能够反映待测重金属对受试物种总的不利影响的终点之上。

常用的标准植物毒性试验包括种子发芽、根伸长和早期幼苗的生长试验，此外也有用光合抑制试验及酶活性、抗氧化物变化来检测生物毒害作用。植物土培或水培，由于土壤理化性质复杂，不同区域和类型的土壤差异很大，对植物生长、重金属耐性、重金属化学行为等方面影响差异极大。因此，重金属对植物毒害作用评价的标准试验，通常以水培为主，其选择依据为：当受试物种为藻类时，试验结果应以对藻类生长繁殖的短期的致死效应72h-LC_{50}或96h-LC_{50}，或短期的生长抑制效应（72h-EC_{50}或96h-EC_{50}）表示。当受试物种为水生维管束植物时，试验结果应用长期的LC_{50}或EC_{50}表示。

1.对生长毒害作用的评价方法

藻类是研究重金属毒害作用常采用的研究对象，传统的方法是通过测定不同时间（通常为96h）的藻细胞密度的半数抑制质量浓度（LC_{50}或EC_{50}）或半数致死质量浓度（LC_{50}）等指标来评价重金属对藻类的毒害作用。

直接测定藻类的生物量是一种简单易行的评价方法。从1000mL的斜生栅藻培养液中，取藻液10mL，利用真空泵抽滤至预先烘干至恒重（M_0）的0.45μm孔径的微孔滤摸上，滤膜放入105℃烘箱烘至恒重（M_1），生物量（DW，g/L）等于（M_1-M_0）×100。取第4天的生物量计算96h的半数抑制浓度（IC_{50}），通过拟合胁迫浓度与抑制率之间的关系建立线性方程，计算得到重金属Pb^{2+}、Cr^{3+}和Cr^{6+}对斜生栅藻的半数抑制浓度（IC_{50}）分别为17.17mg/L、6.30mg/L和1.23mg/L。

通过测定不同吸光度下藻类的生物量，获得藻类生物量与吸光度之间的相关性，做出吸光度与生物量的线性回归方程：在培养过程中，采用分光光度计测定培养液的吸光度，并依据吸光度与生物量的线性回归方程计算出藻类的生物量，是另一种简便的评价方法。在螺旋藻生长周期内，每天同一时间用紫外可见分光光度计于560m处测定螺旋藻藻液的吸光度（A_{560}），以时间为横坐标，A_{560}为纵坐标，绘制螺旋藻的生长曲线，并通过测定不同光密度下螺旋藻的生物量，用概率单位法计算Pb对藻株A和藻株B生长抑制的96h-EC_{50}，得到线性回归方程，计算得到Pb对藻株A和藻株B

生长抑制的96h-EC_{50}分别为61.66mg/L和72.44mg/L。可见，重金属Pb对螺旋藻藻株A的毒害作用比藻株B强。

此外，还可以采用流式细胞仪等特定仪器设备，直接测定藻类的生物量或数量，评价重金属对藻类的急性毒害作用。在定量评价重金属离子Cd^{2+}对赤潮海藻（米氏凯伦藻和微小原甲藻）急性毒性试验中，采用基于流式细胞仪检测活的赤潮海藻数量。具体为取1mL胁迫48h和96h的藻液，用200目筛绢过滤，取藻细胞，采用碘化吡啶（PI）染色。根据前向角散射光强度（FSC）和侧向角散射光强度（SSC）设置米氏凯伦藻R1门，在此基础上，根据FL3通道内P1荧光强度设置R2门；通过R1和R2门的联合设定，确定海藻的活细胞类群。结果发现，Cd对微小原甲藻的48h-EC_{50}和96h-EC_{50}分别为0.835mg/L和1.215mg/L，对米氏凯伦藻的48h-EC_{50}和96h-EC_{50}分别为5.405mg/L和6.268mg/L。

除藻类的生长外，通过植物种子的萌发率和根的生长等指标，计算重金属离子的半数抑制浓度（IC_{50}），也常用于评价重金属毒害作用。如土壤培养条件下，铬污染对小白菜种子的萌发影响不大，但对根长影响明显，小白菜根的受抑制程度可作为评价重金属毒害作用较为理想的指标，通过回归方程得出铬对小白菜根伸长的IC_{50}为9.78mg/kg。采用急性毒性试验方法，Cd对小麦、白菜和水稻幼苗的根伸长IC_{50}分别为118.27mg/L、23.32mg/L、22.21mg/L。

2.对生理毒害作用的评价方法

光合生理参数常被用作重金属对植物毒害作用的评价指标。叶绿素荧光技术是通过植物体内叶绿素作为天然探针，研究和探测植物光合生理状况及各种外界因子对其细微影响的新型植物活体测定和诊断技术，具有简便、快捷、可靠等优点，其测定参数包括PSII的原初光能转化效率（Fv/Fm）、PSII的潜在活性（Fv/Fo）、PSII的实际光能转化效率（Yield）、光化学淬灭（PQ）、相对表观电子传递效率（rETR）、非光化学淬灭（NPQ）和叶绿素相对含量等。具体参见表3.4，除绿色巴夫藻96h-EC_{50}值比72h-EC_{50}值高外，其他藻类96h-EC_{50}值均低于72h-EC_{50}值。叶绿素荧光是光合作用的良好指标和探针，在荧光分析中最常用的参数是Fv/Fm，它表示PSII的最大光化学量子产量，即PSII的最大光能转化效率。在非胁迫条件下，此参数变化很小，但在胁迫条件下，此参数变化较大，它是反映藻类生长良好与否的一个重要指标。因此，可以通过测定重金属胁迫条件下藻类叶绿素荧光参数的变化，来评价重金属对不同种类藻类重金属的生理毒害作用。

表3.4 Cd处理不同时间后藻类叶绿素荧光参数的EC_{50}值

藻类名称	胁迫时间/h	Fv/Fm	Fv/Fo	Yield	叶绿素相对含量（μg/L）
杜氏盐藻	24	—	648.3	—	875.0
	48	767.0	427.8	637.1	24.6
	72	—	550.7	875.4	76.2
	96	—	605.1	918.3	25.3
纤细角毛藻	24	360.3	109.6	72.4	112.3
	48	186.8	21.4	57.9	86.0
	72	24.9	14.6	19.2	70.6
	96	17.7	9.4	11.5	14.6
三角褐指藻	24	—	—	171.2	—
	48	375.9	129.2	70.0	67.8
	72	99.8	68.6	71.9	17.4
	96	25.9	85.0	69.3	11.9
塔胞藻	72	692.6	490.2	680.6	37.1
	96	662.5	551.1	669.1	32.7
绿色巴夫藻	72	317.3	188.9	330.4	131.3
	96	335.6	198.3	412.6	134.6
等鞭金藻塔溪堤品系	72	78.8	43.7	67.0	10.6
	96	55.86	39.7	71.6	9.1
小球藻	72	26.8	20.3	20.6	78.6
	96	31.1	21.4	25.6	19.0
微绿球藻	72	16.8	10.5	15.3	8.5
	96	16.1	10.0	14.4	7.7
雨生红球藻	72	288	20.2	29.5	16.0
	96	25.5	19.2	23.4	14.4

重金属离子对植物毒害作用的EC_{50}值与重金属种类、胁迫时间及测定的参数有关。

第三节 植物受重金属毒害的条件与机理

影响重金属对植物毒害作用的主要因素中，除植物种类本身耐受重金属的遗传特性以外，还受重金属的性质和形态、外界条件、各种重金属之间的相互作用、重金属元素与营养元素间的相互作用及土壤理化性质等方面的影响。

一、植物受重金属毒害的条件

（一）重金属离子的性质

重金属离子的毒害性质与不同种类重金属的特性、在环境中的存在形态、化合价态、氧化还原、溶解沉淀等有关。

1.重金属特性

呈离子态的各种金属特性差别很大，主要是由于各种金属的属性不同。金属毒性大小依次为：Hg＞Ag＞Cu＞Cd＞Zn＞Pb＞Cr＞Ni＞CO。金属对生物的影响，还取决于金属的特性。按照Tranton的法则，以蒸发潜热表示化合物的凝聚力，即越是沸点低的金属，其凝聚力越小，每个分子和原子都易于分离。为了使金属进入机体或与机体发生反应，首先要使分子或原子进行弥散。所以，越是沸点低的金属越易发生弥散；同时金属沸点越低，与一般有机物的沸点差就越小，它们相互间作用的可能性就越大。

金属对生物的毒害还和离子化电压有关，离子化电压越高，对生物潜在的毒性就越大。一般碱性金属电压为4～5V，难以进入细胞；汞、镉、锌带有9～10V的高电压，可以很容易地进入细胞；贵金属气体则有11～24V高压，它不受任何调节，能自由出入机体。

2.存在形态

对金属而言，离子态要比络合态毒性大，特别是形成金属硫蛋白以后，金属就失去毒性。例如，Cd^{2+}对草虾半致死剂量为4×10^{-7}mol/L，如增加氯或加入含氮三乙酸（NTA）形成螯合物时，其毒性明显降低。

金属的毒性会受到很多因素的影响。通常形成的有机络合物的毒性是下降的，但脂溶性有机络合物和有机金属化合物的毒性却明显增加。根据金属毒性效应，金属可以分为三类不同形态：①形成无机和有机配位体络合物；②形成有机金属化合物；③参与氧化还原反应。形成金属络合物的电子供体有简单的无机配位体，以及复杂的有机大分子中的羧基、巯基、氨基、磷酸基等。

3.化合价

重金属的价态影响重金属的毒性。如不同价态Cr化合物的毒害强弱不相同。金属Cr很不活泼，是无毒的。一般认为Cr^{2+}化合物也是无毒的，Cr^{3+}化合物由消化道吸收少，毒性不大，Cr^{6+}化合物（铬酸盐）毒性大，比Cr^{3+}大100倍。用Cr^{6+}和Cr^{3+}化合物分别处理动物24h，染色体畸变发生率高低依次为：$K_2Cr_2O_7 > K_2Cr_2O_4 > Cr(CH_3COO)_3 > Cr(NO_3)_3 > CrCl_3$。$Cr^{6+}$的诱变率也大于$Cr^{3+}$，能普遍引起染色体畸变。

总之，离子的毒性和离子的价数有关。金属阳离子的偶数价离子对机体的亲和性高，奇数价的亲和性则相对较低，尤其是三价阳离子在正常的生理状态下易被排出体外；阴离子正相反，奇数价的离子亲和性高，偶数价的则低。从空间结构看，以正四面体为结构的元素其亲和力就高。即使同样是四配位的，形成平面结构的镍、铂等却有致癌、致畸作用。

（二）环境条件

1.土壤理化性质

（1）pH值。重金属所处的环境中pH值高低直接影响重金属的毒性，主要是因为环境中pH值不同，则重金属的溶解度也不同。pH值存在三种机制对重金属存在的形态和毒性进行影像。首先是对重金溶解度的影响，从而可以改变土壤中游离金属离子的浓度；其次土壤中的H^+离子可以与有机或无机试剂结合，从而改变重金属离子的络合平衡。此外，pH值还是影响土壤吸附过程的重要因素，包括金属氢氧化物的共沉淀、生物表面吸附等。实验表明，土壤中pH值较低时，重金属的生物毒性也会相应降低，但是有时也会因为H^+对土壤吸附重金属离子的影响，而导致重金属的毒性会随pH值的降低而增加。

以pH值对溶液中Ni离子的存在形态的影响为例，溶液中Ni的主要形态有自由镍离子（Ni^{2+}）、碳酸镍（$NiCO_3$）、碳酸氢镍（$NiHCO^{3+}$）和羟基镍（$NiOH^+$），这4种形态Ni含量随pH的变化而变化。pH值为4.5～6.5，Ni^{2+}含量占溶液中总Ni的90%左右，为溶液中Ni的主要形态，随着pH值的升高（pH>7.0），Ni^{2+}的含量逐渐降低，$NiCO_3$在总Ni中所占比例显著增加，含量从几乎为0升高到70%左右，而$NiHCO^{3+}$的含量仅维持在0.02%～15%，$NiOH^+$的含量一直处于较低水平，最高仅占总Ni的0.2%（图3.6）。

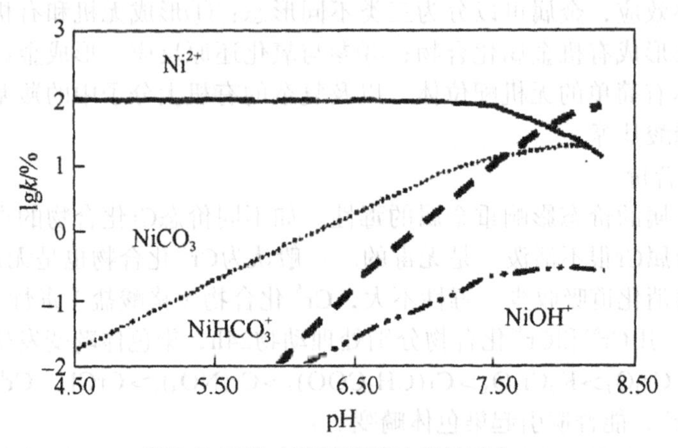

图3.6 不同pH值下溶液中镍的形态

（2）有机质。对重金属污染的土壤施加有机肥，可有效降低重金属的毒性，这与重金属存在的形态关系密切。形态分析显示，天然有机质是一种有效的吸附剂，能极大地影响重金属在土壤中的存在形态。有机质包含有大量的官能团，且比表面积较大，对重金属离子的吸附能力远超其他的矿质胶体。例如，在镉污染的土壤中加入有机肥料一段时间后，镉的水溶态和交换态明显减少，而有机络合态的镉明显增加。根据研究结果表明，有机肥对土壤镉污染毒性降低表现在两个方面：一是有机肥中的-SH和-NH_2等基团与镉离子发生络合和螯合作用，从而降低镉的毒性；二是有机肥料可以影响土壤的其他基本性状，从而间接影响镉对植物的毒害。

（3）陪伴阴离子。土壤溶液中的阴离子，在土壤中主要的化学反应为吸附解吸过程，按吸附机理或吸附强度可分为三类：第一类以专性吸附为主，如$H_2PO_4^-$；第二类是以Cl^-和NO_3^-为代表的典型非专性吸附；第三类是介于专性和非专性吸附之间的，诸如SO_4^-等离子的吸附。阴离子通过影响土壤的表面性质而改变重金属的有效性与生物毒性。

（4）氧化还原电位。土壤中重金属的形态、化合价和离子浓度均受到土壤氧化还原状况的影响。当土壤处于氧化条件下，土壤中硫化物不稳定，会释放出吸附的Cd等重金属元素，土壤中Cd的溶解度提高，会增加Cd对植物的毒害作用。在对Cd胁迫油菜生长的实验中发现：水面下的油菜体内Cd含量最低，这部分油菜的生长发育最好，因为这部分的油菜处于还原条件下。土壤处于还原条件会降低Cd的活性，从而减少Cd对油菜苗期生长的毒害作用。

土壤环境中汞的存在形态受到土壤氧化还原电位的影响。当土壤处于还原条件时，可以将二价的汞离子还原为零价的金属Hg。当土壤处于氧化条件时，Hg在土壤中的存在形态比较稳定，可给量降低，迁移能力较弱。氧化还原电位不仅可以还原Hg^{2+}离子为金属汞，而且可通过影响S^{2-}的存在形态来间接影响汞的溶解性。当土壤氧化Eh值较低时，会增加土壤中S^{2-}离子的浓度，S^{2-}离子会Hg^{2+}结合形成难溶性的HgS，使Hg^{2+}的有效性降低，相应的生物毒性也降低。

2.土壤生物

栖居在土壤中的生物众多，大体可分为土壤动物和土壤微生物两大类。土壤动物主要为无脊椎动物，包括环节动物、节肢动物、软体动物、线形动物和原生动物。原生动物因个体很小，可视为土壤微生物的一个类群。土壤微生物包括细菌、放线菌、真菌和藻类等类群。

（1）土壤动物。土壤中含有大量的动物，且其种类繁多，不仅能敏感地反映土壤污染程度、时间变化和生物学效应，在土壤重金属污染的净化和修复方面具有重要的作用；而且可以显著地改变重金属离子在土壤中的存在形态，从而影响重金属的毒性。实际中常用土壤中蚯蚓的数量来表征土壤重金属的污染程度，同时蚯蚓在一定程度上可以净化土壤的重金属污染，降低重金属对植物的毒害作用。

蚯蚓能够对许多决定土壤肥力的过程产生重要影响，被称为“生态系统工程师”。它通过取食、消化、排泄和掘穴等活动在其体内外形成众多的反应圈，从而对生态系统的生物、化学和物理过程产生影响。蚯蚓生态系统中既是消费者、分解者，又是调节者，它在生态系统中的功能具体表现在：

1）对土壤中有机质分解和养分循环等关键过程的影响.

2）对土壤理化性质的影响。

3）与植物、微生物及其他动物的相互作用。

蚯蚓作用可以促进Cu、Zn、Cd、Ni等重金属向交换态和水溶态转化，但对Pb、Cr化学形态的影响较小，并且蚯蚓对重金属形态影响的综合效果达到显著水平（$p=0.0351$）。

（2）土壤微生物。土壤微生物是土壤中的活性胶体，具有较大的比表面积，通常带有电荷，代谢活动旺盛。土壤中往往存在有多种耐重金属的真菌和细菌，微生物对土壤重金属的毒性具有重要的调节作用，主要表现在以下四个方面。

1）生物对重金属的吸附和富集。微生物的细胞表面带有电荷，这些电荷对带电的重金属离子具有较强的吸附作用，或直接将重金属离子予以吸收，从而将重金属富集于细胞的表面或内部。重金属离子通常通过桥接两个阴离子固定在细胞壁或细胞多糖的交联网状结构上，结合紧密。另一方面，土壤微生物显著提高了土壤胶体和矿物对重金属的吸附亲和力，从而影响土壤重金属的形态，可能降低土壤重金属的活性和生物毒性。

2）溶解和沉淀作用。微生物可以吸收重金属，然后通过各种代谢活动增加重金的的溶解性。土壤微生物的代谢作用主要产生多种有机酸，如甲酸、乙酸、丙酸和丁酸等。真菌产生的有机酸多为不挥发性酸，如苹果酸、乳酸、柠檬酸、琥珀酸和延胡索酸等。因此，微生物代谢产生的有机物质能促进重金属的析出。有机酸络合物形式存在，有机配体包括琥珀酸、阿魏酸、羟基苯、异柠檬酸、乙二酸、柠檬酸等。因此，土壤微生物分泌的有机酸可以与重金属形成络合物而降低重金属的毒性。

此外，微生物菌体对重金属具有很强的吸附力，可以将重金属离子富集在细胞的不同部位或吸附到胞外基质上，或将重金属离子螯合在可溶性或不溶性生物多聚物上。一些微生物如硫酸还原菌、蓝细菌、动胶菌及某些藻类，能够产生胞外聚合物如多糖、糖蛋白等，这些聚合物具有大量的阴离子基团，与重金属离子形成络合物。某些微生物能代谢产生柠檬酸、草酸等物质，这些代谢物可以与重金属螯合或结合形成草酸盐沉淀，从而降低重金属的毒性。

3）生物转化作用。一些微生物可通过生物转化将重金属进行转化，主要是通过微生物对重金属的氧化、还原、甲基化和脱甲基化作用改变重金属的形态，包括亚砷酸盐氧化、铬酸盐还原、汞的脱甲基化和还原挥发和硒的甲基化挥发等，从而改变这些重金属的生物毒性。重金属在土壤常以多种价态存在，但高价态的离子化合物溶解度往往较小，其迁移能力较小，对生物的毒性较小；而低价态的离子化合物的溶解度较大，其迁移能力较强，对生物的毒性较大。

细菌对重金属Hg的生物转化有显著影响。细菌主要通过Hg还原酶和有机Hg裂解酶来实现对Hg的生物转化，机制是通过还原酶将化合物中的二价汞离子转化为低毒性挥发性的汞。有些微生物可以将有剧毒性的甲基汞降解为毒性较低的无机汞，进一步分解无机汞和有机汞而还原为零价汞。

（三）化学元素间的相互作用

由于许多重金属元素具有相同的核外电子构型，化学性质极为相似，且往往相伴生，在土壤中、植物吸收和运输过程中均存在着交互作用，主要存在拮抗、协同和相加的交互作用，进而影响重金属对植物的毒害作用。

1.化学元素的拮抗作用

氮（N）和磷（P）素是植物生长所需的重要营养元素，对植物的生长发育、生理代谢以及遗传特征等都具有重要的作用。以重金属与氮元素的拮抗作用为例，重金属的胁迫可以影响植物对氮元素的吸收、转运、代谢等过程。

（1）对植物氮素吸收的影响。重金属在土壤中的富集会影响土壤中氮的矿化、脲酶的活性，从而影响植物对氮的吸收。Cd对土壤氮的矿化有最大的抑制作用，Cd在土壤中的富集，还会降低土壤中的细菌数量，同时抑制硝化细菌的活性，从而减少土壤中的硝化过程。实验证明，合理地施加氮肥，可以缓解重金属对脲酶的毒害作用。

重金属会显著影响植物对NO^{3-}的吸收。其中，Cd对植物吸收NO^{3-}的抑制能力最强，即使Cd的浓度只有5μmol/L的情况下，也会明显抑制许多植物对NO^{3-}的吸收。并且Cd元素可以与植物细胞紧密地结合在一起，即使将Cd从溶液中去除，也不能立刻改变植物对NO^{3-}的吸收能力，这种抑制效果甚至可持续4天。而Pb对植物吸收NO^{3-}的能力的抑制效应是可逆的，Pb与植物的结合并不紧密，去除溶液中的Pb，可以立刻恢复植物对NO^{3-}的吸收能力。其原因可能在于细胞壁上含有羧基的部分形成了一个特殊的屏障，充当阳离子交换体的作用。

类似的，重金属胁迫可以导致NH^{4+}吸收的降低。如用Cu、Cd、Pb处理黄瓜时，NH^{4+}吸收受到抑制。重金属进入植物体内后，首先会导致植物原生质膜的损坏，从而影响植物对氮的吸收能力，这种影响植物对NO^{3-}和NH^{4+}的吸收能力的机制主要是重金属对原生质膜的渗透性的改变。重金属的污染会严重抑制植物对NO^{3-}离子的吸收。如采用浓度为25μmol/L、50μmol/L、100μmol/L的铅溶液对黄瓜进行处理时，发现黄瓜对NO^{3-}离子的吸收量明显减少。质膜中H^+-ATPase活性及功能的改变是重金属影响植物吸收无机态氮能力的根本原因，H^+-ATPase产生的跨膜电化学梯度是NO^{3-}和NH^{4+}穿过原生质膜运输的动力，降低H^+-ATPase的活性或破坏其结构，自然就导致NO^{3-}和NH^{4+}穿透能力的下降。此外，除了重金属对离子吸收的直接影响以外，Cu、Cd、Pb、Hg、Ni和Zn还可能通过与膜上的物质产生交互作用从而间接影响植物对离子的吸收能力。重金属的富集可以导致膜上脂质的变化，导致其总量、质量分数和饱和度的降低，这个过程通常由过氧化导致。而脂质的改变会破坏膜的功能和渗透性，重金属Cu、Cd、Hg、Zn等可以导致土壤中钾的流失。

（2）对植物N素转运的影响。重金属离子与植物体内细胞膜等部位的物质结合，影响植物对N素的转运。如Cd和Pb长时间地与磷酸盐结合，在植物原生质膜上形成非溶性的络合物，从而明显阻碍质外体和共质体两种方式的NO^{3-}的运输，从而有效抑制NO^{3-}从地下部分向地上部分的运输。植物主要通过蒸腾作用来长距离输运。Cd或Pb在植物体内的富集会影响植物的蒸腾效率，从而阻碍NO^{3-}的长距离运输。而Cu对NO^{3-}的运输基本没有影响，即使用高浓度的Cu溶液进行胁迫时，NO^{3-}离子仍然可以顺畅地传输。

重金属对NO^{3-}和HATS-NH^{4+}运输体损坏的原因，除了重金属与-SH的交互作用以外，还在于改变了NRT和AMT1基因编码的表达。烟草和拟南芥属植物的分子研究表明，降低植物组织中NRT基因表达的原因有两种：一是降低细胞间NO^{3-}的含量，二是增加NH^{4+}或氨基酸的含量。在Cd处理植物的实验研究中发现，重金属胁迫会降低植物组织中NO^{3-}、NH^{4+}和氨基酸的含量。

重金属对植物N素转运的影响，影响N素在植物不同部位的分配，并与重金属污染程度、植物种类有关。如Cd胁迫条件下，三种豆科植物叶片与茎部N含量的变化趋势相反，显著地降低了三者叶片的N含量，而提高了茎部的N含量。土壤Cu添加量小于1200mg/kg，促进紫花苜蓿对N的吸收：Cu添加量小于800mg/kg，对红三叶N含量没有明显影响；Cu添加量小于400mg/kg，提高沙打旺的N含量，但当Cu添加量大于800mg/kg时则显著降低。土壤Cd添加量小于20mg/kg，对紫花苜蓿和红三叶茎叶及沙打旺茎部的N含量有促进作用，但对沙打旺叶片的N含量起抑制作用。

（3）对植物N素代谢的影响。重金属对植物氮吸收的影响与其影响植物氮代谢相关酶的活性及基因表达有关。由硝酸还原酶（NR）催化硝酸盐还原成亚硝酸盐是氮同化途径的限速步骤，Cd可以通过抑制叶片NR的活性，减少氮的吸收及转运。如用浓度为10mg/L的Cd溶液胁迫小白菜植株，会严重影响植株对N和水分的吸收，从而抑制小白菜的生长，降低小白菜硝酸还原酶（NR）、谷氨酸合成酶（GOGAT）活性、谷胺酰胺合成酶（GS），NR编码基因表达量减少。Cd的累积不仅影响硝酸盐的转运，而且影响其在NR催化下还原成亚硝酸盐，NR活性的降低导致植物中硝酸盐减少。水稻植株N含量、积累量及N代谢有关酶，如硝酸还原酶、谷草转氨酶和谷丙转氨酶等活性随着Cd处理水平的提高而下降。在玉米、豌豆、黄瓜等植物中发现Cd显著抑制GS和GOGAT活性，这可能反映Cd主要对N同化甚至对整个细胞代谢活性的抑制，因为GS和GOGAT也参与光呼吸产生的铵循环。

也有重金属污染促进氮代谢的研究报道，如As毒害改变了烤烟的氮代谢，造成生育前期氮同化能力的降低，表现出硝酸还原酶（NR）活性下降、总N和蛋白质含量降低；但在生育后期，As毒害烤烟的氮转化表现活跃，提高了其中的游离氨基酸含量和谷氨酸-丙酮酸转氨酶（GPT）活性，最终导致烤烟生育中后期总N和蛋白质的积累。龙葵植株叶片和根系NO_3^--N含量，NR、GS活性均随Cd浓度提高而先增后降，且随处理时间的延长而逐渐下降。然而，龙葵叶片中NO_4^+-N含量随镉浓度升高和时间延长逐渐升高，表现出Cd胁迫下龙葵叶片铵态氮富集效应，龙葵叶片和根系中谷氨酸脱氢酶（GDH）活性随Cd处理浓度提高和处理时间延长而逐渐升高。

2.协同作用

协同作用（synergistic effect）指两种或两种以上化学物质同时在数分钟内先后与机体接触，其对机体产生生物学作用的强度远远超过它们分别单独与机体接触时所产生的生物学作用的总和，也称为增强作用。

特定条件下，重金属元素之间存在协同作用，如施Zn可促进植物对Cd的吸收积累。在Cd污染的土壤上施Zn肥，增加土壤中有效态Cd含量，从而提高小麦籽粒中的Cd含量。在Cd（Zn）污染土壤中施Zn（Cd）均能增加春小麦和玉米中的Cd（Zn）含量。田间实验发现，施Zn并没有使莴笋等蔬菜中的Cd含量减少，这也被认为是一种协同作用的表现。在缺Zn的土壤中，加入Cd使小麦的缺Zn症状加剧，小麦叶片上坏死的斑点增多，当每毛土壤加入10mg Zn时，小麦植株中Cd的含量增加，表现为明显的协同作用。这可能是因为Cd与Zn有相同的价态和近似相同的离子半径，在植物细胞表面发生Zn竞争Cd位的协同作用，导致Cd的溶解性增强，促使Cd从根部向项部转移，增加植物地上部和籽粒中的Cd含量。

重金属单一与复合污染的生态效应不同（表3.5），在单一污染产生抑制效应（以IC10%计算）的浓度范围内，Cu、Zn、Pb和Cd复合污染产生明显的协同效应。复合污染后的生态毒性由单一污染时的8.4%~16.8%增加至48.5%。降低各重金属浓度进行复合毒性效应检验的结果表明，单一污染产生刺激作用浓度下，复合污染产生明显的协同效应，其结果使重金属复合污染的生态毒性阈值浓度大大降低，毒性明显增强。以Cu为例，单一污染时Cu对白菜根伸长抑制12.7%的浓度为250mg/kg，而复合污染时，根伸长抑制率11.6%时，Cu浓度仅为30mg/kg。此外，其他的Zn、Pb和Cd重金属情况与此一致。

表3.5 草甸棕壤中Cu、Zn、Pb、Cd(mg/kg)单一/复合污染条件下对白菜根伸长的抑制率

Cu	A%	Zn	B%	Pb	C%	Cd	D%	Cu+Zn+Pb+Cd	A+B+C+D	效应
30	-17	50	-15	50	8	5	5	30+50+50+5	11.6%	协同
60	-15	100	-15	100	8	10	3	60+100+100+10	21.3%	协同
125	-10	200	-12	200	5	25	0	125+200+200+5	42.5%	协同
250	12.7	400	8.4	400	17	50	14.6	250+400+400+50	48.5%	协同

3.相加作用

相加作用（additive effect）即多种重金属混合所产生的生物学作用强度，是各种重金属分别产生作用强度的总和。以单细胞藻类生长及细胞内还原型谷胱甘肽-S-转移酶（GST）、谷胱甘肽（GSH）含量和谷胱甘肽过氧化物酶（GPx）活性为指标，对Pb和Hg单一及联合胁迫对四尾栅藻的毒性作用进行了研究。$Pb(NO_3)_2$和$HgCl_2$单独对四尾栅藻胁迫造成的生长抑制的96hEC_{50}分别为0.6789mg/L和0.1401mg/L，二者的联合作用相加指数Al为0.009，为典型的相加作用。在染毒12h后，栅藻体内GSH含量下降了30%左右，并在一定浓度范围内的毒害作用大体一致；GST活性随胁迫浓度的增加而先升后降，联合染毒高浓度组中显现出了显著的活性抑制，抑制率为13.04%；GPx的活性会随着胁迫浓度的增加而持续地显著下降，最严重的下降了61.23%。铅、汞联合胁迫对四尾栅藻体内GSH含量、GST及GPx活性的影响也直接表明了相加作用。

二、植物受重金属毒害的机理

重金属对植物的毒害作用是由一系列因素决定的，包括重金属离子对植物活性位点的竞争、损伤植物细胞结构、重要生物大分子及遗传物质等，涉及细胞、生理生化及分子等不同水平上的机理。

重金属对植物体产生毒害的生物学途径主要有：①重金属胁迫能抑制植物体内保护酶的活性，类似与其他形式的氧化胁迫，造成了活性氧自由基的大量产生，自由基会造成生物大分子的膜脂过氧化损伤；②重金属离子进入植物内，与核酸、酶等大分子结合，置换出酶和蛋白质功能发挥所必需的元素，直接破坏该蛋白质的结构；③重金属离子在植物细胞内的大量富集，会造成离子间平衡系统的紊乱，造成植物对营养元素的吸收、运输、渗透和调节功能的失衡，造成植物生物代谢过程的紊乱；④重金属离子诱导植物体内信号和信号分子发生变化，进而影响植物体内信使系统介导的生物和代谢过程（图3.7）。

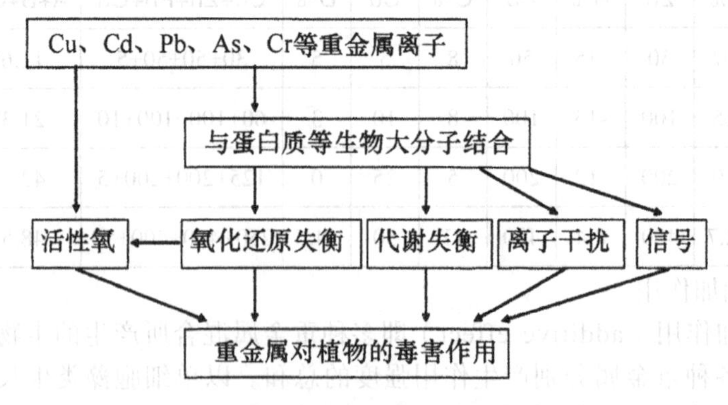

图3.7 重金属毒害植物的基本原理

（一）重金属毒害植物的细胞机理

1.重金属对植物根尖细胞的伤害

根尖是植物根系最活跃的部位，根尖的分生区细胞有很强的分裂能力，是根生长的关键部位，也是重金属毒害植物根系的主要部位之一。重金属污染对植物根尖细胞产生毒害作用，根尖细胞分裂过程中会产生微核。微核（micro nucleus），也称卫星核，是真核类生物细胞中的一种异常结构，是染色体畸变在间期细胞中的一种表现形式。在细胞间期，微核呈圆形或椭圆形，游离于主核之外，大小应在主核1/3以下。微核率的大小是和重金属的剂量或毒害效应呈正相关，能很好地反映染色体畸变的情况。研究发现，Pb、Cd和Hg显著地缩短蚕豆根尖细胞分裂的持续时间，延长细胞间期的时间间隔，在总体上延长了细胞分裂周期；除Hg随浓度升高一直表现为对有丝分裂抑制外，在Pb、Cd和Zn的浓度分别小于1.0mg/kg、0.01mg/kg、10.0mg/kg时，细胞有丝分裂指数随处理浓度升高而上升。微核率在Pb、Cd、Hg和Zn的浓度分别小于1.0mg/kg、5.0mg/kg、0.50mg/kg、100.0mg/kg时，染色体畸变率在Pb、Cd、Hg和Zn的浓度分别小于1.0mg/kg、5.0mg/kg、0.50mg/kg、100.0mg/kg时，这两个参数随处理浓度升高而增大。可见，重金属对根尖细胞表现出很强的遗传毒害效应。

2.重金属对植物细胞膜的损伤

细胞膜对于细胞的作用，不仅在于可以为细胞代谢提供稳定的胞内环境，同时又能对进入细胞的物质进行选择与调节。重金属离子的富集会严重损坏植物细胞膜的透性。随着重金属浓度的增大，胁迫时间的延长，细胞膜的组成及选择透性会受到严重伤害，使得细胞内容物大量外渗。同时外界有毒物质涌入细胞，结果导致植物体内一系列生理生化反应发生紊乱，正常的新陈代谢活动被破坏，生长、生殖活动受到抑制，甚至死亡。如Pb胁迫处理使烟叶细胞膜透性增大，这是由于铅与细胞上的磷脂结合形成正磷酸盐和焦磷酸盐，导致膜结构的改变，从而导致细胞内的离子和有机物大量外渗，而外界的有毒物质也会大量渗入细胞内部，最终造成植物生理生化过程的失调。

3.重金属对植物细胞器的损伤

细胞器是细胞质中具有一定结构和功能的微结构，主要有线粒体、内质网、中心体、叶绿体、高尔基体、核糖体等。它们组成了植物细胞的基本结构，使细胞能正常地工作与运转。植物细胞器成为重金属离子毒害的重要部位，其中，线粒体是受镉毒害时较敏感的细胞器，其次为叶绿体、核仁等细胞器。

Cd毒害时，植物叶片叶肉细胞的线粒体先发生解体，核仁分裂成许多个碎块，Cd离子可以增加线粒体氢离子的被动通透性，阻止线粒体的氧化磷酸化作用，使植物呼吸作用受阻。研究Cd胁迫下烟草叶绿体结构的变化发现，加Cd处理后，叶绿体中组成基粒的类囊体形态发生变化，类囊体层数减少，垛叠混乱，分布不均，或粘连成索状，叶绿体膜系统崩溃，内外膜均解体。电镜观察Cd对黑藻叶细胞超微结构的影响发现，叶肉细胞遭受Cd毒害初期，高尔基体消失，内质网膨胀后解体，叶绿体的类囊体膨胀成囊泡状，细胞核中染色体凝集。随着叶肉细胞遭受毒害程度的加重，核糖体消失，染色体成凝胶状态，核仁消失，核膜破裂，叶绿体和线粒体解体，质壁分离使胞间连丝拉断。不同浓度Cd处理水稻，发现随着Cd浓度的提高，叶肉细胞中细胞核、叶绿体、线粒体受毒害逐渐加重，表现为叶绿体被膜受损，类囊体遭到破坏，细胞核核膜破裂，核仁消失，线粒体被膜结构受损，内嵴逐渐解体。类似的，外加Cd对水稻茎叶细胞超微结构造成的伤害主要表现在使叶绿体上淀粉粒消失，叶绿体空泡化，部分线粒体出现肿胀或解体现象。

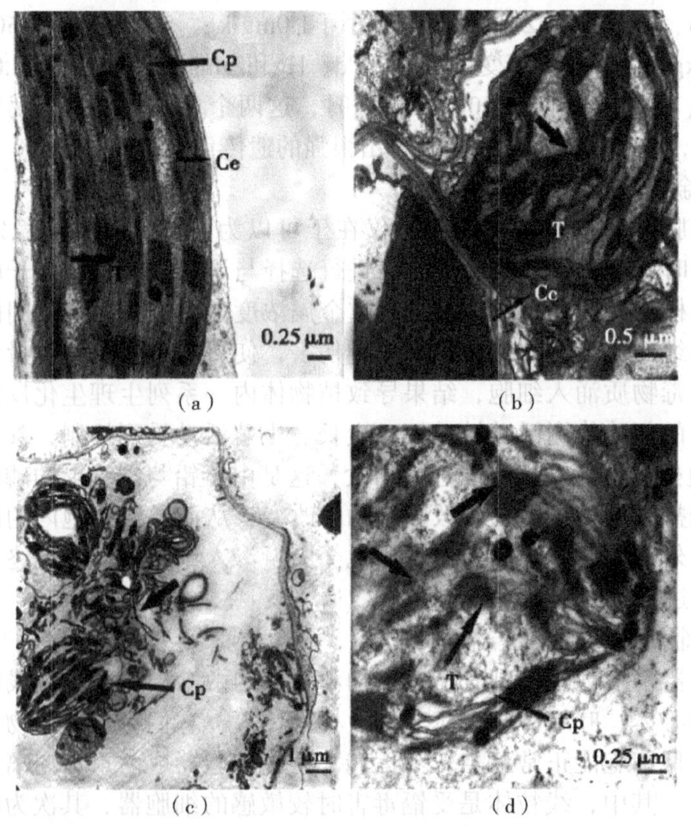

图3.8 Cd对玉米叶片叶绿体超微结构的影响

正常叶片中的叶绿体数量较多，叶绿体呈长椭圆形，基质浓密，内含少量高电子密度的小球形脂质球。如图3.8（a）所示的电镜成像图，正常叶片中的叶绿体膜结构清晰，基粒类囊体排列整齐紧密，与基质类囊体一起组成细胞膜系统。通过浓度为10^{-5}mol/L的Cd试剂处理5d后，如图3.8（b）所示，部分叶肉细胞中类囊体片层出现膨胀、扩张等现象；处理10d后，叶片中的叶绿体数量显著减少，而且部分叶绿体已呈球形，外膜的内外层之间发生膨胀，类囊体肿胀，基粒类囊体排列紊乱；处理15d后，叶绿体进一步膨胀，类囊体数量已非常稀疏，囊内出现明显的空泡化，类囊体片层溶解现象清晰可见。采用浓度为10^{-4}mol/L的Cd试剂处理5d后，叶绿体膜已出现模糊、膨胀等现象，类囊体片层扩张明显；在处理10d后，叶绿体进一步膨胀，膜结构已经模糊不清，甚至消失，肿胀的类囊体杂乱地散布于细胞质中，部分类囊体片层已出现溶解，如图3.8（c）和（d）所示。可见，植物叶肉细胞器中的叶绿体和线粒体是对重金属胁迫较为敏感的细胞器。

细胞壁和细胞质膜：浓度为10^{-6}mol/L的Cd溶液处理15d后，玉米幼苗的根系部位细胞质膜出现内陷，出现了不少囊泡，而内陷的质膜中存在大量的高电子密度颗粒，如图3.9（b）所示。随着试剂浓度和处理时间的增加，质壁进一步分离，如图3.9（c）和（d）所示，造成质膜断裂或双层膜结构模糊的现象出现。采用10^{-4}mol/L浓度的Cd试剂处理15d后，如图3.9（d）所示，细胞壁上可见高电子密度颗粒的数量逐渐增加，并逐渐附着在细胞膜上甚至渗透进入细胞内。

经过Cd溶液处理的植物，其细胞器的内质网和高尔基体最先受到影响。采用低浓度的Cd试剂处理15d后，细胞内出现了大量的内质网和高尔基体，同时分泌出大量的囊泡，这些囊泡多富集于细胞膜附近，如图3.9（b）所示。随着处理浓度和处理时间的进一步增加，内质网和高尔基体数量开始减少，囊泡数量也相应地出现减少，同时内质网和高尔基体膜结构逐渐模糊化直至完全消失，如图3.9（e）所示。

囊泡和液泡：采用低浓度的Cd处理10d后，细胞内出现了不少囊泡，这些囊泡来自于高尔基体、细胞质膜内陷及内质网的分泌。有些囊泡会发生融合从而形成更大的液泡，部分液泡中可见高电子密度颗粒，如图3.9（f）所示。随着Cd处理浓度的提高，会破坏液泡膜的结构，这时细胞质中出现大量高电子密度的颗粒，细胞解体。

线粒体和细胞核：线粒体相对于内质网和高尔基体来说，有更强的Cd耐受性，当Cd处理浓度较低时，线粒体受到的影响不大，当Cd处理浓度增加到10^{-5}mol/L以上时，线粒体结构开始出现模糊、嵴断裂等现象，如图3.9（e）所示，随着Cd处理浓度和处理时间的进一步增加，线粒体结构出现损坏，最终解体。

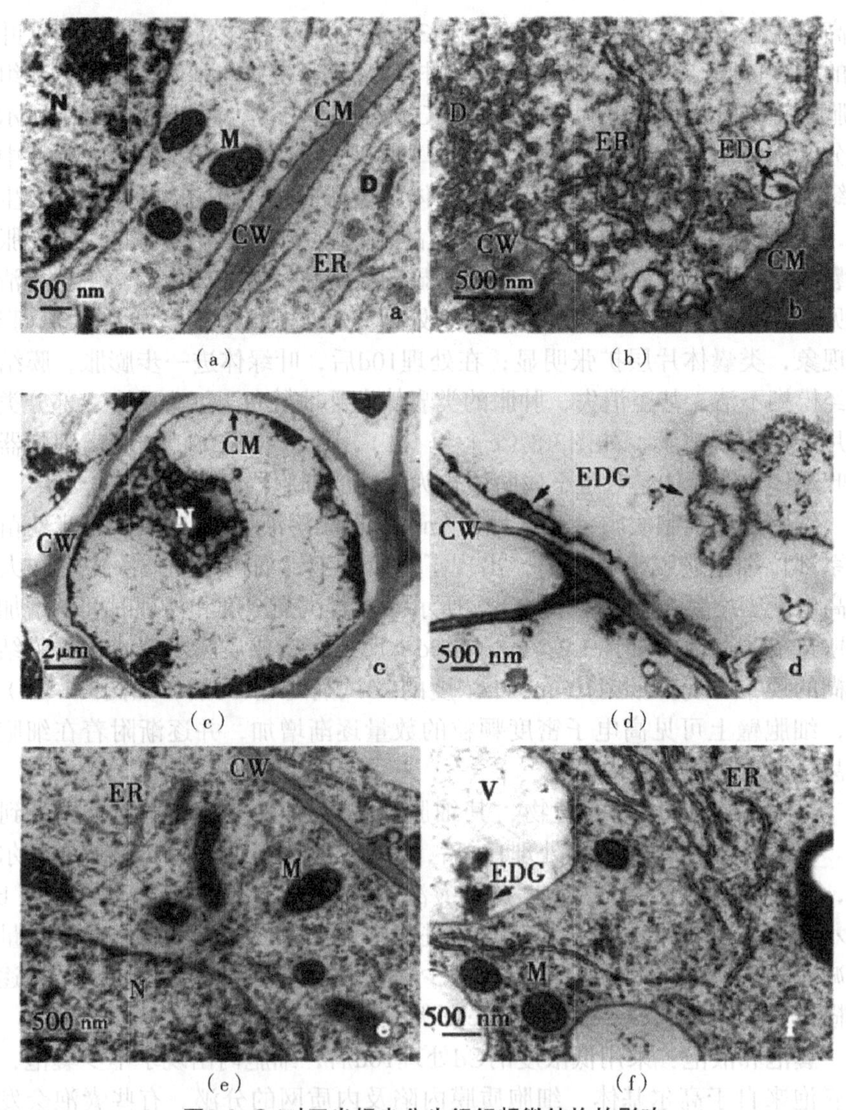

图3.9 Cd对玉米根尖分生组织超微结构的影响

（二）重金属毒害植物的生理生化机理

重金属胁迫导致植物体内活性氧平衡紊乱也是重金属致毒的重要机制。分子氧的氧化性较弱，它的两个未成对电子呈平行旋转性，并不能与一对反向旋转的电子相结合，这就导致了其活性较低。但是O_2在参与新陈代谢的过程中会被活化成活性氧（ROS）。活性氧是性质极为活泼、氧化能力极强的含氧物的总称，如超氧阴离子自由基（O_2^-）、羟基自由基（·OH）、过氧化氢（H_2O_2）、脂质过氧化物（ROO^-）等。

重金属胁迫会导致活性氧（ROS）的产生，这与重金属的化学性质有密切关系。大部分重金属都是过渡金属，由于δ道的不完全饱和，通常在生理条件下呈现阳离子状态。需氧细胞的生理氧化还原电位通常是-420～800mV。因此，就生物学意义来说，重金属就被分为有氧化还原活性的和没有氧化还原活性的。金属的氧化还原电势低于生物分子的氧化还原电势时，重金属就会发生生理氧化还原反应而沉积下来。Fe^{2+}和Cu^{+}等氧化还原活性高的重金属会发生自氧化，产生O_2^-群，进一步通过芬顿反应生成H_2O_2和·OH。能以金属白氧化方式对细胞造成伤害的重金属有Fe、Cu等。

一旦植物遭受到逆境胁迫，植物体内的氧代谢就会失调，活性氧的产生加快，而清除系统的功能降低，致使活性氧在体内积累植物的结构和功能受到损伤，甚至导致个体死亡，即植物受到了氧化伤害，主要表现在以下几方面。

1.损害细胞结构和功能

活性氧的增加使植物叶绿体发生明显的膨胀，类囊体垛叠而成的基粒出现松散和崩裂，线粒体出现肿胀，嵴残缺不全，基质收缩或解体，内膜上的细胞色素氧化酶活性下降。

2.诱发膜脂过氧化作用

膜脂过氧化（membrane lipid peroxidation）是指生物膜中不饱和脂肪酸在自由基诱发下发生的过氧化反应。在活性氧作用下，膜脂分子被降解成丙二醛（*malondialdehyde*，MDA）及其类似物，如随着镉处理质量分数的增加，续断菊叶片中的MDA含量显著增加（图3.10），同一镉质量分数处理下，90d时MDA含量均大于30d MDA含量。90d镉处理质量分数为400mg/kg时，叶片中MDA含量达到最大值，比对照显著增加了4.9倍。膜脂过氧化作用不仅可使膜相分离，破坏膜的正常功能，而且过氧化产物MDA及其类似物也能直接对植物细胞起毒害作用，过氧化形成的醛可与蛋白质结合并使其失活。

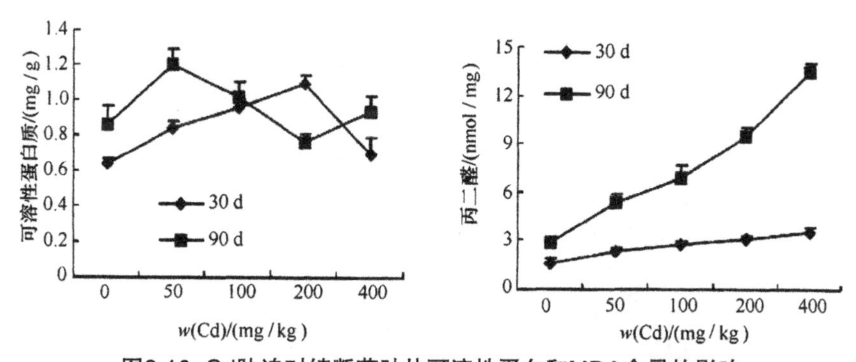

图3.10　Cd胁迫对续断菊叶片可溶性蛋白和MDA含量的影响

3.损伤大分子

活性氧的氧化能力很强，能破坏植物体内蛋白质（酶）、核酸等生物大分子。羟自由基可使蛋白质变性，也能与DNA碱基反应引发突变。

第四章 植物对重金属的解毒机理

植物再重金属毒害下会产生一定的抗药性，可以通过一定的解毒作用减少重金属的伤害，维持正常的代谢和生长。植物对重金属的解毒作用及其机理的研究为重金属污染环境的生态恢复和通过基因工程促进植物对重金属的解毒提供重要的理论基础。

第一节　植物细胞对重金属的解毒机理

植物对重金属的解毒作用主要体现在其细胞壁和细胞膜对重金属的结合钝化作用，以及细胞液对重金属的隔离作用。

一、植物细胞对重金属的结合钝化作用

（一）细胞壁的结合钝化

细胞壁可以结合一定量的重金属而发生钝化现象，从而一定程度上阻止重金属进入细胞体内而影响植物正常的代谢活动。细胞壁是细胞的第一屏障，是保护细胞不受重金属毒害的重要组织。细胞壁属于细胞内的非原生质部分，其组成部分包括果胶、半纤维素和纤维素三种成分，其中纤维素可以认为是细胞壁的骨架成分，占初生壁干重的15%～30%。果胶是组成细胞胞间层的重要成分，果胶的成分包括聚鼠李糖、聚半乳糖醛酸、半乳糖醛酸等。细胞壁的大分子物质中含有很多负电基团，如羧基、氨基、醛基、羟基和磷酸基等，可以吸附金属阳离子而将重金属固定在细胞壁上，从而阻碍金属离子通过跨膜渗入原生质体，降低重金属对植物正常生理活动的影响。

1.重金属离子与果胶结合

果胶是胞间层及初生细胞壁的主要组分之一，果胶约占双子叶植物初生壁的30%，能结合多种金属离子。果胶是细胞壁中一类重要的基质多糖，多聚糖能够通过过氧原子结合金属阳离子。根细胞壁内带负电的果胶可以吸附固定大量的重金属。唐剑峰等（2005）研究结果表明，小麦根尖是铝毒的主要位点，细胞壁果胶含量和果胶甲基酯化程度对小麦不同根段细胞壁对铝的吸附、积累具有重要作用，铝与细胞壁的结合是根系对铝毒胁迫反应的重要原因，细胞壁中的果胶是细胞壁阳离子结合的主要位点之一。铅离子与果胶羧基的络合是植物对铅耐性的最重要原因。例如龙井茶树细胞壁吸附的Pb中有41.3%来自于果胶的吸附，果胶结合铅离子的能力游离羧基的数量和果胶甲基化程度密切相关，甲基化程度较低的果中含有的游离羧基数量更多，因而具有更强的铅吸附能力。在铅胁迫苔藓原丝体的研究中发现，苔藓原丝体细胞在铅的胁迫下，其顶端形成一层较厚的、致密的胼胝质，从而阻碍了铅向原生质体的迁移。根据2011年Krzeslowska的

研究发现，在Pb、Cd、Cu和Zn等重金属胁迫下，植物细胞壁果胶甲酯酶活性增强，产生大量的低甲酯化果胶，并促使果胶在空间上的重新排布，从而提高细胞壁对重金属的吸收和累积容量。

2.重金属离子与纤维素、半纤维素、木质素结合

Cu、Zn、Cd等重金属在进入植物体内后，约70%～90%会富集于植物的根系部位，主要是通过植物细胞壁的吸附来固定重金属离子，而倍细胞壁固定的重金属离子中，大部分是通过与细胞壁结构物质中的纤维素及木质素进行结合被固定的。

纤维素和木质素是细胞壁的重要组成成分，纤维素平行链中的葡萄糖单体形成了对称的双螺旋结构，高对称结构有很好的弹性，能够通过其中的氧原子形成共用电子对体系，纤维素对重金属离子的吸附作用较强。2011年，徐劼等采用亚细胞组分分离方法，发现茶树根细胞壁累积的铅含量占到细胞中总铅量的51.2%，茶树根尖细胞壁上羧基酰胺基、羟基、羰基等官能团都对植物吸附铅的过程起到了作用。

植物对重金属的结合可能通过细胞壁局部增厚和组分“动态变化”提高对重金属累积和解毒的能力，大量的细胞壁聚合体能够对重金属结合蛋白做出响应，重金属能诱导金属结合氨基酸的产生。

3.重金属离子与细胞壁磷酸根和蛋白质的结合

重金属离子能够与细胞壁中的磷酸根和细胞壁蛋白质结合，产生重金属离子的钝化。湿地蕨类植物（*Azollafiliculoides*）以磷酸盐团聚体形式将Cu和Cd累积于细胞壁中。对于耐Cu的白玉草和海石竹植物来说，进入其体内的Cu离子会与细胞壁中的蛋白质紧密结合。

在虎杖（*Polygonum cuspidatum*）和禾秆蹄盖蕨（*Athyrium yokoscense*）根细胞中，约70%～90%的Cu、Zn和Cd存在于根细胞壁。纤细剪股颖和菜豆根系细胞壁吸附铅离子后会形成铅—磷酸盐、铅—碳酸盐的结合态，是铅离子在细胞壁上的主要存在形式。杨居荣等（1995）用Cd和Pb处理黄瓜与菠菜，发现Pb大量沉积在细胞壁上。铅还会在细胞间隙生成难溶性的磷氯酸盐、磷酸盐、草酸盐等沉淀。科皮特克（Kopittke）等于2007对铅处理臂形草的研究重发现，铅在进入臂形草体内后，首先富集于其表皮和皮层细胞的胞质内，随后向细胞壁迁移并以$Pb_5(PO_4)_3Cl$形态沉淀下来。刘军等（2002）研究药用植物中铅的分布，发现植物根部和叶部富集的的铅分别有90%和80%位于细胞壁上。吸附于玉米和小麦根部细胞壁中的铅含量占到了细胞总含量的70%～92%，细胞壁对铅的吸附作用是玉米耐Pb的主要机制。

在镉浓度为5mg/L时，镉在续断菊叶片中的分布主要几种在细胞壁中，占到总镉含量超过了30%，然后所占比例由大到小分别为叶绿体、细胞核、线粒体和核糖体；而镉在根系细胞中的分布为：细胞壁＞细胞核＞叶绿体＞线粒体＞核糖体，细胞壁中吸附的镉占总吸附量的38.1%，如图4.1所示。采用浓度为20mg/L的镉试剂处理后，镉主要出现在叶片的细胞壁及细胞核中，两者占到总含量的79.5%；根部细胞中主要分布于细胞壁中，占总量的46.7%，其次含量由高到低分布为：细胞壁＞细胞核＞线粒体＞叶绿体＞核糖体，而且核糖体中含量较少。用不同浓度的镉处理后，镉在续断菊叶片中的分布部位不同，低浓度时以细胞壁、细胞核和叶绿体中的含量最多，高浓度时主要分布于细胞壁和细胞核中。

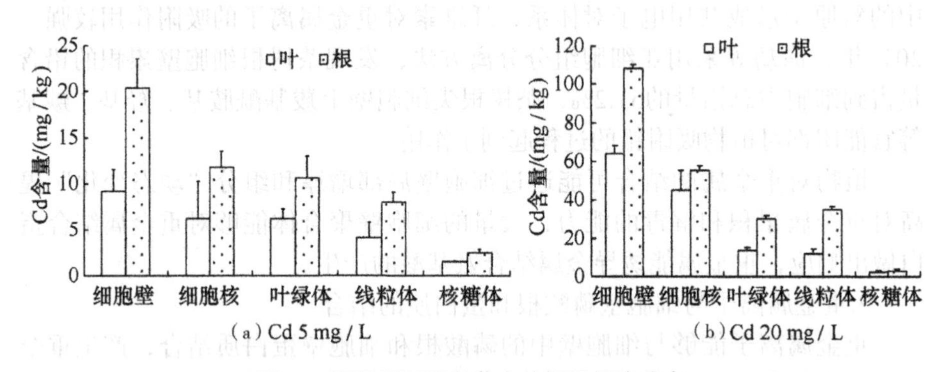

图4.1 镉处理下续断菊中的镉亚细胞分布

在不同浓度的铅处理下，圆叶无心菜的亚细胞分布及各组分所占比例不同，在铅处理浓度为50～200mg/L时，铅在圆叶无心菜地上部分的贮藏顺序为：可溶组分（FIV）＞细胞壁组分（FI）＞细胞核和叶绿体组分（FII）＞线粒体组分（FIII）。铅在圆叶无心菜地上部的累积主要集中在可溶组分和细胞壁组分中，其中铅在可溶组分中的比例为47.4%～50.3%，细胞壁所占比例为39.7%～43.8%；铅在圆叶无心菜地下部分的分布顺序为：细胞壁组分（FI）＞可溶组分（FIV）＞细胞核和叶绿体组分（FII）＞线粒体组分（FIII）。铅在圆叶无心菜中地下部的累积主要集中在细胞壁中，其中铅在细胞壁中所占比例为55.6%～61.2%。提高Pb的处理水平，铅在地上部分的可溶组分的分配比例减少，向细胞壁组分的分配比例明显增加（图4.2）。

通过透射电镜对圆叶无心菜对照叶片和根细胞与Pb处理（200mg/L）下叶片和根细胞超微结构进行对比观察，对照圆叶无心菜叶细胞较大，且细胞壁结构清晰，质膜紧贴细胞壁，细胞核结构完整且清晰。圆叶无心菜叶片在Pb处理下叶片的细胞有变小的趋势，细胞壁颜色明显加深，细胞壁有

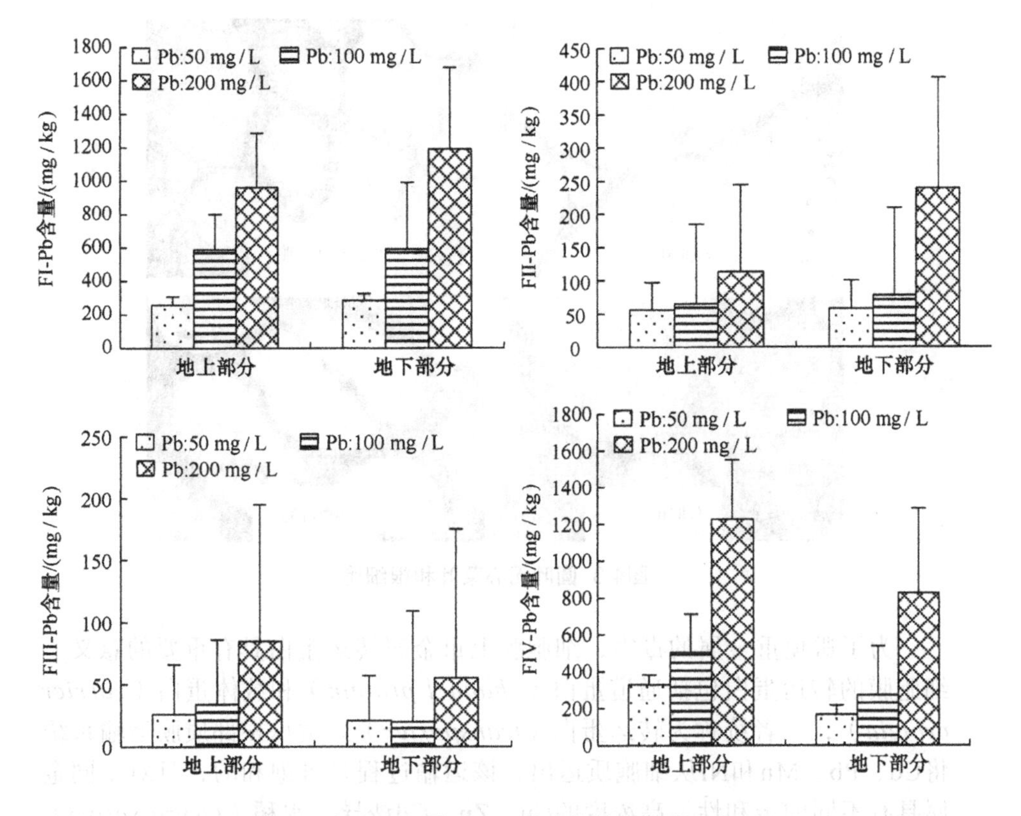

图4.2　铅处理下圆叶无心菜中铅的亚细胞分布

加厚的趋势，有质壁分离的现象，细胞变小，且边上还堆积有大量的Pb，胞质中存在黑色絮状物质Pb的堆积，Pb主要沉淀在细胞壁和可溶组分。随着Pb处理浓度的增加，圆叶无心菜根的细胞壁有加厚的趋势，细胞变小，且细胞壁周围堆积大量的Pb离子，与细胞壁相贴的膜结构受到严重的伤害，Pb主要集中在根系细胞壁上（图4.3）。

（二）细胞膜的结合钝化

细胞膜控制离子的选择，植物能通过细胞膜的结合钝化作用减少重金属进入细胞，或者通过质膜上重金属转运蛋白将重金属离子流出，减少重金属对植物代谢等的影响。

细胞膜的结合钝化作用基于细胞膜上具有许多能够与重金属结合的“结合座”，当部分重金属突破细胞壁后，能够与细胞膜上的蛋白质、氨基酸、糖类和脂质中的羧基、氨基、巯基、酚基等官能团结合，形成稳定的螯合物，获得结合钝化作用。研究表明，当环境中的铅浓度相当大时，部分铅透过细胞壁，在细胞膜上沉积下来。

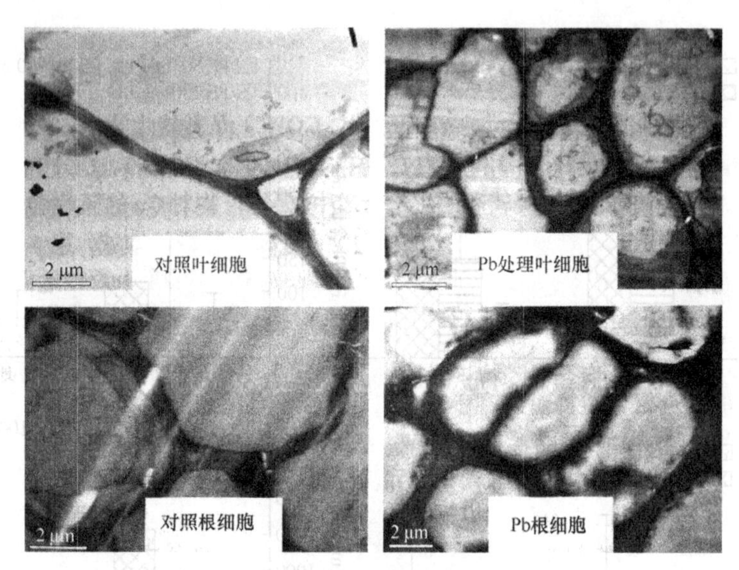

图4.3 圆叶无心菜叶和根细胞

为了避免重金属的毒害，细胞膜上重金属转运蛋白具有重要的意义。细胞膜的转运蛋白包括通道蛋白（*channel protein*）和载体蛋白（*carrier protein*），二者统称为转运蛋白（*transporter*）。黄瓜根部质膜运输系统将Cd、Pb、Mn和Ni从细胞质运出，该运输过程是可饱和的，且对不同金属具有不同的亲和性。高浓度的Cu、Zn、Cd诱导下水稻（*Oryza sativa*）OsHMA9基因在维管束和花粉囊中的质膜表达，产生OsHMA9蛋白，位于质膜上。重金属转运蛋白根据对重金属的吸收和排出作用可以分为两类：吸收蛋白和排出蛋白。吸收蛋白主要有高亲和Cu转运蛋白家族（*copper transporter*，COPT）、天然抗性巨噬细胞蛋白家族（NRAMP）、锌铁蛋白家族（ZIP）等，主要位于细胞质膜上，其功能是将重金属转运至细胞质。排出蛋白包括P型ATP酶、阳离子转运促进蛋白家族（CDF）、三磷酸结合盒转运蛋白（ATP.ABC）等，其功能是将重金属排出细胞质，或区室化到液泡中，在植物耐受重金属胁迫中起到积极的防御作用，排出蛋白是一类解毒蛋白（表4.1）。

细胞膜上的重金属转运蛋白主要包括以下9种。

1.铜转运蛋白家族

高亲和铜转运蛋白家族（*copper transporter*，COPT）是真核生物中Cu运转家族，拟南芥中5个蛋白COPT1、COPT2、COPT3、COPT4和COPT5，具有运转Cu的能力。在Cu浓度较高的生长介质中，促进植物对Cu的吸收和积累。COPT1是由169个氨基酸残基组成的高度疏水的蛋白质，有三个跨膜结构域，第44个残基与甲硫氨酸和组氨酸相关。COPT1在胚胎、腺毛、气孔、根尖、花粉中均表达，在叶片中表达最强。

2.天然抗性巨噬细胞蛋白家族

天然抗性巨噬细胞蛋白家族（Nramp），是高度保守的膜组成蛋白家族，参与多数金属运输过程，高效运输Cd、Fe、Mn和Zn。在动植物、细菌、真菌中普遍存在。不同的Nramps家族起的作用不同。植物Nramps可明显分成两个亚组：一个亚族包括AtNramps1和6AtNramps1；另一个亚族包括AtNramps2～5。植物Nramp在进化上高度保守，含有12个跨膜结构域（TM），在TM28和TM29之间存在一个特有的“共有转运基序”。在水稻（Oryza sativa）中首先发现三个蛋白质（OsNramps1～3），水稻的OsNramps1和OsNramps3属于第一亚组，OsNramps2属于第二亚组。拟南芥中鉴定出6种Nramp。AtNramp3在拟南芥根、茎、叶的维管束中表达，可能与长距离金属运输有关。大麦在氮供应充足且Cd存在时Nramp转录下调，但当缺少氮时强烈上调。

表4.1　重金属转运蛋白的细胞定位及作用方式

重金属转运蛋白	重金属元素	细胞定位	功能
植物络合素（PC）	Cd、Pb、Cu、Zn	细胞质	络合物储存在液泡
金属硫蛋白（MT）	Cu、Zn、Cd	细胞质	无毒或低毒络合物
高亲和Cu转运蛋白家族（COPT）	Cu	液泡	具有转运Cu能力
天然抗性巨噬细胞蛋白家族（NRAMP）	Fe、Cd、Mn	液泡	参与Fe和Cd的吸收
锌铁蛋白家族（ZIP）	Fe、Zn、Mn、Cd	质膜	转运阳离子到根部
核苷循环通道（CNGG channel）	Ni、Pb	质膜	细胞膜透过二价或一价阳离子
三磷酸结合盒转运蛋白	GS、Cd、PC、Cd、Fe	液泡膜	以重金属螯合物的形式吸收无机阳离子
阳离子/H^+反向运输器	Mn、Cd	液泡膜	参与细胞中Ca^{2+}和Na^+浓度调节
重金属ATP酶	Cu	叶绿体、高尔基体	将无机阳离子排出细胞
阳离子转运促进家族（CDF）	Zn、Cd、Co、Ni	细胞质膜、液泡膜、高尔基体膜	与金属的排出体外或胞内区隔有关

续表

重金属转运蛋白	重金属元素	细胞定位	功能
Hg离子转运蛋白（merA，merB，merT）	Hg	细胞质膜	将有机汞转化为单质汞挥发到空气中

3.锌铁转运蛋白家族

锌铁转运蛋白（*ZRT/IRT-like protein*，ZIP）家族：Zn转运蛋白家族（ZRT）和Fe转运蛋白家族（IRT）合称为锌铁转运蛋白（ZIP）家族，有大约100种ZIP蛋白（*Guerinot*）。其作用是运送阳离子至细胞质中，Fe、Zn、Mn和Cd的运输均涉及ZIP家族蛋白。ZIP可分成两个亚家族：亚家族I包括15个植物基因、3个酵母基因和1个原生生物锥虫基因；亚家族II包括8个线虫基因、1个果蝇基因和2个人基因。高等植物ZIP的基因属于亚家族I。ZIP可能含有8个跨膜结构域，且氨基和羧基位于质膜外侧表面。ZIP蛋白比较长，包含309～476个氨基酸，TM-3、TM-4跨膜区间位于细胞质侧，是潜在的金属结合位点，且富含组氨酸残基，TM-4是一个含完全保守的组氨酸的螺旋，构成跨膜金属运输的结合位点。遏蓝菜中ZIP家族运输体参与Cd、Zn的富集。AtIRTl首先在拟南芥中作为铁转运蛋白被发现，在根中对Fe具有高的亲和力，转运Fe。当植物过量表达AtlRTl时，植物体内能够积累更多的Cd和Zn。在拟南芥中有8个ZIP家族成员，具有不同的底物特异性和组织表达的特异性。缺Zn时，拟南芥中ZIPl和ZIP3在根中表达，协助Zn从土壤转运到植物，ZIP4在嫩芽和根部表达，促进Zn在组织间和细胞内的转运。

4.核苷循环通道

核苷循环通道（CNGC）位于质膜上，可导致质膜对二价和单价的阳离子的选择性失效。在拟南芥中鉴定出20个基因组的CNGC序列，CNGC蛋白具有6个跨膜结构域及一个结合钙调蛋白的位点。转基因烟草过表达NtPBT4蛋白显示改变Ni的耐性及对Pb的超敏性，该蛋白质与减少Ni的积累及加强Pb的积累有关。

5.ABC转运家族

植物中ABC转运家族是具有强运输能力的超级蛋白家族，此家族的大多数蛋白质位于细胞膜上。ABC转运蛋白基本结构的共同特点是：具有4个或6个高度疏水的跨膜区域（*trans membrane domain*，TMD）及细胞质侧外围的ATP结合域或核苷结合区域（*nucleotide.binding domain*，NBD）。大多数ABC的运输由ATP水解驱动，植物冲具有20多个ABC蛋白序列，包括P.糖蛋白的同族体、多药耐性相关蛋白（*multidrug resistance associated protein*，MRP）、多向耐药型相关蛋白（*pleiotropic drugresistance*，PDR）

等运输体。在植物中ABC运输体包括两个亚级：MRP和多药耐性蛋白（*multidrug resistance protein*，MDR）。

ATM亚族是ABC转运蛋白最小的亚族之一，由一个跨膜区域和一个ATP结合区域构成。在拟南芥和水稻中有120多个ABC蛋白成员，且具有运输植物激素、生物碱及调节气孔运动的功能。在拟南芥中有3种ATM家族成员，即AtATMl、AtATM2和AtATM3。AtATM3介导谷胱甘肽结合的Cd（II）透过线粒体膜。Cd^{2+}或Pb^{2+}处理时，拟南芥植株AtATM3表达上调，提高植株对镉的抗性。细胞质膜上ABC载体AtPDR8是位于拟南芥细胞膜的镉或镉结合物的流出泵，Cd或Pb胁迫条件下，拟南芥AtPDR8基因表达上调，导致Cd流出细胞质。AtPDR12是拟南芥ABC转运蛋白家族成员中的一员，它参与铅的解毒作用，AtPDR12位于质膜上，根部4种MRP在转录水平增加，排出细胞质中Pb及Pb化合物。MRP对镉的隔离起作用，拟南芥MRP7位于液泡膜和细胞膜上，AtMRP7在烟草中的过量表达，能够增强烟草对镉的耐性，提高叶片液泡中的镉含量，通过液泡储存降低镉毒性。百脉根（*Lotus japonicus*）基因组分析鉴定91个ABC蛋白。ABC载体与Cd形成重金属螯合物，促进Cd在液泡中的累积，MRP可能参与跨液泡膜转运Cd螯合物或Gs-Cd复合体。

6.阳离子/H^+反向运输器

阳离子/H^+反向运输器家族位于液泡膜上，参与二价阳离子从细胞质中转移到液泡积累的过程和细胞质中Ca^{2+}、Na^+的浓度调节。Ca^{2+}/H^+的钙交换器CAX蛋白有11个横跨膜区域，在TM26和TM27之间存在一个富含氨基的亲水基团。在转基因烟草中CAX2域Ca^{2+}、Cd^{2+}和Mn^{2+}在植物体内的积累和Mn^{2+}的耐性有关。CAX家族包括三种：①存在于植物、细菌、真菌及低等脊椎动物中；②存在于真菌及低等脊椎动物中，其N端有一个长的亲水区；③存在于细菌中。在拟南芥基因组中存在大量CAX运输体的相似物，CAXl在Ca^{2+}动态平衡中起重要作用。CAX1调整Ca^{2+}/H^+反向运输体的活性。转基因表达CAXl的植物显示出可以增加Ca^{2+}的积累量及加强液泡Ca^{2+}/H^+反向运输的能力。当过量的Cd存在，CAX1可能促进Cd运输而抑制Ca^{2+}的运输。

7.重金属ATP酶（heavy metal ATPase，HMA）

P型ATP酶主要位于叶绿体膜、高尔基体膜、质膜及内质网上，具有一个磷酸化反应中心，称为P型。P型ATP酶促进阳离子穿过细胞膜，改变不同离子包括H^+、Na^+/K^+、H^+/K^+、Ca^{2+}和脂质的位置，主要运输Cu、Ag、Zn、Cd、Pb和Co。P型ATP酶分为5类，根据运输底物的不同，每类再根据它们的传输功能划分为两个或更多个亚类。典型的P型ATP酶有8～12个跨膜域，且在4、5跨膜之间含有一个高度保守的磷酸化位点。

CPx型ATP酶（PIB亚类）是P型ATP酶的一个亚类，具有一个保守的膜内半胱氨酸—脯氨酸—半胱氨酸—组氨酸—丝氨酸主链（CPx序列），在第六跨膜区有一个结合阳离子的CPx序列及细胞质侧N端金属结构域，功能主要是重金属的跨膜运输，保持细胞内必需和非必需金属的动态平衡，是Cu、Cd、Zn、Co和Ni的泵出系统。PIB亚类可以分为两组：转运一价阳离子Cu^{+}/Ag^{+}组和转运二价阳离子$Zn^{2+}/CO^{2+}/Cd^{2+}/Pb^{2+}$组。P型ATP酶抑制剂$Na_3VO_4$可以导致海州香薷和鸭跖草对Cu的吸收受到抑制。拟南芥的AtHMA3蛋白可以将重金属控制在液泡内，提高植株的抗重金属耐性。AtHMA3可以在排水孔、保卫细胞、根尖和维管组织中高效表达。AtHMA3的过量表达，使转基因拟南芥对Cd、Zn、Co和Pb的耐性提高，AtHMA3过量表达的植株中镉富集量比正常植株的镉富集量高2～3倍。拟南芥和遏蓝菜HMA4作为流出泵，对高浓度重金属具有解毒作用。

2,4-二硝基酚是氧化磷酸化解偶联剂，由于它破坏了跨线粒体内膜的质子梯度，从而抑制ATP生成，并且它会引起线粒体中ATP大量水解，DNP能有效地降低植物的能量供应水平。DNP处理没有抑制小花南芥地下部对Pb的吸收，但降低了地下部的Zn含量，抑制Pb和Zn从地下部向地上部转运（图4.4、图4.5）。ATP酶抑制剂Na_3VO_4处理对小花南芥（Arabis alpinal）地下部对Pb和Zn的吸收影响显著，也抑制了小花南芥地下部Pb和Zn向地上部转运（图4.6、图4.7）。

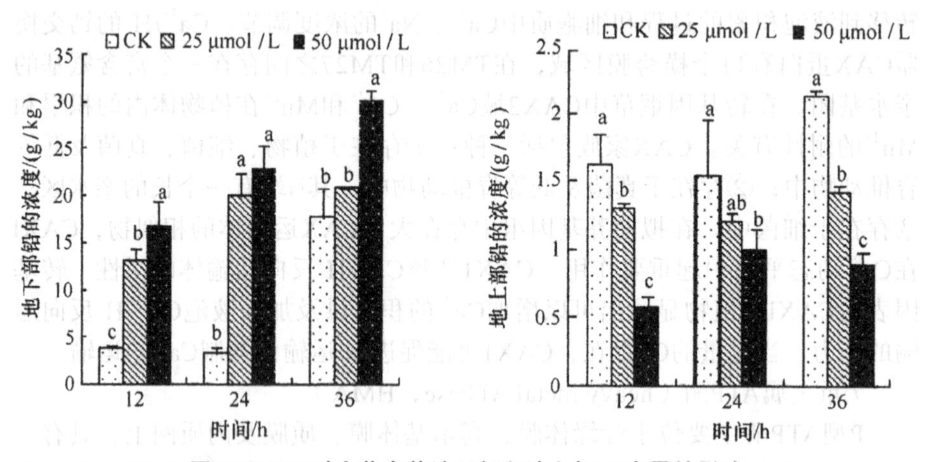

图4.4 DNP对小花南芥地下部和地上部Pb含量的影响

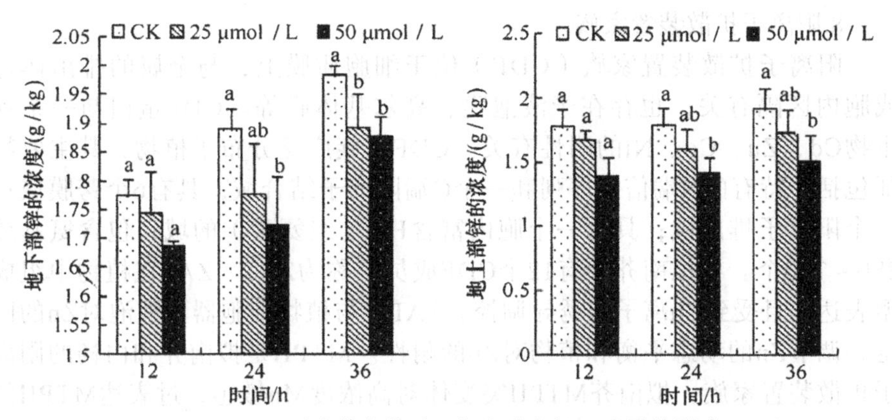

图4.5 DNP对小花南芥地下部和地上部Zn含量的影响

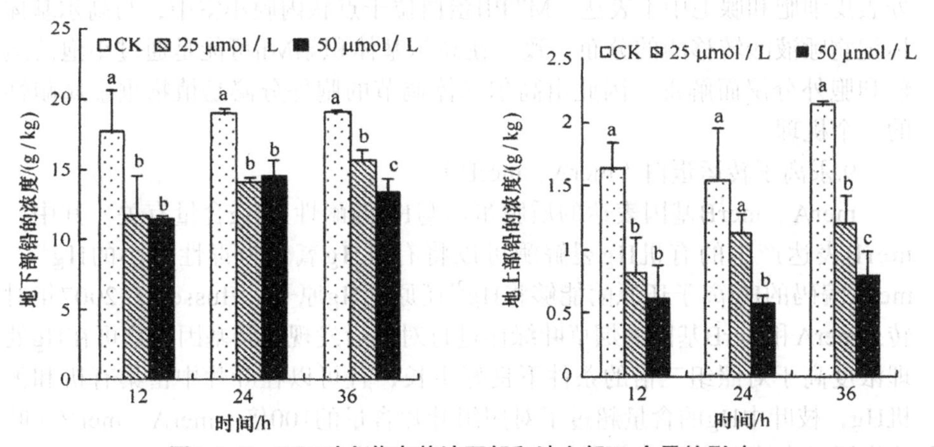

图4.6 Na_3VO_4对小花南芥地下部和地上部Pb含量的影响

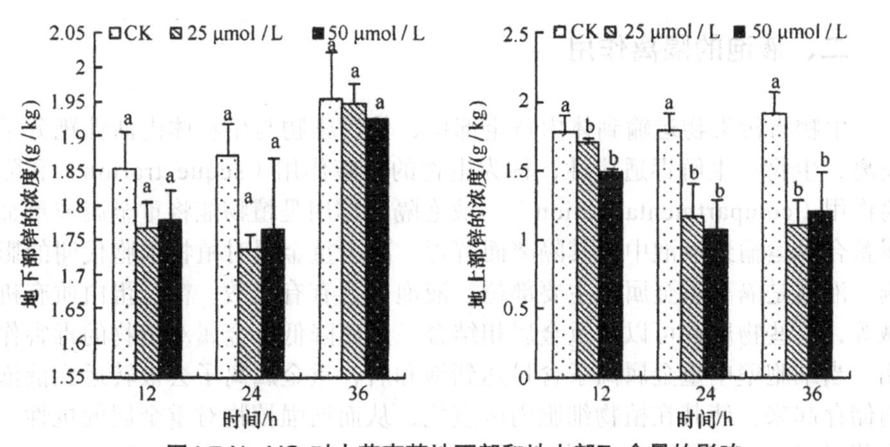

图4.7 Na_3VO_4对小花南芥地下部和地上部Zn含量的影响

8.阳离子扩散装置家族

阳离子扩散装置家族（CDF）位于细胞质膜上，与金属的排出体外或胞内区隔有关，也存在于液泡膜、高尔基体膜等。CDF蛋白与一系列生物Cd、Zn、Co、Ni的耐性有关。CDF家族广泛分布于植物，其主要特征包括：特有的N端信号序列和一个C端阳离子结合域；具有6个跨膜域；一个阳离子排出域；具有一个胞内富含His（组氨酸）的域；包含氨基酸280～740个。在拟南芥中有12个CDF成员，称为ZAT。ZAT在植物中组成型表达，且受到Zn离子的诱导调控。ZAT参与植物细胞器、液泡对Zn的固定，调节Zn的动态平衡和植物对Zn的耐性。MTPII是拟南芥和白杨的阳离子扩散装置家族，拟南芥MTPII突变体对高浓度Mn敏感，过表达MTPII的植物具有高Mn耐性。AtMTPII在板尖、叶缘、排水器表达最高，在Mn积累处表皮细胞和腺毛中不表达。MTPII蛋白位于点状内膜小室中，与高尔基体标记物唾液酸转移酶的分布一致。在高尔基体积累Mn可能是通过小泡的运输和胞外分泌而解毒。因此由高尔基体调节的胞外分泌是植物重金属耐性的一个机理。

9.汞离子转运蛋白（merA、merB）

merA、merB基因表达的质膜蛋白与Hg的耐性及Hg含量有关。其中，merB表达产生的有机Hg裂解酶可以将有机Hg氧化为毒性较小的Hg^{2+}，merA编码的Hg离子还原酶能够将Hg^{2+}还原为Hg原子。Hussein在2007年对转入merA和merB基因的烟草叶绿体进行对比后发现，转基因植物可在Hg处理浓度高于对照组三倍的条件下良好生长，且可以在叶片中富集有机和无机Hg，枝叶中Hg的含量超过了对照组叶片含量的100倍。merA、merB在叶片中同时表达，促进Hg^{2+}转变成Hg^0，提高植物的耐性。

二、液泡的隔离作用

生物将污染物运输到体内特定部位，使污染物与生物体内活性靶分子隔离，生物产生解毒适应性，称为生物的屏蔽作用（sequestration）和隔离作用（compartmentalization）。液泡隔离作用是植物能将重金属或重金属螯合物运输到液泡中将其隔离而解毒，减少重金属对植物细胞代谢的影响。液泡是隔离重金属的主要部位，液泡里含有有机酸、糖、蛋白质有机碱等，这些物质都可以与重金属相结合，从而降低重金属对植物的毒害作用。当细胞壁中重金属离子含量达到饱和后，重金属离子会被转运到液泡内储存起来，使其在植物细胞内区室化，从而增强植物对重金属的抗性。庭荠属*Alyssum bertolonii*和蝇子草属的*Silene vulganris*和*S.cucubalus*通过将细胞质中Ni、Cu和Cd运输到液泡而解毒。

液泡内贮存的重金属与细胞内某些物质结合，钝化重金属的毒性。植物细胞内物质，如谷胱甘肽（GSH）、疆物络合素（Pc）、草酸、组氨酸、柠檬酸盐和磷酸等可与重金属螯合。在重金属诱导下，某些植物还能产生蛋白质或多肽类物质与重金属结合，限制镉与植物体内酶等物质结合。小麦和烟草将进入细胞内的Cd运输到液泡内，液泡中的Cd与无机磷酸根形成磷酸盐沉淀。燕麦根部细胞液泡膜上的Cd^{2+}/H^{+}-反向运输及依赖ATP的ABC运输体将Cd-PC到运输液泡。烟草在铅胁迫下，叶肉原生质中铅离子与植物络合素（PC）、有机酸等物质络合后储存在液泡内。陈同斌等（2006）报道蜈蚣草富集的砷主要是贮存在胞液中，羽叶中积累的砷有78%是分布在羽叶胞液中，整株植物累积的砷有61%是富集在胞液中，胞液对砷具有非常明显的区隔化作用，是蜈蚣草对砷的重要解毒机制。天蓝遏蓝菜能使Zn有效地分布在液泡中，使液泡成为向地上部分运输的贮存库。狗筋麦瓶草、紫羊茅（*Festuca rubra*）根分生组织细胞和大麦叶能将Zn隔离进入液泡中。Mn的解毒过程是首先由质膜吸收Mn，在细胞质中与运输载体苹果酸结合，Mn与苹果酸盐复合体通过液泡膜运输到液泡中，在液泡中Mn与苹果酸盐分离，然后与末端受体草酸盐结合。

进入续断菊体内的镉元素，大部分被吸附于细胞壁上或贮存于液泡中，阻止了其进一步向细胞器及细胞膜渗透，从而减少了对植物细胞代谢活动的影响，这是续断菊抗镉毒害的机制。从经过镉处理的续断菊根、茎叶组织提取出氯化钠和乙酸，发现其中含有大量的镉元素，这个事实可以说明进入续断菊体内的镉，其存在形态主要是果胶酸盐和磷酸盐。金属镉还会与植物体中有机配体结合形成有机镉形态，从而减少叶片中游离镉的含量，降低镉对植物的毒害。对于经过低浓度的镉溶液处理后的续断菊，其叶片中提取物NaCl的含镉量最高；随着镉处理浓度的进一步提高，其NaCl提取物中镉的含量和比例进一步升高，表明与蛋白质结合的镉含量提高，可能导致镉—蛋白质结合态形成，从而促进镉向液泡的转移和累积。

第二节　植物的代谢对重金属的解毒机理

在重金属污染胁迫下，植物通过代谢过程启动多种防御机制来降低重金属离子对细胞的毒害。当部分重金属穿过细胞壁和细胞膜进入细胞后，能和细胞质中的柠檬酸、谷胱甘肽、苹果酸、蛋白质、草酸等形成复杂的螯合物，其稳定性一般较高，从而降低了重金属的毒性，或者在细胞内络合重金属并以复合物的形式进行区域化隔离，是植物主要的重金属解毒机制。植物体内的代谢解毒物质包括金属硫蛋白、植物络合素、热激蛋白、多胺、谷胱甘肽、有机酸、氨基酸和抗氧化系统等。

一、金属硫蛋白

1957年首次从马肾提取出金属硫蛋白（*metallothioneins*，MT），首先鉴定的植物金属硫蛋白是由小麦成熟胚芽中分离得到的Ec蛋白，在植物中大约存在50种金属硫蛋白。金属硫蛋白为金属硫组氨酸三甲基内盐，是一类低分子质量富含半胱氨酸残基（Cys）的金属结合蛋白，由于半胱氨酸残基上巯基含量高，易与重金属（Cu、Zn、Pb、Ag、Hg、Cd等）结合形成无毒或低毒络合物，使重金属解毒。根据半胱氨酸残基的排列方式，MT分为I型、II型、III型和IV型，大多数金属硫蛋白属于I型和II型。MT由基因直接编码。I型中的半胱氨酸残基排列方式为Cys-Xaa-Cys（Cys为半胱氨酸，Xaa为任意氨基酸），编码I型MT的cDNA在根系的表达水平较高；II型中的半胱氨酸残基有两种排列方式，分别为Cys-Cys和Cys-Xaa-Xaa-Cys。编码II型MT的cDNA主要在叶片表达。金属硫蛋白能够通过巯基与金属离子结合，对Zn^{2+}和Cu^{2+}的解毒效果明显。结合不同金属离子的MT具有特征吸收峰，特征吸收峰分别为Zn-MT 220nm、Cd-MT 250nm、Cu-MT 270nm、Hg-MT 300nm、脱金属离子的MT 190nm。金属硫蛋白脱去50%金属离子后的pH值分别为Cd-MT 2.5～3.5、Zn-MT 3.5～4.5和Cu-MT<1。

MT既存在于细胞内，又存在于细胞外。金属硫蛋白具有保护细胞免受离子辐射和抗氧化物损伤的作用，细胞内的MT是活性氧和活性氮清除剂，在重金属胁迫条件下，重金属诱导合成的MT可清除·OH、·O^{2-}等自由基。当来自于拟南芥中MT1和MT2的基因在缺乏MT酵母突变体中表达时，MT酵母突变体对Cu的解毒能力获得极大增强。阿斯切（Van.Assche）等（1990）研究显示MT的基因受到Cu诱导，在拟南芥的Cu敏感突变体中增加了MT2的RNA表达，拟南芥的Cu敏感突变体积累高浓度Cu；拟南芥幼苗Cu敏感型和MT2的RNA表达存在一个明显的相关关系。拟南芥MT的基因AtMT2和AtMT3与植物细胞对Cd的抗性相关，植物对Cd抗性的提高是由于AtMT2和AtMT3清除了细胞表面活性氧。

另外，从大豆根中分离出富含Cd的复合物，其性质与MT极为相似，称为类金属硫蛋白。在众多植物中均存在类MT蛋白及其基因，类MT基因的表达在植物不同的发育阶段和不同的激素分泌水平表现不同，重金属并不能胁迫其转录水平。怀特劳（Whitelaw）等于1997研究番茄类MT蛋白基因后发现，存在一个可以接受重金属调节的5'端元件，重金属可能会通过这个原件对该基因的转录产生影响，该MT蛋白具有一定的重金属解毒作用。

二、植物络合素

用重金属处理蛇根草悬浮细胞后，分离出一组重金属结合多肽—植物络合素。植物络合素是在重金属胁迫下，一类由PC合成酶以谷胱甘肽（GSH）为底物催化合成的，由长度不同的肽链构成，富含半胱氨酸（Gly）和谷氨酸（Glu）。其结构通式为(Glu-Cys)n-Gly，一般来讲，n为2~5，最高可达11。现已发现多种PC的同功异构体，主要是C端的甘氨酸（Gly）被丙氨酸（B-Ala）、丝氨酸（Ser）取代形成。PC能与多种金属元素Cd、Zn、Cu、Pb或As结合形成低分子质量复合物，由细胞质进入液泡后，再与一个分子的PC结合形成毒性较小的高分子质量复合物而缓解重金属对植物的毒害作用。

PC广泛存在于植物中，PC的类型与植物和重金属种类等有关。铅可以与GSH螯合，再与植物络合素PC2、PC3和PC4结合形成复合体，PC2和PC3中的缩氨酸分子会结合铅离子，铅离子会从较短的PC链迁移到较长的PC链。 PC链的越长，对重金属离子的结合能力越强。多种重金属可诱导植物形成植物螯合素，其中以Cd诱导形成螯合素的过程最为迅速，其诱导效率较Cu、Zn、Pb、Ni等高几倍到几十倍。植物络合素在Cd解毒过程中具有重要作用，许多植物中都分离出了Cd。PC复合物，一些植物细胞吸收的Cd中90%是以PC的形式存在，PC具有把细胞质中的Cd转运到液泡内的作用。植物螯合素与Cd结合形成低分子质量和高分子质量两类复合物。低分子质量复合物主要存在于细胞质中，高分子质量复合物主要存在于液泡中。植物螯合素的产生是高等植物对Cd的解毒机制。

正常情况下，PC在植物体内含量很低，在重金属诱导下，植物中PC合酶在金属离子存在时能被激活，以半胱氨酸为底物迅速合成PC，编码PC合成酶的基因已被克隆，谷氨半胱氨酸合成酶的专一抑制剂丁胱亚磺酰亚胺能抑制PC的合成。用PC合成抑制剂BS0处理经过As胁迫处理的萝芙木细胞，发现细胞内的PC含量下降了75%，萝芙木细胞的生长受到抑制。缺乏PC合成酶活性的拟南芥突变体较野生型对As更敏感。PC合成酶可以保护萝芙木细胞中的脲酶、硝酸还原酶、醇脱氢酶、RUBP羧化酶、3-磷酸甘油醛脱氢酶等的活性，从而间接地降低重金属的毒害。

三、热激蛋白

热激蛋白（*heat shock protein*，HSP），或称为热休克蛋白HSP，指生物有机体（或离体细胞）在受到应激原的刺激后，细胞新合成或合成数量增加的一类蛋白质。HSP可以诱导蛋白质分子内或分子间的相互作用，协助蛋白质的折叠、装配和转运的运行，维持蛋白质的构象并调控其降解（见表4.2），在重金属胁迫条件下起到保护和修复蛋白质的作用。热激蛋白可加强蛋白质稳定性，对重金属诱导导致变性的活性氧蛋白质进行重新折叠。生长于Cu污染的土壤中的海石竹根部HSP17表达上调。Cd胁迫野生秘鲁番茄的培养细胞HSP70表达增加。砷胁迫条件下，三七（*P notoginseng*）叶片的HSP17、HSP20和HSP70表达下调，导致三七生长的抑制。

HSP参与调控细胞的多种生理机能，如细胞增殖、免疫调控等。丝裂原活化蛋白激酶（MAPK）是一种重要的热激蛋白，经Cu^{2+}处理过的水稻根部，其OsMAPK2基因的转录会被激活，髓磷脂碱性蛋白的活性相应也会升高。锌激活水稻根一个40～42kDa的MAPK，MAPK信号转导有助于清除Cd或Cu胁迫拟南芥产生的ROS。

表4.2 主要热激蛋白家族结构和功能

热激蛋白	结构	主要功能
HSP100	寡聚合体，6个结构域组成玫瑰环结构；2个ATP酶激活部位在N端	水解酶活性，解聚变性的多肽聚合体
HSP90	寡聚合体，N端为左右对称结构，N端和C端之间有结合ATP和底物的位点	ATP和组氨酸酶活性维持和位点近成熟构象，信号转导
HSP70	环状，N端具有ATP酶活性	组合线形多肽并折叠成功能构象，转移和定位多亚基复合体蛋白质
HSP60	14个同型亚基构成环状多聚体，亚基具有ATP酶和底物结合特征	折叠“可溶性球型”蛋白质或亚基
Small HSP	双链构成的单体聚合成环状多聚体，每个单体具非折叠的N端和疏水的底物结合部位	抑制热激伤害造成的多肽聚合体形成

除热激蛋白外，重金属胁迫还能诱导核小体表面蛋白、几丁质酶、β-1,3葡聚糖酶、富含脯氨酸的细胞壁蛋白、富含甘氨酸的细胞壁蛋A、病原相关蛋白等的基因表达，这些蛋白质协同清除重金属变性蛋A，维持细胞的正常代谢，增强细胞质的重金属抗性。

四、多胺

多胺（*polyamines*，Pas）包括精胺、尸胺、亚精胺和腐胺等，具有促进植物生长和细胞分裂的功能，同时可以抑制乙烯释放和延缓细胞衰老等过程，多胺对植抵抗重金属的毒害具有重要作用。在重金属的胁迫下，植物通过分解多胺来获取能量，维持线粒体氧化磷酸化和$NADP^+$/NADPH稳定，缓解细胞质过酸、细胞膜和蛋白质损害。

多胺对重金属的解毒机理是由于游离态多胺是蛋白质稳定剂、膜质过氧化抑制剂、单线态氧去氧剂、金属螯合剂、羟基自由基的清除剂、渗透保护剂，能抑制NADPH氧化而消灭活性氧。重金属胁迫条件下，精氨酸脱羧酶（ADC）、鸟氨酸脱羧酶（ODC）活性提高，促进多胺的积累。在Cd胁迫下，小麦叶片ADC和ODC活性同时提高，小麦叶片中腐胺含量要比对照组高180%，在Cu胁迫下，小麦叶片中鸟氨酸脱羧酶活性增加，导致腐胺含量高于对照组89%。

五、非酶类抗氧化剂

在重金属胁迫下，植物体内会出现大量的活性氧自由基，该活性氧自由基会对蛋白质和DNA等生物大分子造成损伤或引起细胞膜脂的过氧化。正常情况下，植物体内存在多种抗氧化防卫系统，能够及时清除产生的氧自由基，避免细胞受到伤害。植物抗氧化系统包括抗氧化酶类和抗氧化剂类。

植物中非酶类抗氧化剂包括抗谷胱甘肽、抗坏血酸、生育酚等，在植物重金属解毒中具有重要的作用。

谷胱甘肽（GSH）普遍存在于植物体内，它是一种重要的含-SH的防卫与信号物质，可以通过与进入植物体内的重金属螯合而减小自由基和脂质过氧化物对膜脂的氧化损伤。其结构通式为γ-Glu-Cys-Gly，γ-EC合成酶和GSH合成酶是植物对重金属耐性的关键酶，依赖于ATP，其中γ-EC合成酶起到了限制GSH酶合成的作用。γ-EC合成酶由*gsh*1编码，GSH合成酶由*gsh*2编码，*gsh*1与*gsh*2在拟南芥基因组中以单拷贝的形式存在。镉可直接或间接如通过茉莉酸（JA）或氧化胁迫途径影响编码基因（*gsh*1和*gsh*2）的表达。

谷胱甘肽在植物体内起到的主要作用是清除氧化物质或通过GSH-二硫化物交换反应，从而避免-SH的氧化，或者作为硫贮藏和转运的重要物质。

GSH的巯基氧化后会形成GSSG，在GSH-S转移酶的作用下，GSH可与有毒物质结合而解毒。Zhu等（1999）将大肠杆菌的*gsh*1与*gsh*2分别转入印度芥菜，发现印度芥菜对Cd的耐性与富集能力得到了明显的提升，这与*gsh*2的表达存在明显的正相关性。谷胱甘肽与许多酶的活性相关，谷胱甘肽过氧化物酶（GPX）和谷胱甘肽转硫酶（GST）可以分别与清除活性氧和外源重金属螯合，对植物进行解毒。谷胱甘肽还原酶（GR）能够将谷胱甘肽还原酶（GR）能够将谷胱甘肽（GSSG）还原为GSH，大大降低其氧化性，从而维持植物体内的谷胱甘肽含量。双脱氢抗坏血酸还原酶（DHAR）以谷胱甘肽为底物，将具有氧化性的抗坏血酸（DAsA）还原为具有还原性的抗坏血酸（AsA），AsA在清除植物体内活性氧过程中扮演着重要的作用，AsA与GSH共同作用而解毒。

同时，GSH是植物中促使重金属离子被PC螯合的供体物质，重金属离子先与GSH螯合，然后再与PC螯合，最终完成植物的解毒。同时，谷胱甘肽作为PC生物合成的原料，会在重金属诱导PC合成的过程中大量消耗。

六、抗氧化酶系统

抗氧化酶系统包括过过氧化物酶（POD）、抗坏血酸过氧化物酶（APX）、氧化氢酶（CAT）、谷胱甘肽还原酶（GR）、超氧化物歧化酶（SOD）等酶类，在植物抵抗氧化胁迫的过程中扮演非常重要的角色。在重金属的胁迫下，植物体内的抗氧化酶活性会被激发，从而增强植物对重金属胁迫的耐性。

SOD的作用是将超氧阴离子自由基歧化成H_2O_2和O_2，CAT和POD进一步将H_2O_2转化成H_2O，减少活性氧的伤害。APX和GR在抗坏血酸—谷胱甘肽循环系统中具有关键作用，是清除H_2O_2的作用物质。通常，对于较低浓度重金属的胁迫，植物会通过SOD、CAT、POD等抗氧化酶来完成清除活性氧的作用；当重金属胁迫的浓度较高时，植物则会通过AsA-GSH循环来完成活性氧的清除。

当植物在重金属胁迫下产生大量的活性氧自由基时，植物体的抗氧化防御系统被激活，会通过调节植物体内的抗氧化剂种类和活性来保护植物免受氧化损伤。但是当植物体内的活性氧物质积累到一定程度后，抗氧化酶会被极强的氧化作用损伤，导致其活性下降。研究发现，铅的胁迫对紫背萍CAT活性的抑制作用非常明显，Fe、Ni、Hg和Cr均可以在一定程度上刺激CAT的活性。铅胁迫条件下，硬皮豆及鹰嘴豆的POD活性提高，增加铅的胁迫浓度，菜豆POD和脱氢抗坏血酸还原酶（DHAR）活性增加。刺苦草在较高浓度铅胁迫下或胁迫时间延长后，其SOD、CAT、POD的活性均明显下降。

谷胱甘肽还原酶（GR）是一种黄素蛋白氧化还原酶，在重金属胁迫下，谷胱甘肽还原酶在还原性辅酶Q的催化作用下能将氧化型谷胱甘肽转化为还原型谷胱甘肽，保护细胞内谷胱甘肽库处于还原状态（GSH），对活性氧的清除起关键作用。作为植物细胞中一种主要的可溶性抗氧化剂GSH，多种活性氧自由基和氧化剂会将GSH氧化为GSSG，GR利用还原性辅酶Q将GSSG还原为GSH。在铅胁迫下，水稻谷胱甘肽还原酶的活性明显增加，氧化型谷胱甘肽（GSSG）被还原为GSH，提高了GSH/GSSG的值和总谷胱甘肽的含量。

七、脱落酸

生物在受到不良环境刺激时可诱导响应反应，使一些在正常条件下不存在的蛋白质的基因得以表达，使生物获得对不良环境一定的抵抗能力。大多数已知的逆境响应基因均受脱落酸（*abscisic acid*，ABA）的诱导，在缺少ABA的情况下，许多逆境响应基因不能表达，而当施入外源ABA时这些逆境响应基因又重新表达。植物在部分逆境胁迫下ABA浓度迅速增加，植物在逆境胁迫的适应反应中多种基因调控机制同时并存，既有ABA依赖型，又有非ABA依赖型。ABA应答基因的调控是在转录水平上或转录后的调节。外施ABA可以明显减轻Cd对菹草（*Potamogen crispus*）和大麦的毒害作用，使Cd胁迫下菹草叶片中可溶性蛋白、叶绿素、脯氨酸含量增加，SOD、CAT、POD的活性增强，过氧化物酶（POD）活性和氧自由基的产生速率降低，大麦叶片SOD和POD活性提高，细胞膜透性和丙二醛含量极显著降低。

ABA受体可能定位于膜上，受体接收信号后可将信号传递到下游物质。休斯（Hughes）等（1989）在对拟南芥的研究中发现，一种蛋白质可能参与ABA的信号转导过程，此蛋白质C端与Ser/Thr蛋白激酶同源，N端有一个钙离子结合位点。钙离子可通过抑制或激活磷酸酶的活性而导致信号向更下游传递。安德伯格（Anderberg）等（1992）从小麦中分离到一个ABA应答基因Pkabal，其编码的蛋白质有12个结构域，与Ser/Thr蛋白激酶的活性位点相似，可能与磷酸化有关。植物对ABA的响应过程中，可能通过ABA与反式作用因子及顺式作用元件的作用对基因表达起调控作用。

八、其他重金属络合的配位体

植物体重金属络合的配位体主要有三类：含氧的配位体（羟酸盐、苹果酸、柠檬酸、丙二酸、琥珀酸、草酸等）、含氮的配位体（氨基酸等）和含硫的配位体（PC和MT等）。重金属与有机酸、氨基酸（脯氨酸、组氨酸）、可溶性糖和可溶性蛋白中的羧基、氨基、羟基等功能基团结合形成稳定化合物，达到钝化解毒。

作为重金属的配位体，有机酸与重金属配位结合，参与重金属元素的吸收、运输、积累等过程，促进植物对重金属的超积累，对植物体内重金属解毒。Cd胁迫条件下，转基因的绿藻莱茵衣藻中脯氨酸的积累提高了80%，结合的Cd比对照增加了4倍，提高了对Cd的耐性；在镍超富集植物*Algssum lesbians*中，Ni胁迫使游离组氨酸浓度大量增加，是解毒Ni^{2+}的螯合剂，提高镍从根部转移到木质部，木质部汁液中组氨酸的含量增加了36倍，并通过蒸腾流运输到地上部分。

可溶性糖和可溶性蛋白质作为渗透调节物质，可提高细胞渗透势，维持细胞膜及细胞超微结构的稳定，清除活性氧的毒害，以提高植物的抗性和对逆境的适应性。研究表明，随重金属胁迫浓度的增加，游离脯氨酸含量、可溶性糖、可溶性蛋白质等渗透物质含量、活性均呈上升趋势，可清除活性氧、保持原生质与环境的渗透平衡、保护生物大分子的结构与稳定性等。

第三节　植物的遗传对重金属的解毒机理

植物的遗传解毒作用是指生长在不同的重金属环境中的植物能产生一定的基因型和表现型差异，从遗传特征和基因表达差异等方面产生对重金属的解毒能力，通过基因工程增加植物对重金属的抗性和解毒的作用。

一、不同生态型植物对重金属的响应差异

生态型是生物种群适应于不同生态条件或地理区域的遗传类群，同一种生物对不同环境条件产生趋异适应。由于重金属胁迫的选择压力和植物耐金属胁迫的显性性状，种群之间耐金属胁迫的特征产生分化，生长在重

金属矿区或重金属污染土壤上的种群的耐重金属胁迫或积累金属的能力不同，分化出不同的生态型。

根据植物是否受污染胁迫将生态型分为污染生态型和非污染生态型。根据生态环境可分为矿山生态型和非矿山生态型等。或者根据植物对重金属的反应分为：富集生态型（*accumulating ecotype*）、耐性生态型（*tolerant ecotype*）和敏感生态型（*sensitive ecotype*）。如东南景天（*Sedum alfredii*）分为对Cd、Pb和Zn具有耐性及富集能力的富集生态型，对Cd、Pb、Zn不富集的耐受生态型，对Cd、Pb、Zn不富集不耐受的敏感生态型。耐性生态型分为多金属耐性生态型（*multiple-tolerant ecotype*，植物种群对两种或者两种以上的毒性金属同时都具有耐性）和共存耐性生态型。沙特（Schat）等（1996）比较了来自不同土壤的白玉草金属耐性的差异，显示其耐Pb、Zn、Cd生态型的同时对Co、Ni有共存耐性。污染地区和未污染地区的天蓝遏蓝菜对Zn显示了固有耐性。

不同生态型植物积累重金属和对重金属的耐性具有一定的差异。通常，耐性生态型植物的根系比非耐性生态型植物的根系对重金属的富集能力更强。耐性生态型通过金属排斥性或积累金属而获得耐性；或者通过植物的一系列吸附、结合、络合、螯合等作用来降低重金属的毒害，使重金的形态发生变化，降低重金属的毒性，如细胞壁对重金属的结合、植物将重金属控制在液泡中、有机酸或蛋白质的络合作用等。生态型的印度天蓝遏蓝菜在重金属胁迫溶液中水培时，植物地上部分Cd的富集浓度能达到10g/kg。从Zn污染的水体中分离的耐性生态型绿藻*S.ternue*（T）比未污染的水体中分离出敏感生态型的绿藻*S.ternue*（S）对锌和铅的富集能力更强。锌污染土壤中生长的宽叶香蒲比正常的宽叶香蒲的耐锌能力更强。

生长在矿区生态型的中华山蓼（*Oxyria sinensis Hemsl.*）比非矿区生态型积累更多的Cd、Pb和Zn。生长在矿区生态型的中华山蓼对重金属具有固有的遗传耐性。在相同的重金属胁迫条件下，矿区生态型中华山蓼比非矿区生态型中华山蓼具有更低的重金属含量、富集系数和转运系数（表4.3）。Cd 200mg/kg处理条件下，矿区生态型株高和冠幅分别比非矿区生态型中华山蓼高40.2%和24.8%，Pb 1000mg/kg处理条件下，矿区生态型株高、冠幅和生物量分别比非矿区生态型中华山蓼高23.7%、68.8%和8.0%，Zn 1500mg/kg处理条件下，矿区生态型株高、冠幅和生物量分别比非矿区生态型中华山蓼高124.7%、47.6%和20.9%。

表4.3 两种不同生态型中华山蓼对Cd、Pb和Zn的累积特征

	处理浓度/（mg/kg）	生态型	根中含量/（mg/kg）	地上部分含量/（mg/kg）	富集系数	转运系数
Cd	100	矿区生态型	14.67b	13.74b	0.14b	0.94a
		非矿区生态型	15.36a	15.21a	0.15a	0.99a
	200	矿区生态型	15.49b	14.81b	0.07b	0.96b
		非矿区生态型	16.30a	16.14a	0.08a	0.99a
Pb	500	矿区生态型	112.23b	71.13b	0.14b	0.63b
		非矿区生态型	150.27a	112.34a	0.22a	0.74a
	1000	矿区生态型	122.25b	78.22b	0.08b	0.64b
		非矿区生态型	180.19a	138.43a	0.14a	0.77a
Zn	1000	矿区生态型	131.28b	126.13b	0.13b	0.96a
		非矿区生态型	300.21a	255.28a	0.26a	0.85b
	1500	矿区生态型	148.34b	131.31b	0.09b	0.89a
		非矿区生态型	312.49a	267.23a	0.18a	0.86a

注：数字后不同的字母表示同列不同生态型之间的差异显著，$P < 0.05$。

导致不同生态型植物对重金属累积和耐性差异的原因除与重金属的形态、外源重金属浓度、重金犀之间的相互作用等有关外，主要原因在于植物体内的金属转运体和遗传机制的不同。天蓝遏蓝菜是Cd的高富集植物，当环境中缺乏Fe元素时，天蓝遏蓝菜的根系组织中TclRTl-GmRNA（一种转运体）的丰富度大大增加，Fe缺乏可刺激天蓝遏蓝菜对Cd的富集，可能与编码Fe^{2+}的TclRrl-G基因有关。天蓝遏蓝菜本身具有较高的积累Zn能力和将Zn区隔化的机制，由于遗传差异，非污染生态型天蓝遏蓝菜比污染生态型的Zn积累能力强。绒毛草的耐As生态型基因组中存在抑制砷酸盐/磷酸盐系统的基因，该基因的表达能有效地降低细胞对As和As^{3+}的积累速率，从而降低了植物受As胁迫的伤害。穆皮（Murphy）和泰兹（Taiz）（1995）报道拟南芥幼苗的不同生态型之间耐性的差异主要来自于金属硫蛋白的表达。范霍夫（Van-Hoof）等（2001）研究发现耐Cu生态型和Cu敏感生态型的植物体内均含有SvMT2b基因，耐性生态型SvMT2b基因在受到Cu胁迫的情况下可以

过表达，从而增强该生态性植物的耐性，但敏感生态型没有这种现象。

大多数耐性植物具有一或两个主要基因的耐性遗传型，固有耐性植物所有生态型都具有该耐性基因，生长在污染地区的生态型通过增加重金属耐性的其他基因或修饰基因，产生不同生态型耐重金属的差异。非功能性的耐性可通过三种途径获得：与临近的含不同重金属的地点进行基因交流，建立者效应，以及对某些金属的功能性耐性的附带耐性。*S. vulgaris*植物多种金属耐性是非多功能的不同的基因控制的，*S.vulgaris*控制耐Zn的基因中一个特殊的基因座上等位基因的基因多效性，可以同时呈现出对Ni和Co的耐性。

二、蛋白质组学水平上植物对重金属的解毒

植物细胞从迁移、转化、隔离和排出等方面获得对重金属的解毒，在蛋白质组学方面的大量研究从亚细胞水平上提供了植物对重金属解毒的重要依据，特别是膜转运蛋白及抗氧化酶的基因表达从遗传水平上解释了植物的解毒机制（表4.4）。

植物细胞膜有关的多种特异基因均对植物细胞解毒具有重要的作用。研究表明，Cd/Pb胁迫诱导拟南芥（*Arabidopsis thaliana*）细胞膜上AtATM3基因表达，超表达AtATM3基因的植物对铅、镉的耐性增加。铅胁迫下，拟南芥细胞膜上AtPDRl2基因的超表达促进了拟南芥的生长，敲除AtPDR12基因的植株地上部和根系的生长与野生型相比受到抑制。在高Cd胁迫时，拟南芥双过量表达FIT/AtbHLH38和FIT/AtbHLH39的转基因植株比野生型更耐受Cd的胁迫，主要是FIT与AtbHLH38或AtbHLH39的互作，启动了重金属区隔化的基因（如lIMA3、MTP3、1REG2和1RT2）的表达，将Cd区隔化在根部，降低了向地上部的转运。将NtCSP4蛋白转基因转入烟草中，导致核苷酸和钙调素在质膜中阳离子通道表达，地上部分积累1.5 ~ 2倍的铅，镍的耐性增加。

表4.4 植物蛋白质组对重金属胁迫的响应

重金属	植物	部位	蛋白质组对重金属的响应
Cd	水稻	根	新陈代谢酶、ATP活动相关调节蛋白受到Cd诱导
	水稻	种子	抗氧化及Cd胁迫相关调节蛋白显著上调
	欧洲山杨	叶	植物生长受到抑制，光合同化产物的需求降低，线粒体呼吸作用上调

续表

重金属	植物	部位	蛋白质组对重金属的响应
	秋茄	根	能量和物质代谢、蛋白质代谢、氨基酸转运和代谢、解毒及抗氧化作用和信号转导相关蛋白表达上调
	单胞藻	细胞	光合作用、卡尔文循环和叶绿素合成相关蛋白丰度降低，谷胱甘肽生物合成、ATP及氧胁迫响应相关蛋白的丰度升高
	天蓝遏蓝菜	根、枝条	不同品种之间存在表达差异
	垂序商陆	枝条	光合作用、硫及谷胱氨肽相关代谢蛋白质表达改变
	东南景天	叶、根	蛋白质合成、信号转导、光合作用及相关蛋白表达改变
As	玉米	叶	氧化胁迫在As对植物毒害过程中起主要作用
	水稻	根	SAMS、GST、CS、GST-tau及TSPP的表达显著上升
	细弱剪股颖	叶	光合作用相关的蛋白质含量上升
Pb	长春花	叶	三羧酸循环、糖酵解、莽草酸运输、植物络合素合成、氧化还原平衡及信号转导相关蛋白受Pb诱导
Hg	扁枝衣	细胞	叶绿体光系统I作用中心的II亚基、ATP合成酶13亚基及氧化作用相关蛋白受Hg诱导
Cr	玉米	根	金属硫蛋白增加、抗氧化系统被激活、与糖代谢相关ATP合成酶上调
	月牙藻	细胞	光合作用及代谢相关蛋白受到诱导
	芒	根	离子运输、能量及氮代谢相关蛋白和氧胁迫相关蛋白受到诱导
	猕猴桃	花粉	与线粒体氧化磷酸化相关蛋白显著降低，蛋白水解酶复合体通路受到影响
Cu	水稻	叶	光合作用蛋白受到诱导，造成光合途径受到影响
	拟南芥	幼苗	几种GST的基因表达上调
	海州香薷	根、叶	细胞代谢途径改变及氧化还原反应的内平衡是解毒的机制
Ni	庭芥	根、枝	硫代谢、活性氧防御及热激响应相关蛋白表达改变
Al	番茄	根	诱导蛋白质作用于调节体内抗氧化系统、解毒机制、有机酸代谢及甲基循环

水稻OsHMA3编码P_{IB}-ATPase，主要在根部表达，OsHMA3定位在液泡膜上，可以实现Cd^{2+}传输进入液泡的作用，从而可以将Cd^{2+}隔离起来。OsHMA2主要在水稻的根部和节表达，定位于质膜，在锌和镉传输进入木质的过程中发挥作用，同时也在锌和镉在植物中向上转运的过程中发挥作用，过表达OsHMA3和OsHMA2均能选择性降低Cd^{2+}在谷粒中的积累。OsHMA9定位在质膜上，主要在植物的根部、叶片的维管束和花药中表达，且其表达量随着Cu、Zn、Cd离子浓度的增加而增加，将金属离子排出细胞外。OsHMA5编码的缺陷性转运蛋白极大地降低了水稻根部对Cd^{2+}的吸收，从而降低了水稻体内的镉含量。其他镉离子转运蛋白，如阳离子扩散促进因子和ATP结合转运蛋白等，均参与镉胁迫应答，利用抗性基因，对获得耐镉水稻品种具有重要的意义（表4.5）。

表4.5 水稻中克隆的耐镉相关基因

基因名称	基因符号	表达部位	亚细胞定位
重金属ATP酶基因	OsHMA2	根、节	质膜
	OsHMA3	根	液泡膜
	OsHMA9	根、叶和花药	质膜
天然抗性巨噬细胞蛋白基因	0sNRAMPl	根	质膜
	OsNRAMP5	根	
阳离子扩散促进因子基因	OsMTPl		质膜
ATP结合盒转运蛋白基因	OsABCG43	根、叶	
	Ospdr9	根	
低亲和性阳离子转运蛋白基因	OSLCTl	茎、叶	质膜
低镉基因	LCD	根、叶	胞质、核
锌铁转运蛋白基因	0slRTl	根	质膜
	OslRT2	根	质膜

抗氧化系统有关基因表达对重金属的解毒作用的研究较多，包括抗氧化酶和其他抗氧化物质的基因表达。超氧化物歧化酶（SOD）是生物体内特异清除超氧阴离子自由基的酶，SOD是由核编码的。根据金属辅助因子

的不同，植物体内的SOD可分为存在于细胞溶质中的Cu/Zn-SOD、基质中的Fe-SOD和线粒体中的Mn-SOD三种类型。过氧化物酶（POD）广泛存在于植物体内不同组织中。低浓度的Cd^{2+}、Zn^{2+}能促进番茄叶片内的SOD、POD活性上升，随重金属胁迫浓度的增加而上升，在Pb、Cd和Zn胁迫下芦苇幼苗叶片SOD、POD活性显著增加。Cu/Zn-SOD基因表达的转录水平受到microRNA的影响，该因子的表达又受到环境的诱导，从而影响基因的表达。Cu^{2+}、Cd^{2+}进入植物细胞后，与金属硫蛋白（MT）及植物络合素（PC）结合形成金属蛋白复合物，对Cu/Zn-SOD基因的表达产生影响。在转基因拟南芥中miR398CSD2比正常情况下CSD2的表达产生更多的CSD2RNA，提高Cu/Zn-SOD活性，提高植株对重金属的抗性。Cd胁迫条件下小麦根部Cu/Zn-SOD基因的表达量明显高于Cu胁迫，过量的Cu诱导大豆根中Cu/Zn-SOD基因表达。Cu/Zn-SOD基因随Cd胁迫浓度的升高和时间的延长呈现明显下降趋势。对Pb胁迫下长春花的差异表达蛋白进行分析，发现莽草酸运输、糖酵解、氧化还原平衡、植物络合素合成、三羧酸循环及信号转导相关蛋白对植物的抗氧化胁迫过程非常重要。

另外，其他代谢过程中由于基因的表达，促进有些代谢物质的合成，能在一定程度上增加植物对重金属的耐性和对重金属的解毒作用。Cd胁迫时植物启动了烟草胺（*nicotiananmine*，NA）合成酶基因（NASl和NAS2）的表达，催化烟草胺合成，烟草胺作为植物体内活化和转运铁的主要螯合物，增强铁离子向地上部的转运，缓解由Cd胁迫引起的植物缺铁并发症。通过对砷诱导下的水稻根进行比较蛋白质组分析发现，根部的脂类过氧化反应、GSH及H_2O_2含量和As的累积随着As胁迫浓度的提升而增加。Cd胁迫下，能强烈诱导植物类ERl接受器酶、细胞分裂氧化酶及如肉桂醇脱氢酶等新陈代谢酶调节蛋白的表达，秋茄（*Kandelia candel*）能量和物质代谢、蛋白质代谢、氨基酸转运及代谢、解毒及抗氧化作用，以及信号转导相关蛋白表达量上升。在Cd胁迫下，亚麻通过调节同型半乳糖醛酸聚糖的甲基酯化模式，以适应Cd胁迫下皮层组织细胞壁结构的变化；水稻根细胞壁中果胶及半纤维素含量增加，提高对Cd的耐性。Pb胁迫下，大蒜（*Allium sativum*）根细胞壁超微结构改变，合成富含半胱氨酸蛋白，并与Pb离子相互作用而将其固定。茉莉酸（*jasmonic acid*，JA）是植物生长的重要调节物质，涉及重金属的解毒机制或者间接调节GSH生物合成途径。在重金属胁迫下，JA水平及其合成相关蛋白的表达量增加。

砷胁迫下，对三七叶片进行蛋白质分析，分别以在三七生长土壤中不添加或添加砷（140mg/kg）为对照和处理，提取三七叶片的蛋白质并进行双向电泳。利用Imagemaster软件对图谱上的点进行检测并分析到21个表达量有差异的蛋白点（图4.7）。对这些差异点进行质谱鉴定后符合质谱测序要求的蛋白质共有21个，其中有两个重复的蛋白质。

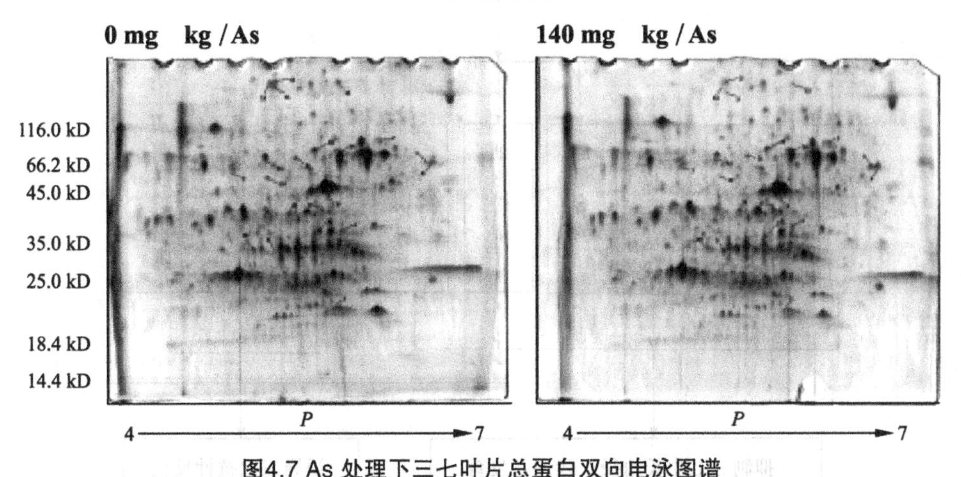

图4.7 As 处理下三七叶片总蛋白双向电泳图谱

蛋白质的功能分析表明，砷胁迫条件下，三七叶片的蛋白质组差异表现为以下几方面。

（1）通过下调磷酸核酮糖激酶、NAD（P）结合罗斯曼折叠家族蛋白、共生受体激酶、2-磷酸-3-脱氧-3-庚酮糖醛缩酶、蛋白激酶家族蛋白等的蛋白表达量影响了三七叶片的光合作用、呼吸作用和氮代谢，而影响三七的碳代谢和能量合成。

（2）热激蛋白708、热激蛋白70kDa、热激蛋白17.8kDa、热激蛋白20kDa表达量的下调则导致砷胁迫对蛋白质的破坏，使变性的蛋白质不能及时恢复原有的空间构象和生物活性。

（3）苯丙醇胺—焦磷酸酶、CDC27家族蛋白、I型酸性内切几丁质酶、铁硫复合b6-f细胞色素（叶绿体）、半胱氨酸过氧化氢还原酶BASl（叶绿体）、苹果酸脱氢酶、I型乙二醛酶、谷氨酰胺合成酶胞质同工酶等表达量的上调则显示为三七抵抗砷胁迫，三七通过次生代谢的加强而诱导产生相关抗性反应。

（4）异黄酮还原酶表达量的上调显示砷胁迫对三七黄酮代谢产生影响。

（5）单脱氢抗坏血酸还原酶类的上调和下调同时出现，显示三七抗坏血酸还原酶的变化，在砷胁迫下三七抗坏血酸—谷胱甘肽循环变化较大。

砷胁迫主要影响三七碳代谢、能量代谢及抗性反应等多路径和多种水平（图4.8）。

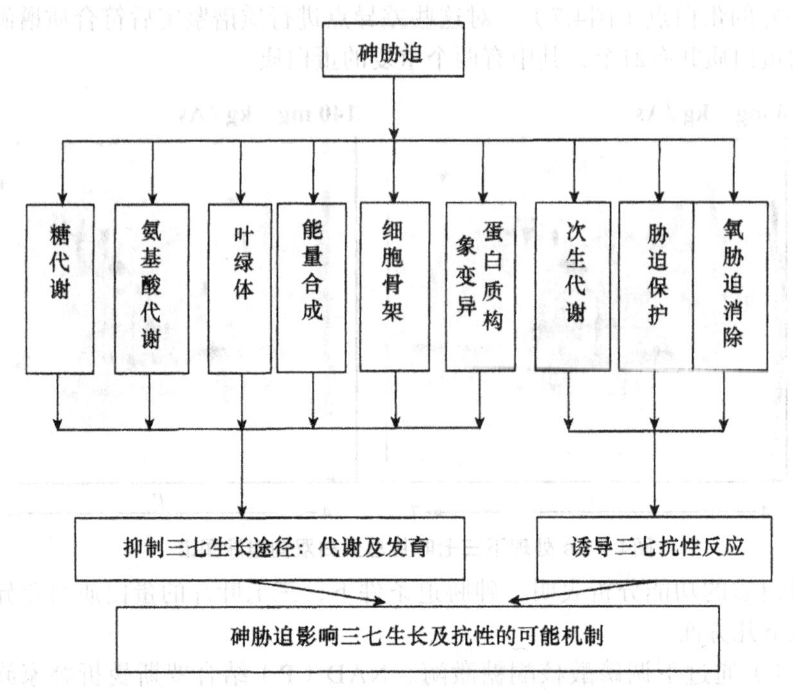

图4.8 砷胁迫影响三七生长和诱导抗性的可能路径

三、基因工程在植物重金属解毒中的作用

基因工程通过将重金属抗性基因转入到其他植物中，提高植物的生物量和对重金属的累积能力，提高植物对重金属的解毒能力。研究表明，从大肠杆菌中将gshl基因转入印度芥菜，可以极大提高芥菜谷胱甘肽和植物络合素的含量，提高对重金属的累积量和耐性。与野生型相比，转入γ-ECS基因的印度芥菜植物幼苗植物体内含有大量的植物络合素、γ-GluCyS、谷胱甘肽和非蛋白巯基等，对Cd的抗性增强。转入了merA和merB基因的烟草和拟南芥能有效地将Hg从土壤中去除。在转基因植物中的merB基因的过表达能将Hg与含C化合物结合，释放还原性的活跃的Hg^{2+}，而merA基因将Hg^{2+}转化为Hg^0，从而挥发到大气中而解毒。

通过基因工程能有效增加植物对重金属的抗性和解毒能力，包括增加金属螯合肽、柠檬酸盐、金属硫蛋白、铁蛋白和金属转运蛋白的过表达等。HMA4是二价阳离子转运蛋白P_{IB}-ATP酶家族中第一个基因被克隆的蛋白质。HMA4在拟南芥（*Arabidopsis thaliana*）中表现出对Zn的耐性和将Cd从植物的根部转移到地上部分。作为Cd/Zn的超富集植物*Arabidopsis halleri*

和*Arabidopsis caerulescens*的根部和地上部分均表现出HMA4的过表达。

第四节　植物的生理循环作用对重金属的解毒机理

植物可将重金属排出于细胞壁和细胞间，或刺激细胞膜，泵出已进入细胞液的重金属。同时，植物通过根系分泌和叶片的吐水作用将重金属排出体外，或者通过组织的脱落将重金属排出。

一、细胞间的排出作用

细胞膜上排出蛋白质的作用，可以将重金属排出于细胞外，减少重金属对植物的伤害。排出蛋白是一类解毒蛋白，排出蛋白包括P_{IB}-ATP酶、阳离子转运促进蛋白家族（CDF）、三磷酸结合盒转运蛋白（ABC转运蛋白）等，可将过量的或有毒的重金属逆向转运出细胞，或区室化于液泡中，在植物耐受重金属胁迫中起到积极的防御作用。

二、组织器官的脱落排出作用

叶片的脱落和根系的部分死亡在一定程度上减少了重金属对植物正常代谢的影响。叶是重金属的重要贮藏库，也是落叶前元素迁移和再分配的重要场所。研究表明，Cd、Pb、Cu、As等元素在落叶松的落叶中的贮量明显大于生长叶的贮量。而Zn元素在落叶中的贮量小于生长叶的贮量，说明在叶的凋落过程中，一部分Zn回到了植物体内，参与了营养元素的循环利用和再分配机制。树木在严霜过后，针叶在短时间内集中凋落是重金属向体外迁移的主要方式之一。

三、根系的分泌作用

植物的根尖分泌黏液，黏液的主要成分是糖类，功能基团是羰基和羟基，具有结合重金属的能力，重金属对糖醛酸的结合能力依次为：Pb＞Cu＞Cd＞Zn。重金属通过植物根系的分泌等途径排出植物体外。

四、吐水作用

吐水作用是植物从未受伤的叶尖、叶缘、叶柄等部位分泌液滴的现象。植物通过吐水作用可以将重金属排出体外而解毒，保障植物的正常生长。在20～100mg/kg Cd土壤中，玉米植株可通过植物吐水排出Cd保持正常生长，吐水水滴中最高Cd浓度为10.4mg/kg；当土壤Cd为200mg/kg时，植物吐水排Cd能力减弱。

第五章 微生物对重金属的解毒与修复

利用土壤中微生物对重金属污染进行修复的方法，在近年来得到了广泛的关注，是一种经济、治理效率高、不易产生二次污染的修复方法，适于大面积的土壤污染修复，成为当前环境科学研究的重要领域之一。

生物修复是利用植物或土壤中天然的动物、微生物或外源生物，甚至用构建的特异功能生物投加到污染土壤中将污染物快速降解、累积、富集、吸附或转化，使污染物浓度降低到可接受水平，或将有毒有害物转化为无害物质。

第一节　微生物对重金属解毒的机理

微生物修复是利用微生物对重金属的吸收累积、沉淀、吸附、氧化和还原等作用把重金属离子转化为低毒产物，减少植物摄取，并降低环境中重金属的毒性的一种修复方法。近20年来，学术界一直在进行微生物吸附机理的研究，而且已经提出了一些解释微生物吸附机理的理论模型。按照新陈代谢过程可以把微生物吸附机理分为依赖新陈代谢型和不依赖新陈代谢型（图5.1）；而以真菌细胞膜为界限，见图5.2，可将微生物耐重金的机制分为：①通过分泌有机酸等有机物，将重金属在微生物细胞外实现聚集或沉淀；②微生物细胞表面的吸附或沉淀；③微生物细胞对重金属的富集。根据吸附动力学又可将微生物对重金属的吸附机理分为主动吸附和被动吸附。微生物吸附的机制主要决定于微生物细胞的组成成分对重金属的吸附作用，而重金属存在的形态会一定程度上对微生物的吸附机理产生影响。通常，微生物对重金属的解毒过程同时存在着多种吸附机制（图5.3），不同的吸附机制会互相产生一定的影响。

依赖新陈代谢的吸附机理是指重金属经由细胞新陈代谢的过程进入微生物细胞内。这种吸附机理的利弊具有两面性，有利的方面是微生物的代谢产物中的大分子化合物对重金属具有较高的吸附能力，可以进一步完成对重金属的富集；不利的方面是代谢过程会将已吸附的重金属重新释放进入土壤中，减少生物材料的吸附量。杰梅洛夫（Jemelov）发现了四种主要的微生物重金属代谢类型，包括：①重金属与有机配位体结合形成螯合物；②改变重金属在细胞中的存在价态；③重金属的置换作用；④微生物对重金属的生物甲基化，形成的甲基化重金属被螯合成基质分子并在细胞上积累。

死体细胞吸附重金属是不依赖新陈代谢的，这种吸附过程主要是通过细胞中物质与重金属离子的络合、螯合、吸附等方式实现土壤重金属的去除。活体细胞的代谢依赖吸附机制并不比死细胞的非依赖吸附机制对重金属的吸附能力更强，甚至死细胞的吸附性能相比于活细胞的吸附性能更强，原因在于死细胞的细胞壁往往破碎较多，具有更多的官能团参与重金属的络合作用或离子交换作用。

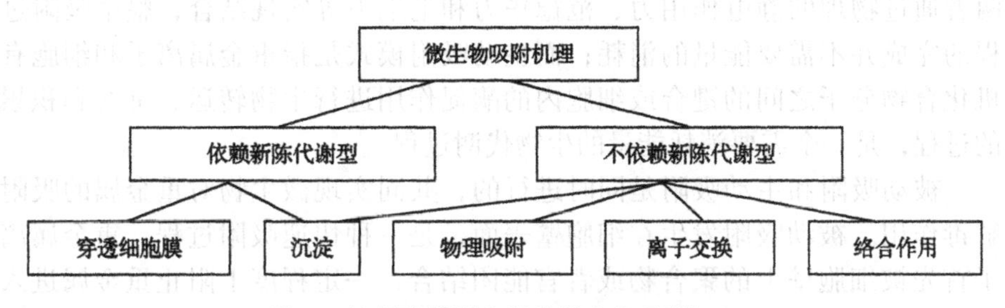

图5.1 按新陈代谢分类的微生物吸附机理

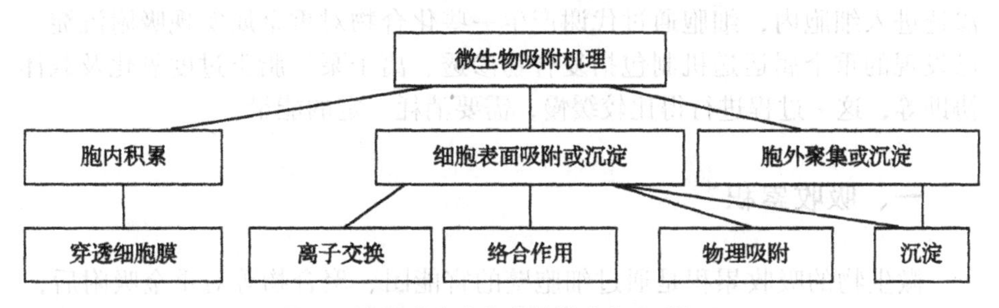

图5.2 按吸附方式分类的微生物吸附机理

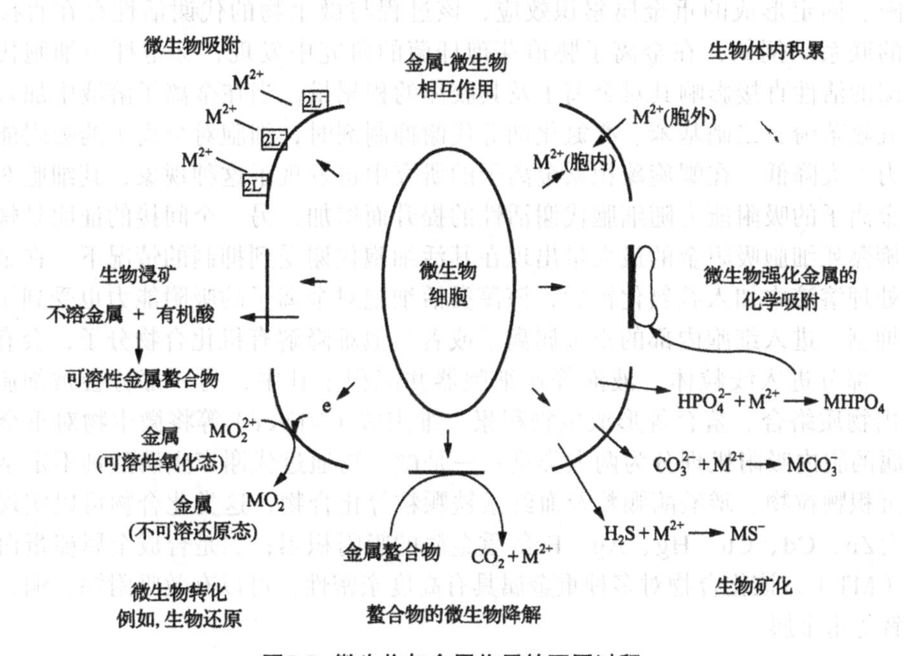

图5.3 微生物与金属作用的不同过程

从吸附动力学的角度看，微生物对重金属的吸附过程可以分为被动吸附和主动吸附。被动吸附是指细胞壁的官能团对重金属离子吸附的过程，两者通过物理的静电作用力、范德华力和毛细力等实现结合，整个吸附过程的完成并不需要能量的消耗；而主动吸附模式是指重金属离子和细胞有机化合物分子之间的键合或细胞内的酶促作用进行生物转运、沉淀和积累的过程，是一个需要消耗能量的生物代谢过程。

被动吸附和主动吸附是同时进行的，共同实现微生物对重金属的吸附解毒作用。被动吸附发生在细胞壁表面，是一种快速吸附过程，重金属离子首先被细胞壁上的聚合物或者官能团结合，一定程度上阻止重金属进入细胞内。随着重金属吸附量逐渐增大，吸附在细胞壁表面的重金属进一步渗透进入细胞内，细胞通过代谢产生一些化合物对重金属实现吸附沉淀，已发现的重金属运送机制包括复合物渗透、离子泵、脂类过度氧化及载体协助等，这一过程进行得比较缓慢，需要消耗一定的能量。

一、吸收累积

微生物的吸收累积是通过细胞壁的官能团、聚合物等对重金吸附后，由微生物细胞的转运系统将重金属运送进入细胞后，被细胞的代谢产物吸附、固定形成的重金属累积效应，该过程与微生物的代谢活性存在直接的联系。例如，在金离子胁迫芽孢杆菌的研究中发现，芽孢杆菌细胞代谢的活性直接影响其对金离子及其胶体的积累量，当在金离子溶液中加入五氟苯酚、二硝基苯、叠氮化钠等代谢抑制剂时，细胞对金离子的吸附能力大大降低。在螺旋藻积累金离子的研究中也发现了这种现象，其细胞对金离子的吸附能力随细胞代谢活性的提升而增加，另一个间接的证明是螺旋藻死细胞吸附金的最大量出现在其活细胞代谢受到抑制的情况下。在金处理溶液中加入叠氮化钠后，该藻类活细胞对金离子的吸附能力也受到了抑制。进入细胞内部的重金属离子或者其他难降解有机化合物分子，会有一部分进入线粒体、液泡等亚细胞器并沉积于其中，另一部分会被细胞内物质络合、螯合等形成生物积累。维杰威（Vijver）等将微生物对重金属的胞内吸附机理分为两大类型：一是微生物通过代谢产生磷酸钙不定型沉积颗粒物、磷酸酶颗粒及血红素铁颗粒等化合物，这类化合物可以实现对Zn、Cd、Cu、Hg、Ag、Fe等重金属的吸附积累；二是合成金属硫蛋白（MT），该化合物对多种重金属具有高度亲密性，可以有效吸附镉、铜、锌等重金属。

二、沉淀

（一）胞外沉淀

重金属可以胁迫微生物产生大量的有机酸等胞外分泌物，这些分泌物可通过络合、螯合、化学结合等方式与重金属离子结合形成沉淀物，降低重金属的生物有效性。

1.胞外聚合物

许多微生物在外部环境的影响下（如光的作用）能够分泌具有黏性的胞外聚合物（EPS），其主要成分是多糖、多肽、蛋白质、核酸、脂类等，该类聚合物表面有丰富的羧基、羟基、氨基等带负电荷的官能团，可以有效地将重金属离子沉淀下来。库莱克（Kurek）和马吉斯卡（Majewska）于2004在实现上发现了细菌分泌的蛋白质可以固定并去除Cd^{2+}、Hg^{+}、Cu^{2+}、Zn^{2+}等可溶性离子。藻类通常也会向周围水体中分泌糖类、果胶质等有机化合物，这些大分子物质也能络合重金属离子。Suh等（1999）研究发现，当出芽短梗霉菌分泌EPS时，短梗霉菌细胞表面吸附了大量的Pb^{2+}离子，吸附量随着细胞的存活时间以及EPS的分泌量的增加而增加，细胞的干重从56.9mg/g一直上升至214.6mg/g；采用一定手段将分泌物EPS去除后，Pb^{2+}离子开始渗入细胞内部，导致Pb^{2+}的积累量显著减少（干重下降为35.8mg/g）。洛亚克（Loaec）等于1997同样在实验上证明了异养菌分泌的EPS对Pb^{2+}、Cd^{2+}、Zn^{2+}有良好的吸附能力，吸附量分别为314mg/g、125mg/g和75mg/g。

EPS作为含水凝聚基质可以将体系中的微生物黏结在一起，是生物膜的主要组分。在用污泥或生物膜法处理重金属废水的过程中，EPS起着极其重要的作用，主要基于以下几方面：①沉淀的重金属离子首先被生物膜絮凝物捕获；②EPS可以与可溶性重金属离子成键；③促进细胞对可溶性重金属离子的积累。

2.硫酸盐还原菌

硫酸盐还原菌（SRB）是一类形态和营养型多样，在缺氧条件下以有机化合物（如乳酸等）作为电子供给体，硫酸盐作为末端电子接收体，营养生活、繁殖，即通过异化作用进行硫酸盐还原反应的厌氧细菌的总称，广泛存在于土壤、海水、河水、地下管道及油气井等缺氧环境中。废水中的硫酸盐被SRB还原为硫化物后进一步与废水中的金属离子发生沉淀反应式（5.1）~式（5.3），形成不溶性的金属硫化物，从而实现废水的净化。

$$2CH_3CH(OH)COO^- + SO_4^{2-} \xrightarrow{\text{已乳酸钠为基质}} 2CH_3COO^- + S^{2-} + 2CO_2 + 2H_2O \quad (5.1)$$

$$Fe^{2-} + S^{2-} \rightarrow FeS\downarrow \quad (5.2)$$

$$Mn^{2-} + S^{2-} \rightarrow MnS\downarrow \quad (5.3)$$

如图5.4（a）所示，硫酸盐还原菌的代谢过程可分为分解代谢、电子传递和还原三个阶段。在分解代谢阶段，SRB可以将有机碳源进行降解，产生少量腺苷三磷酸（*adenosine triphosphate*，ATP）和高能电子；电子传递阶段是指通过SRB中的黄素蛋白、细胞色素c等电子传递链实现高能电子的逐级传递，过程中会产生大量的腺苷三磷酸；最终高能电子与氧化态的硫作用，并将其还原成S^{2-}，还原过程中会消耗ATP来提供能量。

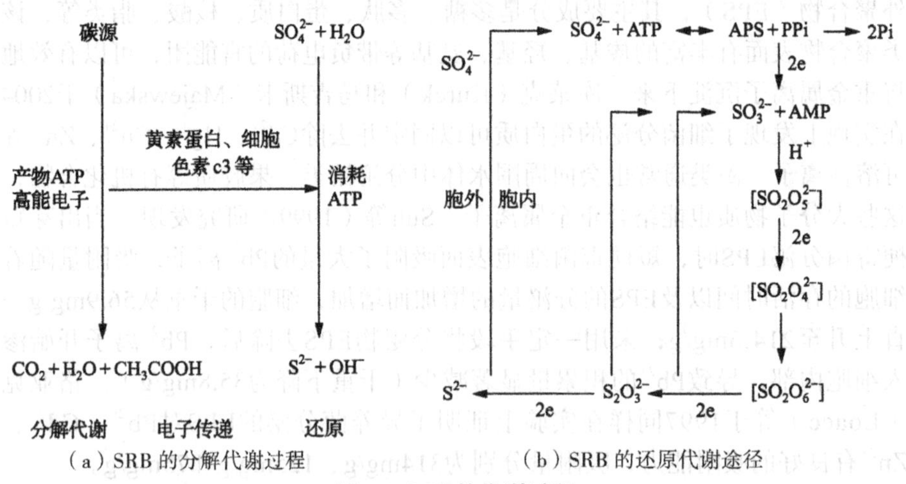

（a）SRB的分解代谢过程　　（b）SRB的还原代谢途径

图5.4 SRB的代谢过程

第一步反应是SO_4^{2-}的活化，即SO_4^{2-}与ATP反应转化成腺苷硫酸（APS）和焦磷酸（PPi），PPi很快分解为无机磷酸（Pi）。APS继续分解成偏亚硫酸盐（$S_2O_5^{2-}$）、连亚硫酸盐（$S_2O_4^{2-}$）、$S_3O_6^{2-}$、硫代硫酸盐（$S_2O_3^{2-}$）、亚硫酸盐（SO_3^{2-}），SO_3^{2-}又经自身的氧化还原作用，生成最终的代谢产物S^{2-}，最后S^{2-}被排出体外进入周围环境。总的还原代谢途径如图5.4（b）所示。

研究者用大肠杆菌表达沙门氏菌的硫代硫酸盐还原酶基因（phsABC），使大肠杆菌能利用无机硫代硫酸盐产生硫化物并与重金属形成硫化物沉淀，达到去除重金属的目的。工程菌能在24h内去除体系中大量的重金属，其中浓度为500μmol/L Zn^{2+}的去除率为99%，200μmol/L Pb^{2+}的去除率为99%，100μmol/L Cd^{2+}的去除率为99%，而200μmol/L Cd^{2+}的去除率为91%。在Cd^{2+}、Pb^{2+}和Zn^{2+}共同存在且浓度均为100μmol/L的体系中，菌株在10h内可以去除总金属量的99%。这对含有多种重金属的工业废水的治理非常有意义。

3.磷酸盐

磷酸盐是核酸、ATP等生物分子的重要组成成分，正常情况下，微生物释放的磷酸盐含量比较小。在受到重金属胁迫诱导后，微生物会增加磷酸盐的释放量，主要有两种途径：一是微生物通过分泌磷酸酶促进磷酸甘油的水解，从而增加磷酸盐的释放量，从而将环境中的重金属结合形成金属磷酸盐沉淀，降低重金属的毒性；二是在厌氧条件下，多磷酸盐降解产生ATP，同时产生金属磷酸盐沉淀。两条途径最后均可实现水溶液中金属离子的去除。芬利（Finlay）于1999年在实验上证明了柠檬酸菌对金属铀的去除能力，高达90%的金属铀以HUO_2PO_4的形式被沉淀析出。有一些细菌释放无机磷酸盐并不依赖有机磷酸盐供体，而是加速细菌体内的磷酸盐循环，如约氏不动杆菌。在好氧条件下，细菌不断合成多磷酸盐，并作为其生长代谢的能源物质。此外，一些金属离子（如Cd^{2+}、UO_2^{2+}）能催化多磷酸盐降解形成无机磷。例如，对大肠杆菌体内多磷酸盐激酶（PPK）和多聚磷酸盐酶（PPX）的基因进行编码表达，可以降低细胞内多磷酸盐的水平和促进磷酸盐的分泌，从而增强大肠杆菌的抗重金属污染耐性。

（二）微沉淀

微沉淀是金属离子在细胞壁或细胞内形成沉淀物的过程。有研究发现，产黄青霉废弃菌体吸附铅时，其中大部分被吸附的铅沉积在细胞表面。博格（Strandberg）等在研究酿酒酵母细胞吸附铀的现象后发现，酿酒酵母细胞对铀的吸附沉积的程度和速度受环境因素的影响，如pH、温度、环境中其他重金属离子的干扰等。可用化学方法将铀在细胞表面的沉积去除掉，实现酿酒酵母吸附剂的回收复用。

金属还可以与细胞的分泌物形成硫酸盐、碳酸盐或氢氧化物等形式沉积于细胞壁或细胞内。另外，一些不溶性的胞外分泌物也会与金属结合，在细胞表面形成晶体沉淀。

三、吸附与络合

（一）微生物表面吸附与络合作用

络合与螯合作用都是重金属离子与微生物表面的配基结合形成沉淀的过程，不同的是螯合作用是重金属离子同时与配基上两个或以上的配位原子结合的过程，具有复杂的环状结构。它们都是微生物吸附重金属的重要方式。微生物细胞壁是微生物对重金属富集的第一个部位，细胞壁的化学组成和结构决定着它对重金属离子的吸附特性。微生物细胞壁表面富含大量可以结合金属离子的活性基团，如磺酰基、酚羟基、羟基、氨基、酰胺基等，其配位原子包括氮、氧、磷、硫等。康铸慧等（2006）分析了恶臭假单胞菌5-x细胞壁膜系统对Cu^{2+}的吸附性能，结果表明，细胞壁上高密度的羰基、羧基和磷酰基为Cu^{2+}配位络合提供了许多负电荷基团，细胞壁对重金属的吸附量占到了总吸附量的45%～50%。另外也有研究发现，从枯草芽孢杆菌分离下来的细胞壁可以从稀水溶液中络合大量的Mg^{2-}、Fe^{3+}、Cu^{2+}、Na^{+}和K^{+}，中量的Zn^{2+}、Ca^{2+}、Au^{3+}和N^{3+}以及少量的Hg^{2+}、Sr^{2+}、Pb^{2+}和Ag^{+}。玛纳斯（Manasi）等（2014）利用一株筛选分离获得的盐单胞菌处理电子玉业含Cd^{2+}废水，研究表明，细胞表面的羟基、羧基和氨基是菌体吸附重金属的主要官能团，且通过多种生化和分子技术分析发现，金属离子结合到菌体表面并改变细胞的微观形貌。另外，有文献报道指状青霉对U的吸附不受pH的影响，显然U是以专性吸附的方式吸附于菌丝体表面的。通过扫描电子显微镜及X射线衍射观察发现，U主要吸附在根霉的细胞壁上，而大量的U晶状化合物存在于青霉的细胞壁与细胞膜的孔隙中。

1.细菌类

细菌具有个体小、适应性强、多样性大等特点，其细胞壁的组分主要是肽聚糖、脂多糖、磷壁酸和胞外多糖（图5.5和图5.6），可以大量吸附重金属离子。

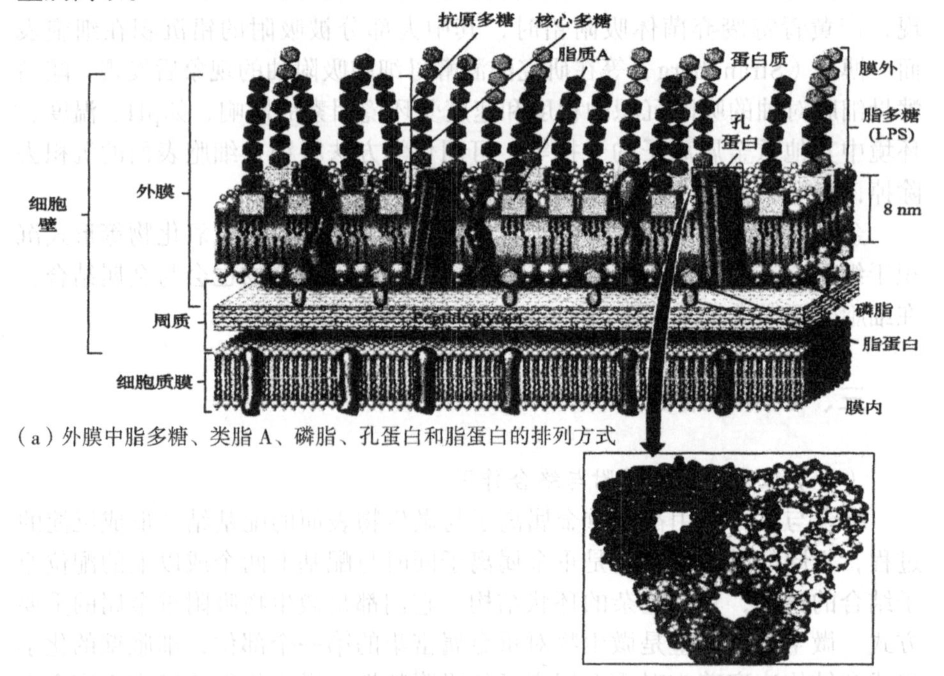

（a）外膜中脂多糖、类脂A、磷脂、孔蛋白和脂蛋白的排列方式

（b）孔蛋白的分子模型

图5.5 革兰氏阴性菌细胞壁（Brock，2009）

革兰氏阴性菌富集重金属离子的位点主要是磷酸基、低聚糖及2-酮-3-脱氧辛酸残基上的羧基。此外，细胞壁上的肽聚糖也具有较强的重金属离子吸附能力，但其含量较少，仅占细胞壁干重的5%～10%，因此吸附的重金属总量较小。

革兰氏阳性菌的吸附位点是细胞壁肽聚糖、磷壁酸上的羧基和糖醛酸上的磷酸基。不同细菌细胞壁的肽聚糖、磷壁酸富集重金属离子的能力不同。例如，在有足够的Mg^{2+}和磷酸盐培养基中生长的枯草芽孢杆菌细胞，其细胞壁由54%的磷壁酸和45%的肽聚糖组成，除去磷壁酸后，大部分重金属离子仍固定在细胞壁上，说明重金属离子主要富集在肽聚糖上。然而，细胞由26%糖醛酸、52%磷壁酸和22%肽聚糖组成的地衣形芽孢杆菌，除去两种酸后，就失去了与细胞壁结合的大部分重金属离子，这表明，重金属离子主要富集在磷壁酸上。

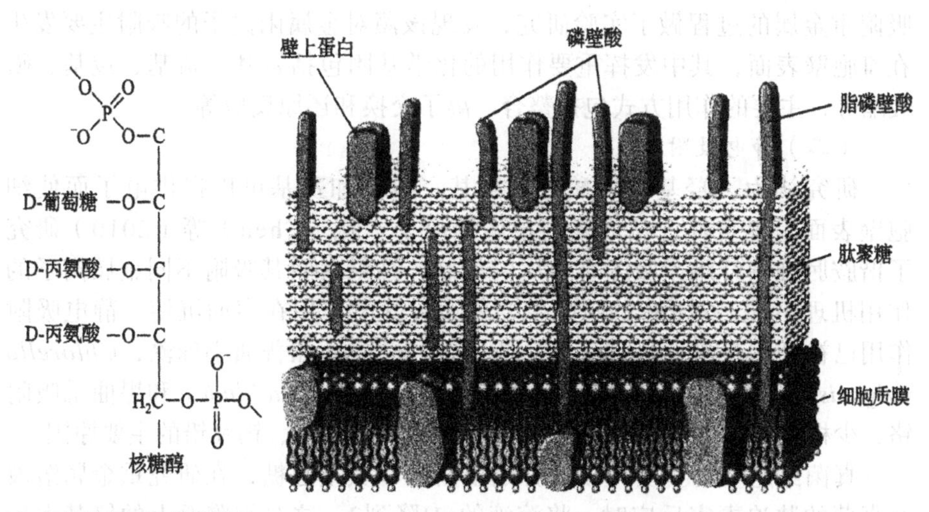

（a）枯草芽孢杆菌核糖醇磷壁酸结构（磷壁酸是核糖醇重复单位的多聚体）　（b）革兰氏阳性菌细胞壁的概括图

图5.6 磷壁酸和革兰氏阳性菌细胞壁的一般结构（Brock，2009）

2.真菌类

几丁质是许多真菌细胞壁的结构物质，其存在于微纤丝束内，类似于纤维素。其他的葡聚糖如甘露聚糖、半乳聚糖和氨基葡萄糖可替代几丁质存在于某些真菌细胞壁中，真菌的细胞壁通常含80%～90%的多糖。在重金属的吸附过程中，真菌细胞壁上起主要作用的是几丁质和葡聚糖。此外，纤维素、蛋白质、多聚糖、葡萄糖醛酸、油脂、脱乙酰基几丁质、黑色素等真菌细胞壁组分也对重金属吸附作用具有贡献。

3.藻类

藻类细胞壁具有多孔结构，其组成成分主要包括藻多糖、果胶质、纤维素和聚半乳糖硫酸酯等，其表面具有大量官能团，如酚基、磷酸基、巯基、咪唑基、硫酸基、羰基、羧基、羟基、氨基、醛基和酰氨基等，且其表面积较大。藻类的细胞壁可以通过这些官能团对金属离子的络合、静电吸附等作用净化环境中的重金属离子。此外，藻类的细胞膜具有对重金属透过的高度选择性。这些结构特点决定了藻类对金属离子吸附的可能性和吸附的选择性。有研究发现，普通小球藻对重金属铜的吸附是金属与细胞壁多糖中的氨基和羧基的吸附络合。戴维斯（Davis）等（2000）对马尾藻吸附重金属的实验中发现，藻酸盐在重金属的吸附过程中扮演了重要的角色，其藻酸盐的含量和组成的不同对重金属吸附量有显著的影响，其中尤以糖醛酸残基最为重要。莱兹（Raize）等于2004年对非活性马尾藻细胞壁吸附重金属的过程做了实验研究，发现该藻对金属阳离子的吸附主要发生在细胞壁表面，其中发挥重要作用的化学基团包括氨基、巯基、羧基、磺酸酯等，主要的作用方式包括螯合、离子交换和还原反应等。

（二）静电吸附

研究认为，羟基、磷酸根、氨基、羧基和巯基可以提供电子而使细胞壁表面呈电负性，从而吸附金属阳离子。陈（Chen）等（2010）研究了偕胺肟细菌纤维素吸附重金属的机制，结果表明其吸附不同金属离子的作用机理不同，对Pb^{2+}的吸附主要是通过静电作用在表面沉淀。静电吸附作用已被证明是细菌（如生枝动胶菌）和藻类（如普通小球藻，*Chlorella vulgaris*）吸附铜，真菌如透明灵芝（*Ganoderma lucidum*）和黑曲霉吸附铬，少根根霉（*Rhizopus arrhizus*）吸附铜、镍、锌、钙及铅的主要原因。

真菌细胞壁的主要组成成分是蛋白质和氨基已糖，在研究重金属溶液对真菌的胁迫毒害反应时，将溶液的pH降到2，这时细胞壁上的氨基大量发生电离，使得细胞壁表面呈正电性，这时铬酸根阴离子会被大量吸附于细胞壁表面，然后观察细胞壁的氨基红外吸收峰，发现其强度显著降低，这说明氨基在真菌细胞壁对重金属离子吸附方面起到了重要的作用。而对于少根根霉的死菌体，溶液的pH值会严重影响其对金属阴离子的吸附作用，因为pH值会严重影响其表面官能团的电荷性。孙道华等人于2006年对气单胞菌SH10在Ag矿周围的重金属富集情况进行了调查，发现当溶液的pH=4～6时，SH10对Ag^+的吸附能力最强，而对$[Ag(S_2O_3)_2]^{3-}$吸附能力的最强pH值出现在pH=2的情况下，且对二者吸附量随溶液pH变化的规律截然相反，结果表明SH10对Ag^+离子的吸附依赖于静电作用。

四、氧化还原

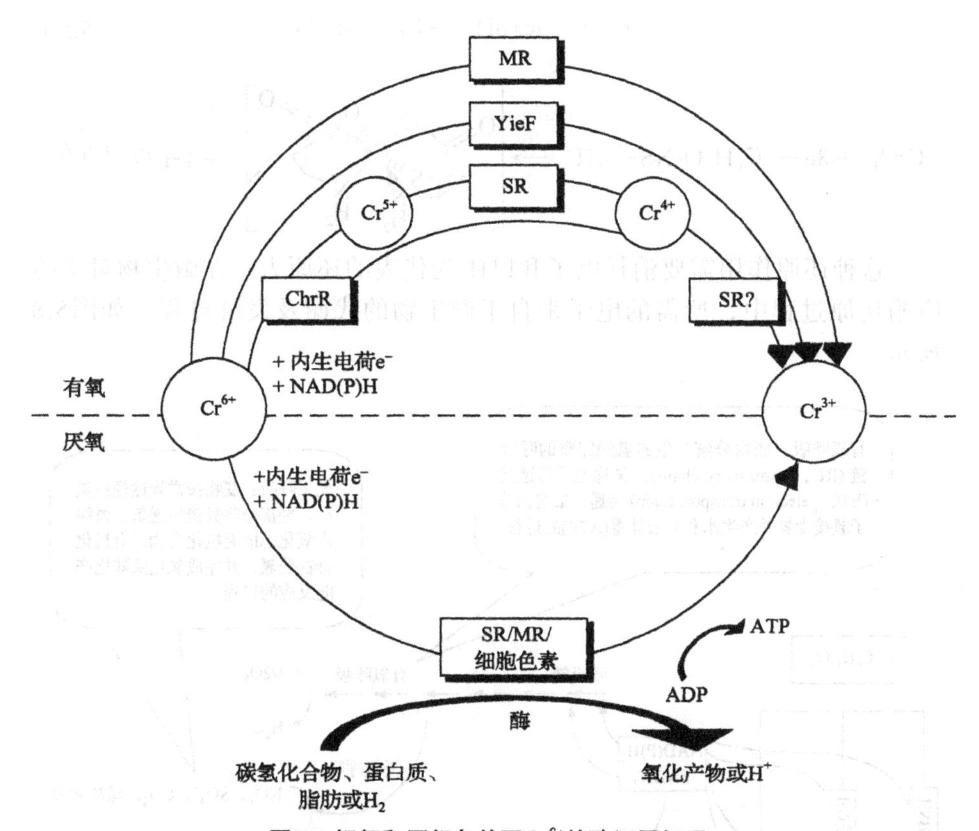

图5.7 好氧和厌氧条件下Cr^{6+}的酶还原机理

氧化还原反应也是经常存在的微生物吸附机理之一，这种作用机理常与某些菌株所分泌的酶有关，这些酶可改变土壤中重金属存在的价态，从而降低金属离子的溶解度或毒性。例如，恶臭假单胞菌MK1中存在Cr^{6+}还原酶ChrR，该还原酶可以经过一系列还原过程将土壤中的Cr^{6+}还原为Cr^{3+}，从而降低Cr污染的毒害作用；大肠杆菌重存在还原酶YieF，它可以将Cr^{6+}直接还原为Cr^{3+}。巨大芽孢杆菌TKW3中同样存在着Cr^{6+}还原酶。在厌氧条件下，该还原酶可以将Cr^{6+}离子还原为Cr元素，在这个过程中，Cr^{6+}扮演了电子转运链中的电子受体的角色，而且菌体的细胞色素也参与此氧化还原过程（图5.7）。叶锦韶等（2005）研究了掷孢酵母、解脂假丝酵母和产朊假丝酵母对六价铬的微生物吸附机理，结果表明，六价铬在细胞表面被还原为三价[式（5.4）~式（5.6）]，之后进一步吸附于质膜、细胞器膜、蛋白质、脂类等基质上。

$$Cr_2O_7^{2-}+6e+14H^+ \rightarrow 2Cr^{3+}+7H_2O \tag{5.4}$$

$$CrO_4^{2-}+3e+8H^+ \rightarrow Cr^{3+}+4H_2O \tag{5.5}$$

$$CrO_4^{2-}+3e+2C_3H_7O_2NS+4H^+ \longrightarrow [\text{Cr complex}]^- +4H_2O \tag{5.6}$$

这种还原作用需要消耗电子和以H^+为代表的还原力。在微生物对铬的吸附还原过程中，所需的电子来自于微生物的代谢及发酵过程，如图5.8所示。

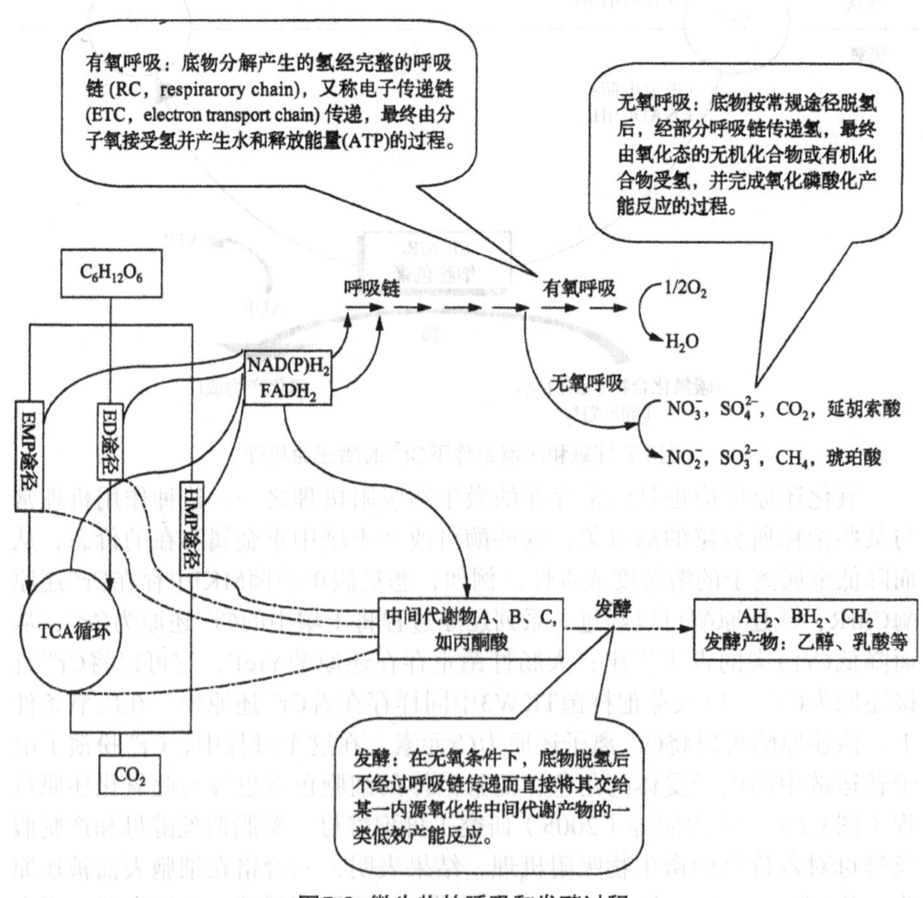

图5.8 微生物的呼吸和发酵过程

六价铬与生物大分子某些基团的反应以半胱氨酸为例，见式（5.6）。

Lin等（2005）研究了乳酸杆菌（*Lactobacillus sp.*）A09对Ag^+的吸附机理，结果表明细胞壁上多糖组分的水解产物可将Ag^+还原为Ag，同时释放出大量质子，使反应体系pH下降[式（5.7）、式（5.8）]。

$$HOCH_2(CHOH)_4CHO+2Ag^+ +H_2O \rightarrow HOCH_2(CHOH)_4COOH+2Ag\downarrow +2H^+ \tag{5.7}$$

$$RCHO+2Ag+H_2O \rightarrow RCOOH+2Ag\downarrow +2H^+ \tag{5.8}$$

微生物对重金属离子还具有氧化作用。例如，假单胞菌能As^{3+}、Fe^{2+}、Mn^{2+}等发生氧化。有文献报道，大肠杆菌能将汞蒸气氧化成二价汞离子，这主要与大肠杆菌能分泌过氧化氢酶等有关。另外，芽孢杆菌和链霉菌（*Streptomyces*）对汞也有氧化作用。如图5.9所示，氧化亚铁嗜酸硫杆菌的周质蛋白–铜蓝蛋白可将Fe^{2+}氧化成Fe^{3+}。这是一个单电子的转换反应，铁硫菌蓝蛋白将细胞色素c还原，细胞色素c随后将细胞色素a还原，细胞色素a则直接与O_2作用形成H_2O，然后通过膜内的质子转移ATP酶合成ATP，由于电子供体的电位较高，通常ATP的产量较低。另外，表5.1列出了其他一些微生物吸附剂对不同金属离子的氧化还原作用。

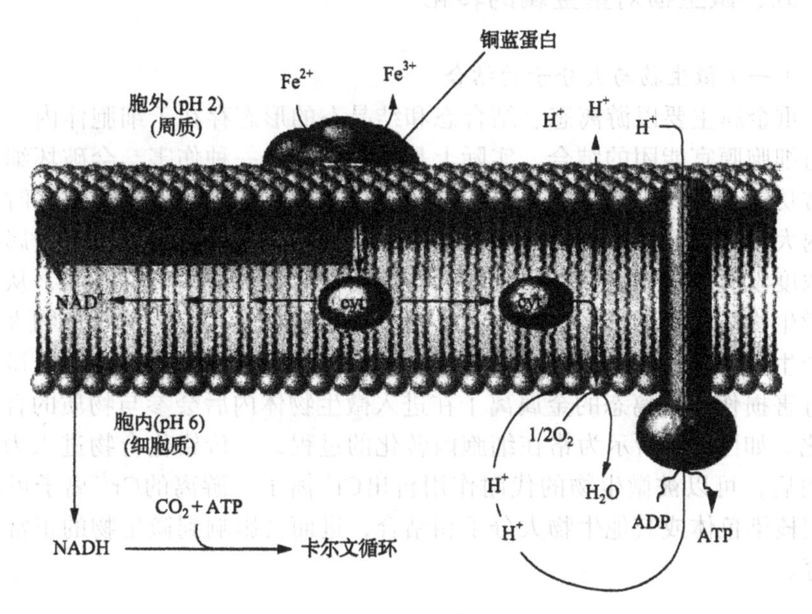

图5.9 氧化亚铁嗜酸硫杆菌在Fe^{2+}氧化过程中的电子流

表5.1 部分细菌对重金属离子的氧化还原作用

菌株	氧化还原作用
腐败交替单胞菌	$U^{6+} \rightarrow U^{4+}$
大肠杆菌、腐败希瓦氏菌	$Np^{3+} \rightarrow Np^{4+}$
硫还原菌	$Pd^{2+} \rightarrow Pd$
冰岛热棒菌	$U^{6+} \rightarrow U^{4+}$ $Te^{7+} \rightarrow Te^{6+} \rightarrow Te^{5+}$
奇球菌	还原Te^{7+}、U^{6+}、Cr^{6+}
罗尔斯通氏贪铜菌	$Se^{6+} \rightarrow Se$
假单胞菌	$Cr^{6+} \rightarrow Cr^{3+}$
金霉素链霉菌	$Au^{3+} \rightarrow Au$

五、微生物对重金属的转化

（一）微生物与大分子的结合

重金属主要以游离态、结合态和结晶态的形态存在于细胞体内。重金属与细胞膜官能团的结合，实际上是对细胞膜的一种伤害，会破坏细胞的正常功能。当体内重金属离子浓度超过微生物对该金属离子的耐性时，细胞内大量的大分子遭到破坏，从而导致细胞的死亡并解体。当重金属离子的浓度没有超过微生物的耐性时，会激活微生物体内的抗性基因，从而调节微生物体内的透性酶、操纵子、金属硫蛋白和金属运输酶等生物大分子的产生，而这些生物大分子可以与重金属结合，从而降低重金属对微生物的毒害损伤；游离态的金属离子在进入微生物体内后会参与物质的合成与转化。如图5.10所示为铬在细胞内转化的过程，三价铬化合物进入为生物体内后，可以被微生物的代谢作用析出Cr^{3+}离子，游离的Cr^{3+}离子可以与细胞核染色体或其他生物大分子相结合，进而会影响到微生物的正常生长发育。

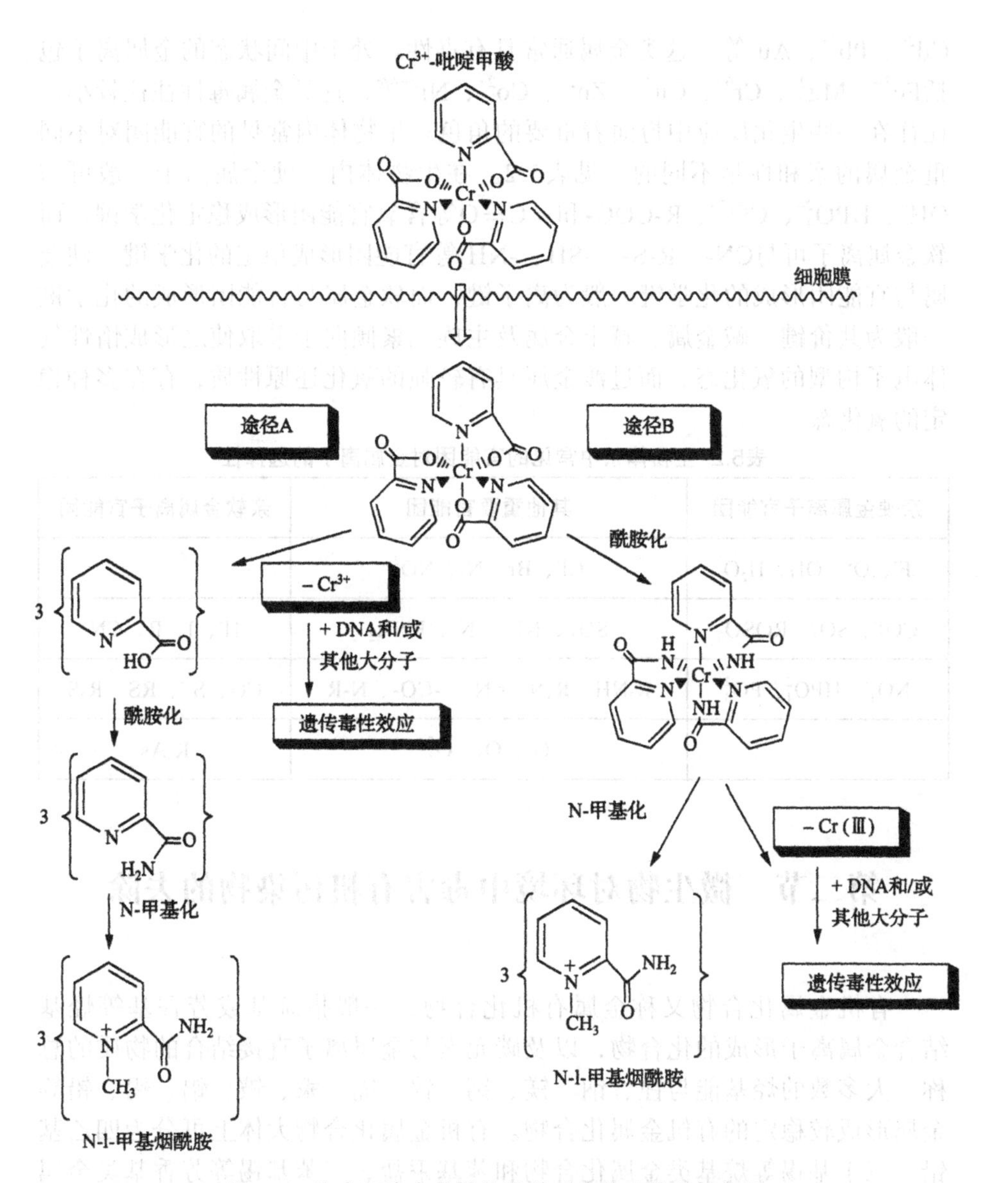

图5.10 铬在细胞内的转化及其对生物大分子的作用

（二）金属离子与生物分子相互作用的配位化学特征

金属离子与细胞生物分子间的配位相适能力和作用机理可以利用Pearson提出的软硬酸碱理论（*hard-soft-acid-base*，HSAB）解释。通常根据金属离子与F^-和I^-结合的强弱来对金属进行分类。将可以与F^-结合的金属离子称为“硬金属”，如Na^+、Mg^{2+}、Ca^{2+}、K^+、Sr^{2+}、Rb^+、Ba^{2+}、Sc^{3+}等，通常大量存在于有机体内；反之，则称为“软金属”，如Hg^{2-}、

Cd^{2+}、Pb^{2+}、Au^{+}等，这类金属通常具有毒性。处于中间状态的金属离子包括Fe^{3-}、Mg^{2+}、Cr^{6+}、Cu^{2+}、Zn^{2+}、Co^{2+}、Ni^{2+}等，这类金属毒性往往较小，往往在一些生化反应中扮演着重要的角色。生物体内常见的官能团对不同重金属的亲和性是不同的，见表5.2。在生物体内，硬金属离子一般可与OH^{-}、HPO_4^{2-}、CO_3^{2-}、R-COO-和＝C＝O等含氧官能团形成稳定化学键，而软金属离子可与CN-、R-S-、-SH、$-NH_2$等官能团形成稳定的化学键。硬金属与官能团形成的化学键一般为离子键，而软金属与官能团形成的化学键一般为共价键。碱金属、碱土金属及主族元素倾向于采取使之形成惰性气体电子构型的氧化态，而过渡金属具有较强的氧化还原性质，存在多种稳定的氧化态。

表5.2 生物体系中常见的官能团对金属离子的选择性

亲硬金属离子官能团	其他重要官能团	亲软金属离子官能团
F^{-}、O^{2}、OH、H_2O	Cl^{-}、Br、N_3、NO^{2}	
CO_3^{2-}、SO_3^{2}、$ROSO_3^{2}$	SO_4^{2-}、NH_3、N_2、RNH_2	H^{-}、I、R、CN
NO_3^{2-}、HPO_4^{2}、PO_3^{2}	R_2NH、R_3N、=N-、-CO-、N-R	CO、S^{2-}、RS、R_2S
	O_2、O_2^{-}、O_2^{2}	R_3As

第二节　微生物对环境中毒害有机污染物的去除

有机金属化合物又称金属有机化合物，一般指烷基或芳香基等烃基结合金属离子形成的化合物，以及碳元素与金属离子直接结合的物质的总称。大多数的烃基能与锂、钠、镁、钙、锌、镉、汞、铍、铝、锡、铅等金属形成较稳定的有机金属化合物。有机金属化合物大体上可分为四乙基铅、三丁基锡等烷基类金属化合物和苯基汞盐、三苯基锡等芳香基类金属化合物两大类，这些化合物均是对环境影响较大的有机金属化合物。这些物质大部分为人工合成，但自然界中的铅、汞、镉、锡等金属也会自发地发生甲基化（或烷基化），最典型的就是无机汞转化为甲基汞，从而使得这些金属的理化特性以及毒性发生了变化。

一、有机金属化合物特性及环境行为效应

（一）化学毒性和生物毒性

有机金属化合物不仅具有有机化合物的化学毒性，而且大多与重金属相结合，这样使得其化学毒性比单一的有机化合物和重金属都要高。一般有机金属化合物都具有脂溶性，比无机金属更容易透过生物膜，可以经肠壁吸收，进入脑血管和胎盘等部位积累，因此，具有很强的生物毒性。烷基金属化合物容易引起中枢神经的障碍。在体内，以肝脏等器官为主的微粒体药物代谢酶系可以使有机金属化合物脱去烷基和芳香基，最终变成无机金属离子。

以有机锡化合物（*organotin compounds*，OTC）为例，OTC对生物具有较高的毒性，其毒性大小及靶器官与其存在的形态相关。其三烷基锡化合物的毒性是二烷基锡化合物毒性的10倍，又以乙基和甲基的锡化合物毒性最强。生物体可以将四烷基锡化合物去甲基化，从而形成三烷基锡化合物，因此，对生物的毒害同样很大，但是毒害的症状显现较慢，有机锡化合物的毒性可排序为$R_4Sn=R_3SnX>R_2SnX_3>RSnX_3>SnX_4$。

（二）有机锡使用及污染现状

有机金属化合物往往具有剧毒，当生产过程中发生事故时，很容易造成从业人员的急性中毒。但是环境中有机金属化合物的含量通常较低，对人健康的影响呈现出慢性中毒的过程。1950—1975年间，日本、伊拉克、苏丹等国发生了一系列有机汞中毒的事件，从而引起了世界各国对有机重金属化合物污染的关注。著名的日本水俣病事件就是由有机金属化合物引起人体中毒的一起严重的群体性事件。事件是由当地居民长期食用受工厂排放的含汞和甲基汞废水污染的鱼、贝类引起的，患者于1953年被发现患有中枢神经性疾病，到1956年已出现18例由此导致的死亡事件。甲基汞进入人体后，会引起人体四肢的运动失调、触觉失灵、视野缩小、平衡性变差或明显的中枢性眼、耳、鼻症状。同一时期世界各地还多次发生居民食用拌有杀菌剂甲基汞的谷种而引起的中毒事件。这些群体性事件引起了人们对有机金属化合物污染的关注。

在1974年，联合国颁布的海洋污染防治公约中将有机锡列为优先控制的环境污染物。1976年的莱茵公约又将5种毒性特别大的有机锡化合物列入必须严格控制的黑名单。许多西方发达国家都曾发生过有机锡造成的污染事件。在20世纪70年代，法国的牡蛎饲养基地受三丁基锡的污染曾一度瘫痪。1982年1月，法国政府颁布了长度小于25米的船只禁止使用含有机锡化合物

的防污涂料的禁令，其他船只的涂料中有机锡含量不得超过3%。美国同样于1988年颁布了禁止船只使用有机锡防污涂料的规定。此后，英国、澳大利亚、加拿大、荷兰、瑞士、日本、丹麦等国家也颁布了限制三丁基锡使用的规定，这些法规中限定有机锡使用造成的环境浓度为8～40ng/L，在一定程度上控制了三丁基锡对环境造成的污染。但有机金属化合物在环境中很难降解，曾使用过三丁基锡的河流或海底仍然存在着严重的有机金属化合物的污染问题。

近几年，随着我国经济的快速发展及对有机锡污染问题的重视程度不足，造成了我国港口水域严重的有机锡污染问题。对近海、港湾和内河港口的鱼类、甲壳类等水生生物造成了一定的污染问题。有机锡常被作为制造各种农业杀虫剂及作为塑料产品的稳定剂、催化剂等大量使用，对环境的排放量大增，严重威胁人类的生命健康，将给生态环境尤其水生生态系统造成难以修复的长期破坏。

二、有机金属化合物的微生物修复

近年来，微生物吸附/降解法成为环境有机金属化合物修复的研究热点。以有机锡为例，微生物对有机锡的吸附过程首先是通过物理、化学作用把有机锡吸附到细胞表面，然后通过新陈代谢作用将有机锡转运到胞内进行降解。微生物细胞表面含有羟基、羧基、磷酸盐等活性基团，当有机锡与细胞接触时，有机锡首先与细胞表面的活性基团结合，其特点是快速、可逆、不依赖于能量代谢。在细胞内，通过微生物脱烷基作用再将其转化为毒性较低的低烷基化合物，或无机锡化合物。Crua等（2007）的研究发现，从受有机锡污染地区分离筛选出的维氏气单胞菌对TBT具有降解作用，可以利用TBT作为碳源将其降解为低毒化合物，如DBT和MBT。黄捷等（2014）利用苏云金芽孢杆菌（*Bacillus thuringiensis*）降解三苯基锡（TPhT），发现TPhT的微生物降解过程始于苯环裂解，TPhT中各苯环的开环反应可以单独进行，也可同步发生，进而产生二苯基锡（DPhT）、一苯基锡（MPhT）和无机锡。具体的TBT和TPhT解毒过程如图5.11和图5.12所示。

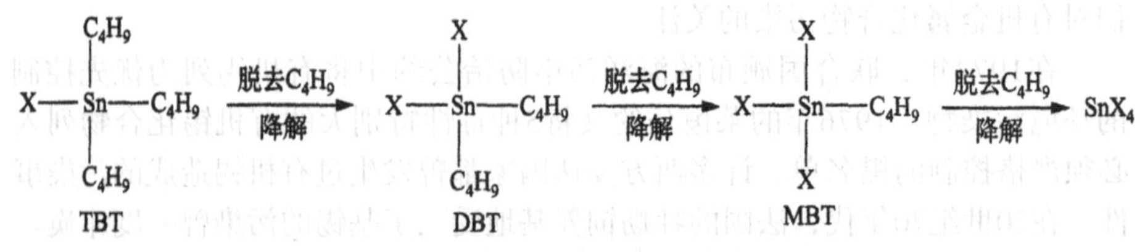

图5.11 微生物对三丁基锡的解毒过程

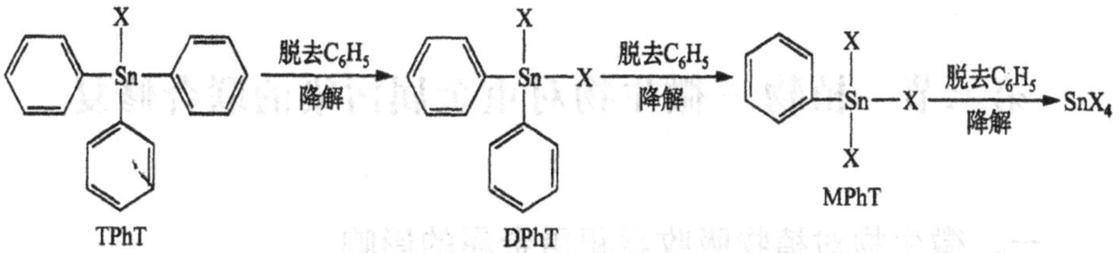

TPhT $\xrightarrow[\text{降解}]{\text{脱去}C_6H_5}$ DPhT $\xrightarrow[\text{降解}]{\text{脱去}C_6H_5}$ MPhT $\xrightarrow[\text{降解}]{\text{脱去}C_6H_5}$ SnX_4

图5.12 微生物对三苯基锡的解毒过程

2.研究进展

研究报道，微藻类在一定条件下对TBT有不同程度的吸附作用。本课题组近年来对TPhT的生物吸附与降解做了较多研究，发现克雷伯氏菌（*Klebsiella pneumohiae*）、苏云金芽孢杆菌、球形红假单胞菌等均对TPhT有较好的吸附/降解效果。

陈烁娜等（2011）利用实验室筛选驯化保藏的球形红假单胞菌X-5进行TPhT的微生物降解实验，发现菌体的降解过程主要是通过菌体快速吸附，TPhT进入细胞内，利用胞内酶进行初步降解，之后菌体将TPhT及其中间产物返回到细胞外，靠胞外酶进一步降解；24h内菌体产生的胞外酶对TPhT的降解率达到71.6%。叶锦韶等（2013）通过菌种筛选分离得到一株对TPhT有良好吸附/降解效果的菌株，鉴定为克雷伯氏菌，研究证明其对TPhT有良好的吸附/降解效果，0.3～3.0g/L菌体在2h内对3mg/L TPhT的吸附率超过70%，最高可达97.9%，并得出该菌对TPhT的吸附/降解过程包括了TPhT的细胞表面吸附、体内外双向运输和体内降解过程；综合GC-MS和XPS分析结果发现，TPhT降解过程中会产生DPhT和MPhT，并最终形成无机Sn^{4+}。另外，他们还研究发现短芽孢杆菌对0.5mg/L TPhT降解率为80%，其吸附/降解的最佳pH为6.0～7.5，同时发现B.brevis对TPhT的去除过程包括表面吸附、运输和胞内降解；B.brevis细胞表面在1h内可以吸附97%的TPhT。GaO等（2014）还利用嗜麦芽窄食单胞菌对TPhT进行吸附/降解性能研究，结果证实该菌对TPhT也有吸附/降解效果，其过程包括细胞表面的快速吸附、胞内积累和体内降解，菌体细胞表面可以在12h内吸附溶液中43.7%的TPhT，TPhT在胞内降解过程中被转化成低毒的DPhT和MPhT。同时发现嗜麦芽窄食单胞菌吸附/降解TPhT的过程中，菌体利用死细胞或细胞破裂释放出来的离子、蛋白质、糖类等维持生长代谢。

第三节 植物－微生物对重金属污染的联合修复

一、微生物对植物吸收累积重金属的影响

土壤中微生物数量多、繁殖快、活动性强，即使在重金属污染条件下，微生物通过菌体的吸附、分泌物、代谢产物等直接作用，或改变植物根系分泌物、生长等方面的间接作用，对土壤理化性质、养分状况等都有重要的影响，进而对植物吸收累积重金属产生显著的影响。

（一）土壤微生物在植物吸收累积重金属中的作用

植物对重金属的吸收与土壤微生物的关系密切，尤其是重金属污染土壤上的土著微生物，影响着土壤中重金属的生物有效性、植物对重金属耐性与吸收、植物生长等环节，从而对植物吸收累积重金属的能力有巨大影响。

以原状土壤为对照，采用高温灭菌或施加真菌抑制剂等方式除掉一部分土壤中的微生物，监测对微生物抑制后植物对重金属的富集变化，可间接反映土壤微生物对植物吸收累积重金属的影响，初步获悉土壤微生物的作用。

以云南某铅锌矿周边农田土壤为培养基质，盆栽种植紫花苜蓿，以原状土壤为对照，土壤灭菌和施加苯菌灵为处理，结果表明：在经过土壤灭菌处理后的苜蓿株高较对照组苜蓿株高矮了45%，地上和地下部分别减少了74%和85%（$P<0.05$）；对于施加施苯菌灵处理的实验组，其苜蓿株高下降并不明显，如图5.13所示。结果说明土壤中的微生物确实对重金属胁迫的苜蓿生长发育具有促进作用。

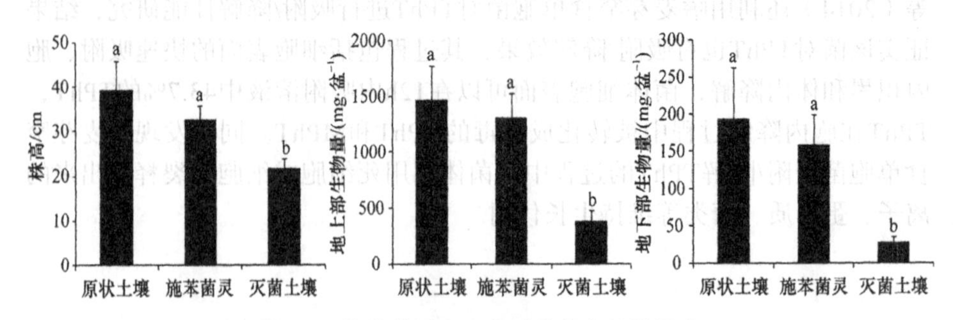

图5.13 施苯菌灵和灭菌对苜蓿生长的影响

与原状土壤相比经土壤灭菌处理的苜蓿地上部分的Cd积累量显著增

加，增幅达22%。而对土壤施加苯菌灵和经过高温灭菌处理后的土壤中生长的苜蓿，其地下部分的Pb吸附量分别增加8%和10%，Zn的积累量下降了35%和30%，见表5.3。

表5.3 苜蓿重金属的含量与累计量

部位	元素	含量/（mg/kg）			累积量（μg/盆）		
		原状土壤	施苯菌灵	土壤灭菌	原状土壤	施苯菌灵	土壤灭菌
地上部	Pb	837.5 ± 19.3a	857.3 ± 14.9a	871.9 ± 25.5a	1229.7 ± 233.4a	129.7 ± 192.8a	339.4 ± 87.2b
	Zn	116.3 ± 16a	135 ± 24.7a	103.8 ± 13.4a	173.1 ± 37.7a	182.3 ± 48.5a	40.9 ± 12.7b
	Cd	11.6 ± 0.8b	13.1 ± 0.9ab	14.2 ± 1.3a	17 ± 3.5a	17.4 ± 3.6a	5.5 ± 1.4b
	Cu	118.9 ± 7.4ab	135 ± 15.7a	106 ± 12.7b	176 ± 442.1a	180 ± 47.2a	42.2 ± 15.4b
地下部	Pb	733.8 ± 17b	795.4 ± 27a	809.9 ± 21a	142.9 ± 40.8a	128.2 ± 24.8a	23.0 ± 5.9b
	Zn	82.5 ± 11.5a	53.8 ± 12.4b	57.5 ± 7.5b	16.1 ± 4.8a	8.7 ± 3.1a	1.64 ± 0.3b
	Cd	33.7 ± 3.1a	34.2 ± 6.2a	31.2 ± 3.9a	6.6 ± 2.6a	5.4 ± 1.5a	0.9 ± 0.4b
	Cu	63.4 ± 6.5	62.1 ± 8.9a	80.1 ± 13.9a	12.8 ± 4.9a	10.0 ± 3.2a	2.4 ± 1.1b

植物对重金属的总累积量等于重金属在植物体内的含量与植物生物量的乘积，虽然在经过土壤灭菌处理后，植物对重金属的吸附量增加，但是植物的生物量也下降了很多，总的积累量也会降低。比如，经过土壤灭菌处理的紫花苜蓿对Pb、Zn、Cd和Cu的总累积量分别下降了74%、73%、68%和76%。

（二）土壤微生物影响植物吸收累积重金属的机理

1.改变植物根系分泌物

据估计，植物的根系在植物生长发育过程中会分泌大概200多种有机化合物，对植物的生长发育、抵御疾病等方面发挥重要的作用。按分子质量的大小可将这些分泌物分为低分子分泌物和高分子分泌物。低分子分泌物包括酚类、糖类、有机酸和各种氨基酸，高分子分泌物包括黏胶和外酶，其中黏胶又分为了多糖和多糖醛酸。根系分泌物通过络合、螯合、氧化还原等方式改变土壤中重金属的活性，从而影响重金属对植物的毒害作用。

土壤微生物，尤其是根际微生物，影响根细胞的通透性和根代谢，它们聚集在植物根系附近并通过代谢活动分解转化根系分泌物和脱落物，对根系分泌物起着重要的修饰限制作用。微生物可以通过改变根系分泌物的组成与数量，影响重金属在土壤中的活性。例如，接种根瘤菌W33后黑麦草、狼尾草根际的草酸、苹果酸和水溶性糖含量降低，并且显著降低了附近的Cu含量，这是因为Cu与微生物代谢产生的有机酸结合形成络合物，降低了Cu的可溶性。在Zn污染土壤中接种根际细菌，细菌分泌低分子质量有机酸和氨基酸等代谢产物，使得土壤中的Zn得到了明显的活化，提高了超富集植物遏蓝菜对Zn的富集能力。

2.影响土壤的pH值

土壤酸度可以极大地影响土壤中重金属的迁移性和生物有效性。降低土壤的pH值会增加土壤重金属的溶解性，从而提高重金属（如Cd、Zn、Ni、Mn、Pb、Cu）的生物有效性，而As、Cr、Mo、Se等元素的迁移性会随着土壤pH值的增加而增加。

以分离自铅锌矿区土壤的小花南芥根际真菌为例，没有施加Cd处理，4株根际真菌培养液pH值小于7.0，其余6株根际真菌培养液pH值大于7.0。0.05mmol/L Cd处理，除菌株KCF-3、KCF-4和KCF-5外；0.05mmol/L Cd处理，除菌株KCF-5外，Cd处理导致其余菌株培养液的pH值均显著下降，含镉培养基分离的铅锌矿区小花南芥根际真菌培养液pH值与Cd浓度呈极显著负相关。表明Cd胁迫显著促进铅锌矿区小花南芥根际真菌分泌氢离子。对分离自铅锌矿区的中华山蓼根际真菌产酸能力也存在类似的影响，Cd胁迫显著促进产酸能力较弱的铅锌矿区中华山蓼根际真菌分泌氢离子。

将分离自铅锌矿区污染土壤的两个菌株K1和K2，分别接种到添加不溶性镉、铅的液体培养基（28℃培养48h）和含有固定态镉、铅的土壤（28℃培养5d）中，结果液体培养基中接菌处理比不接菌对照有效态镉、铅含量分别增加844.6%和370.5%，pH值分别降低2.95和2.07，土壤中接菌处理比不接菌对照有效态镉、铅含量分别增加142.4%、19.2%。因此，矿区土壤微生物活化重金属的能力与其导致土壤pH下降关系密切。

3.影响土壤养分状况

土壤中生理功能类群，如解磷细菌，能够将植物难以吸收利用的磷转化为可吸收利用的形态。解磷细菌又分为无机磷细菌和有机磷细菌。无机磷细菌主要用来分解如磷酸钙、磷灰石等无机磷化物，该类细菌的新陈代谢会产生一些可溶解无机磷的酸性物质；有机磷细菌则可以分解如核酸、磷脂等有机磷化物，该类细菌的新陈代谢会产生一些可分解有机磷的酶。解磷细菌使难溶性磷酸盐中的磷释放出来，为植物提供可吸收的磷，改善植物磷素营养，在植物耐受和累积重金属中起着极其重要的作用。

二、植物–微生物联合修复的机理

植物和微生物的共存对植物吸收和富集重金属有重要影响，微生物可以分解植物根部产生的分泌物，而其代谢产物可以改变重金属在土壤中的存在形态，降低重金属的毒性，从而提高植物对重金属的耐受性、促进植物的生长。同时，植物的分泌物可以为微生物的生长提供养分，维持了微生物种群的数量，加强了微生物对重金属形态的改变。所以，微生物与重金属的联合可以加强植物对重金属的修复作用。

（一）提高植物累积重金属

在重金属胁迫的条件下，植物联合微生物一方面自身具有较强的重金属耐性；另一方面，通过菌丝过滤作用、合成特异性酶、激活植物防御系统等方式，降低重金属对植物的毒害作用。

1.保护植物的根系

这方面的研究主要集中在丛枝菌根真菌（AMF）方面，AMF的菌丝中含有大量可以结合重金属的位点，可以通过吸附和螯合作用降低重金属的可溶性，从而在一定程度上保护植物组织免受重金属的毒害。通过元素跟踪法进行观察发现，在寄生有菌丝的蕨根受到Cd胁迫时，AMF体内的Cd、Ti和Ba等重金属积累量要远高于植物根细胞内的累计量。AMF中Cd的分布主要几种在细胞质中，与含硫和氮的聚磷酸盐颗粒紧密结合，AMF菌丝中的聚磷酸盐还可以与Al、Fe、Ti和Ba等元素结合，从而降低重金属对植物根系的毒害。

2.合成特异性酶

植物在重金属的胁迫下，会生成乙烯，乙烯会促进植物叶片的衰老，从而降低植株的生物量。ACC是植物合成乙烯的重要物质，内生细菌可以分泌ACC脱氨酶，可以将ACC分解产成氨和α-丁酮酸，从而减少植物细胞在重金属胁迫条件下乙烯的合成量，缓解植物受重金属毒害的不良反应，提高植物对重金属的耐性。内生细菌可以将ACC作为氮源，占其但来源的36%，可以进一步降低植物的乙烯合成量。将Cu耐受型内生菌一雷尔氏菌J1-22-2、成团泛菌Jp3-3和赛维瓦尔假单胞菌Y1-3-9植入植物内部以后，发现这些菌类产生的ACC脱氨酶可以显著提高寄主植物的生物量和对Cu的累积量。

3.增强植物防御系统作用

植物内生细菌往往对多种重金属具有抗性，在受到重金属胁迫时，可以分泌大量的植物生长激素类、抗生素等，促进植物的生长发育。同时还可以改变植物的生理生化反应，产生一些重金属毒害的抗体。内生细菌可以在一定程度上改变宿主植物的表型特征和生理功能，比如可以增加植株过氧化物酶、过氧化氢酶、超氧化物歧化酶等物质的合成，增强植物对重金属的耐性。

（二）促进植物生长

微生物促进植物生长的具体作用机制主要有：分泌特定植物促生物质，促进植物对N、P的吸收，一定程度上保护植物的正常生长。

1.分泌植物促生物质

植物激素在植物组织的生长、分化过程中起到重要的调节作用。这些激素包括植物生长素、细胞分裂素、赤霉素等，植物自身会分泌一部分这些激素，另外有很重要的一部分来自于寄生微生物的代谢产生。植物激素在植物不同的生长发育阶段所需的量是不同的，若其中任一种激素的分泌量出现异常均会导致植物生长发育的异常。研究表明，植物可以与寄生微生物协同产生重要的植物生长素、赤霉素、细胞分裂素等激素，促进植物的生长发育、抗病毒性以及促进组织的分化。例如，很多寄生在植物体内的细菌可以分泌吲哚乙酸（IAA），IAA是一种植物生长激素，研究表明，大概80%的土壤细菌可以合成IAA，并可以在一定程度上调节植物的内源IAA产生，对植物接种这类型真菌可以促进植物的初生根伸长增加。

2.生物固氮

自然界中的氮素主要以N_2的形式存在，而氮气并不能直接被植物吸收利用。而一些微生物可以实现N_2的固定并将其还原为NH_4^+离子，NH_4^+离子是可以被植物吸收利用的氮源。这些微生物中，一部分可以实现自主固氮，而另一部分则需要与植物形成共生关系才可以固氮，联合固氮微生物往往寄生在植物的根部甚至是根皮层细胞中。当植物处于缺氮环境中时，若体内寄生有具有固氮能力的内生菌时，往往较其他植物具有更强的生存能力，因为寄生菌可以为植物提供重要的氮元素。例如，与豆科类植物共生的根瘤菌，可以将空气中游离的氮气通过固氮作用固定下来，并转化为植物可以吸收利用的含氮化合物，促进植物的生长。但是根瘤菌也会消耗植物体内的一些碳水化合物、矿质盐类及水分。

3.改善磷素营养

土壤中的磷元素常以难溶性的磷化合物形态存在，并不能被植物吸收利用。但是土壤中的一些微生物可以代谢产生可溶解磷化合物的酸类代谢物，可以增加土壤中磷元素的溶解性，为植物的生长发育提供重要的磷来源。在重金属胁迫条件下，土壤微生物可通过酸化、离子交换和释放有机酸等方式，增加土壤中磷的溶解性，起到保护植物生长发育的作用。

尤其是AMF在改善植物磷素营养中起着巨大作用。例如，在三叶草受

Zn胁迫的实验中发现，接种AMF的三叶草较未接种AMF的对照组中的磷含量受Zn胁迫的影响更小。对照组三叶草中的磷含量受Zn胁迫，在地上部分下降了一半，而根系中的磷含量则大概只有接种AMF三叶草根系中磷含量的30%。在Cr胁迫向日葵的实验中发现，AMF的接种对向日葵的耐Cr性和对Cr的累积量均有提高。

（三）提高土壤重金属生物有效性

重金属在土壤中的生物有效应对植物的吸附能力有很大的影响。重金属的生物有效性又受到了土壤pH值、Eh值、重金属种类及含量、根际环境等多种因素的影响，与植物联合的微生物主要通过分泌的铁载体、有机酸、生物表面活性剂、糖蛋白等物质，对重金属产生螯合、活化、钝化、沉淀等作用，以及与重金属配位形成复合物等或者通过影响植物对重金属的吸收转运、挥发等形式调控植物修复过程。

1.分泌铁载体

某些微生物能分泌铁载体（*siderophores*），目前已经发现的铁载体有500种之多，根据其所含配位点的不同，可分为氧肟酸盐型、儿茶酚盐型、羧酸盐型（*carboxylates*）三大类，绝大多数细菌和真菌都可以分泌多种铁载体，儿茶酚型的铁载体目前发现仅在细菌中存在。当土壤中铁元素出现短缺时，与植物共生的微生物就会分泌铁载体，促进植物对铁元素的吸收能力。铁载体还可以结合Al、Cu、Cd、Zn和Pb等金属离子形成稳定的复合物。因此，微生物分泌的铁载体可以降低重金属的生物有效性，从而降低重金属对植物的毒害。如经Ni胁迫的伯士隆庭荠，与其共生的细菌分泌的铁载体，经证明同时提高了植物对Ni、Cr、Co、Zn和Cu等的抗性，从而促进植物在重金属胁迫下的生长。因此，在土壤中添加、培养可分泌铁载体的微生物，对土壤重金属的修复具有重要的意义。

接种具有分泌铁载体能力的微生物有可能促进植物对重金属的吸收，提高植物修复重金属的效率。植物根际细菌铜绿假单胞菌产生荧光嗜铁素（*pyoverdine*）和螯铁蛋白（*pyochelin*）两类铁载体，它们能增加土壤中Cr的生物有效性，促进玉米对Cr的吸收。接种唐德链霉菌F4菌株分泌的铁载体可以抑制微生物对Cd的吸收，但是促进了向日葵对Cd的吸收。另有研究结果表明，土壤微生物分泌的铁载体降低植物对重金属的吸收。接种产生铁载体的铜绿假单胞菌KUCdl菌株抑制了西葫芦和印度芥菜对Cd的吸收。产生铁载体的耐Ni假单胞菌促进了鹰嘴豆的生长，降低了植物对Ni的吸收。

铁载体对不同种类植物吸收重金属的调控效应并不是一成不变的，会受到土壤环境、土壤中重金属的存在形态、植物对重金属吸收转运能力等因素的影响，同时土壤的环境条件也会影响到微生物产生铁载体的过程。

目前，铁载体对植物修复土壤重金属污染过程的调控及分子机制的认识还不够，对植物和这类型微生物的共生机理还不清楚。但是目前的实验结果表明，这类型微生物产生的铁载体在植物修复重金属污染土壤方面具有积极的意义。

2.分泌有机酸

微生物在代谢过程中往往会分泌一些低分子质量的有机酸，包括柠檬酸、草酸和葡萄糖酸等，这些有机酸会增加重金属的溶解性。如与甘蔗共生的固氮醋杆菌，其代谢分泌物葡萄糖酸衍生物5-酮戊二酸单酰胺，可以增加土壤中Zn的溶解性。对于东南景天等耐受Zn和Cd的作物，其根系中往往共生着可分泌可溶解Zn和Cd有机酸的细菌，这类分泌物可增加上壤中重金属的生物有效应，增加植物对重金属的累积量。

微生物分泌的有机酸可以促进植物对重金属的吸收。如耐受重金属的内生细菌荧光假单胞菌和微杆菌通过分泌有机酸增加油菜对Pb的积累。产生有机酸的黑曲霉能够从磷氯铅矿石中活化出大量的Pb和P，显著提高了黑麦草对Pb和P的吸收。有研究表明，有机酸的分泌对不同重金属存在形态的改变是不同的，在增加某种重金属活性的同时可能会抑制另一种重金属的活化。例如，在Cr和Pb污染的土壤中接种枯草芽孢杆菌，其分泌的有机酸对土壤中的Cr和Pb的生物有效性并没有什么影响；而接种泛菌属和肠杆菌属的细菌后，其分泌的有机酸提高了土壤中P的溶解性，但同时确导致了Pb的钝化。

目前微生物分泌的有机酸对土壤中重金属的生物有效性的调节机制还不确定，对与植物联合修复土壤重金属污染的应用还需要继续研究。

3.产生生物表面活性剂

微生物的代谢产物中还包括一种生物表面活性剂，它的功能是可以改善土壤中重金属的迁移性，可以活化土壤中的重金属，增加其溶解性。

产生表面活性剂的微生物可以增加污染土壤中重金属的移动性。如铜绿假单胞菌BS2菌株产生的表面活性剂鼠李糖脂，研究表明，该活性剂极大增加了土壤中Cu元素的移动性，在遭到Cu污染的土壤中添加2%的鼠李糖脂，可以实现71%～74%的Cu去除率。在重金属污染土壤中添加鼠李糖脂，可以显著增加玉米、苏丹草、油菜和西红柿等作物对Cd的吸收。尽管实验中已经证明了表面活性剂可以增加土壤中重金属的活化，并可以促进植物对重金属的吸收累积，但是这种测试中的土壤重金属污染大多比较单一，并不能很好的代表自然条件下的土壤重金属污染，自然条件下土壤中可能存在多种重金属它们相互之间存在协同或者拮抗作用，对这种表面活性剂调节土壤重金属活性的影响还需要进一步验证，这也是走向应用的必经之路。

4.产生胞外多糖和糖蛋白

微生物代谢产物中的蛋白质、黏多糖和胞外多糖可以通过螯合作用与重金属形成稳定的化合物，从而降低土壤中重金属的移动性。如在土壤中接种固氮菌后，其代谢产生的胞外多糖可以降低小麦对Cd和Cr的吸收。

AMF菌丝分泌的特殊糖蛋白——球囊霉素相关土壤蛋白（GRSP），是AMF菌丝产生的一种含金属离子的专性糖蛋白，其含量与土壤重金属的污染程度密切相关，能大量地络合重金属离子，降低重金属的可提取态含量与生物有效性。如铜冶炼厂、铅冶炼厂周边农田土壤的GRSP含量与Cu、Pb、Zn等重金属的含量呈极显著正相关。GRSP具有很强的络合Cd、Pb等重金属离子的能力，如GRSP结合的Pb、Zn和Cu等重金属离子，分别占土壤Pb、Zn和Cu总量的0.8%～15.5%、1.44%～27.5%和5.8%。GRSP能够将重金属离子固定在土壤中，被看作重金属污染土壤的生物稳定剂。GRSP结合的重金属占土壤重金属全量的比例，随重金属污染程度的增加而增加。因此，AMF菌丝及其分泌的胞外糖蛋白对重金属有很强的固定作用。

5.菌丝吸附作用

与植物联合的微生物通过菌体或菌丝的生物吸附作用，影响土壤重金属的生物有效性和植物对重金属的吸收。尤其是AMF与植物形成共生体后，菌丝在土壤中生长与繁殖，形成庞大的根外菌丝体。这些菌丝对土壤重金属离子有很强的吸附能力，能够将重金属离子固持在AMF菌丝上，降低重金属离子在土壤中的迁移性。根外菌丝的细胞壁中含有大量的几丁质、纤维素、黑色素等物质，可以紧密地吸附土壤中的重金属离子。与其他微生物相比，AMF菌丝有较高的阳离子交换量和金属吸附能力，有助于AMF的菌丝和孢子吸附固持大量的金属，如摩西球囊霉菌体组织中的Zn超过1200mg/kg，地表球囊霉菌丝中Zn超过600mg/kg。不同菌种和菌株的根外菌丝对Cu的吸附和积累能力与阳离子交换量直接相关，研究表明，菌丝细胞壁中Cu主要分布在黏液层、细胞壁和菌丝细胞质中。

（四）影响植物对重金属的吸收与分配

植物联合微生物不仅通过其自身的组成成分吸附重金属，影响重金属在植物根部的迁移行为，而且通过调控植物体内特定的重金属转运蛋白表达，影响重金属在植物体内的转运，改变重金属在植物不同部位的分配。

1.促进根系固持重金属

在重金属污染土壤中，联合微生物通过生物吸附作用与重金属结合，降低了环境中重金属的生物有效性，进而限制了重金属从植物根部向地上部的转运。如定殖于根内的AMF通过菌丝体内磷酸盐、巯基等化合物的络合作用，在根内菌丝内液泡和孢子中贮存重金属离子，将更多的重金属离子转换为草酸提取态和残渣态等生物活性弱的形态，促进重金属离子固持在植物根系中。在根器官条件下，研究发现层状球囊霉根外菌丝对放射性金属元素Cs可吸收、积累并转运到植物根中。AMF的根内组织可以积累Cs，同时减少其向菌根内的转运，并且AMF根内结构可以诱导Cs向木质部运输通道的下游调节。

2.影响重金属的转运

阳离子转运蛋白对土壤重金属污染的植物修复非常重要，这些跨膜运载蛋白在重金属的根部吸收、液泡的区室化及木质部的装载过程中扮演了决定性的角色，对重金属在细胞中的运输、分布和富集等方面具有不可或缺的作用。随着近年来分子生物学等技术的发展，人们已经克隆出多个超富集植物中存在的金属运载蛋白，这极大地促进了植物修复土壤重金属污染的效率。

植物根系定殖的微生物对重金属转运蛋白的表达具有一定的影响，从而影响植物对重金属的吸收与转运。如根内的AMF影响作物根系的重金属吸收动力学，下调根系Nrampl、Nramp3等重金属转运相关蛋白编码基因的表达，降低作物对镉的吸收，减少重金属离子向作物地上部迁移。遗憾的是，这方面的研究依然很少。

3.改变重金属在植物内分配

由于植物联合微生物强化根系对重金属的固持作用和影响重金属转运蛋白的表达，导致重金属在植物体内的分配发生改变，这方面的研究报道以AMF居多。如在重金属复合污染（Cu、Zn、Pb、Cd）土壤上三叶草生长的影响研究中显示，在对比接种AMF后三叶草与未接种AMF三叶草对重金属的吸收运输后发现，接种AMF的三叶草地上部分的重金属Pb和Cd含量明显较少，表明接种AMF可以加强三叶草根系对重金属的固持作用。同样的情况也出现在Cd胁迫紫羊茅的实验中。在分析接种AMF后重金属在的植株中的分布后发现，大多数重金属富集于真菌和宿主细胞间果胶质中；而未接种AMF的植株中，重金属主要分布于植株的地上部分，这种结果表明AMF可以加强植物根系对重金属的固持作用，限制重金属向植株地上部分的转运。

三、土壤重金属污染的植物–微生物联合修复

植物–微生物联合修复是在植物修复的基础上，联合与植物共生或非共生微生物，形成联合修复体，通过植物–菌根、植物–根瘤菌、植物–非共生

菌三种形式强化植物修复作用，并受土壤中重金属污染特性、植物和微生物自身生理生化特性的影响。

（一）植物–微生物联合修复的类型

根据微生物与植物关系的紧密程度，大致可以将土壤微生物分为植物的共生菌和非共生菌。植物根部的共生菌主要包括共生的真菌（如AMF）和细菌（如根瘤菌），与植物关系极其密切，达到合二为一的程度。与植物根系较密切的土壤微生物主要有根际微生物和内生菌，对植物的生长有显著的影响。共生菌和非共生菌作用于植物的途径和机制通常是不同的，共生菌经过长期自然选择与进化，直接与宿主植物交换生理代谢产物，互惠共生；非共生菌是在特定的条件下，大多借助分泌的特殊化学物质，间接有利于植物生长或提高植物抗逆性。可见，共生菌、非共生菌与植物的关系及其作用机理存在巨大的差别。因此，植物–微生物联合修复的类型可以分为：植物–共生菌联合修复和植物–非共生菌联合修复两种类型。

（二）土壤重金属污染的植物–共生菌联合修复的特征

菌根真菌、根瘤菌和植物能形成紧密的互惠共生关系，某些菌株促进宿主植物对重金属的吸收累积，提高植物的修复效率。

1.植物–AMF联合修复的特征

一些研究报道了AMF增加重金属在植物根部的累积，减少重金属向地上部转移，进而降低富集系数和转运系数。如接种AMF导致超富集植物黄芪的地上部重金属累积量下降了17%，其中Zn、Cd、Pb的浓度分别下降了13%、25%和31%，从而降低了宿主植物对土壤重金属污染的修复效率。而另外一些研究报道认为，AMF能够促进植物对重金属的吸收，提高植物修复的效果。在砷浓度为300mg/kg的污染土壤上种植蜈蚣草，并对其接种摩西球囊霉，发现蜈蚣草中的砷累积量提高了43%。

2.植物–根瘤菌联合修复的特征

豆科植物与根瘤菌形成共生体，提高宿主植物对重金属的耐性，促进植物对重金属的吸收累积，可能提高其对重金属的修复效率。例如，接种根瘤菌W33，显著促进黑麦草吸收Cu，并提高黑麦草对Cu的富集系数和转移系数，增加根部和地上部的Cu总量。

可见，根部共生菌影响植物修复重金属的效应存在种间和种内菌株间的差异，有关根部共生菌在植物富集重金属过程中的作用目前没有统一的认识，相关研究多集中在可控环境下接种的室内模拟，侧重于现象描述与理论探索，很少有研究探讨共生菌在植物修复大田试验中的应用及其可行性。

（三）土壤重金属污染的植物–非共生菌联合修复的特征

微生物是土壤的重要组成部分，参与土壤生态系统的物质循环与能量转换过程，对提高土壤肥力和维持土壤生态平衡具有重要意义。根际是植物、土壤和微生物相互作用的微界面，微生物在根际环境中起着重要的作用。在重金属污染土壤中，根际微生物能够影响植物对营养元素与重金属的吸收，同时微生物能够分泌一些生长调节剂和螯合剂等特殊物质，影响植物对重金属污染的修复能力。

1.植物–植物根际促生细菌联合修复的特征

细菌在土壤中占绝对优势，在植物根周围细菌密度远远地高于土壤中的其他部位，植物根际促生细菌在植物根部定殖，并促进植物生长。有益的根际微生物能够与植物产生联合协同作用，有助于提高植物的修复效率。

PGPR的研究主要集中在根际细菌（*rhizobacteria*）上，它们能使植物在生长初期获得更高的发芽率和更长的根系，显著促进重金属胁迫下植物的生长。PGPR不仅能够刺激并保护植物的生长，而且具有活化土壤中重金属污染物的能力，影响植物对重金属的吸收累积。但细菌促进重金属胁迫下植物生长的同时，对植物吸收累积重金属的作用也不尽相同。

（1）促进植物生长，提高植物修复效率。PGPR促进富集植物生长的同时，还增加植物体内重金属含量，促进了富集植物对重金属的吸收积累，提高植物修复的效率。如接种根际细菌后土壤溶液中锌含量增加，遏蓝菜地上部的鲜重和Zn含量均增加1倍，其对Zn的吸收能力增加3倍。在遏蓝菜根际分离出大量对Ni耐受性较强细菌，可以明显提高遏蓝菜对Ni的富集能力。从印度芥菜根际分离出Pb抗性细菌，能够促进植株生长，并提高植株吸收的Pb含量。铅镉抗性细菌WS34促进供试植物生长，使印度芥菜和油菜的干重分别比对照增加21.4%～76.3%和18.0%～236%，铅镉积累量比对照增加9.0%～46.4%和13.9%～32.9%，且油菜中的增加量大于印度芥菜。

PGPR促进非富集植物生长和增加植株重金属含量，促进植物对重金属的累积。从污染土壤中分离得到的三株Cd抗性的假单胞菌属和芽孢杆菌属细菌，分别接种到含有200mg/kg Cd的土壤中，能显著促进番茄植株生长，活化植株根际Cd，RJ16菌株接种处理的番茄植株地上部干重、根际有效Cd含量及植株吸收Cd的含量分别比不接菌对照处理增加64.2%、46.3%和107.8%。根瘤菌W33显著促进黑麦草吸收Cu，并提高其对Cu的富集系数和转移系数，增加根部和地上部的Cu总量。成团泛菌JB11使高羊茅和红三叶的干重、植物Pb和Cd的含量都显著增加。

有些促生细菌不改变植物体内重金属的吸收浓度，如在温室条件下，具有固氮、溶磷和解钾能力的植物促生细菌对印度芥菜地上部Pb和Cd浓度没有显著影响，但增加了植物地上部生物量，从而增加了印度芥菜对重金属的吸收量。

（2）根际真菌促进植物吸收累积重金属的影响。重金属污染土壤上，存在大量的重金属耐性真菌，具有促进植物吸收累积重金属的影响。接种抗Cd的毛霉QS1，明显促进了油菜生物量的增加、Cd在植株体内的富集和Cd从根部向地上部分的迁移，油菜对Cd的富集系数和转运系数增加。接种木霉菌株F6促进印度芥菜对Cd和Ni吸收累积，富集系数和转运系数增加。

2.植物–内生菌联合修复的特征

植物内生菌（*endophytic bacteria*）定殖在植物体内，从而具有促进生长、提高抗逆性等方面的特殊生物学作用，也在植物修复过程中起着一定的作用，越来越受到关注。

植物内生细菌能够直接或间接促进植物的生长和根部活动强度，相应地提高植物对重金属的耐性、吸收能力及修复效率。将4株超富集植物龙葵体内分离的内生细菌重新接种发现，内生细菌的存在可以大大降低重金属镉对植物的毒害作用，同时显著提高植物根和地上部分的生物量，促进植物对重金属的固化效果。采用灌根方式接种内生的一株巨大芽孢杆菌，龙葵叶、茎、根部Cd含量比不接菌对照均显著增加；混合接种芽孢杆菌、肠杆菌和巨大芽孢杆菌三株内生菌，龙葵叶、茎和根干重分别比不接菌对照高出118%、110%和113%，植株地上和地下部Cd吸收总量分别增加110%和83%，表明内生菌能显著促进龙葵植株生长，强化龙葵吸收土壤中Cd的能力。

第六章
重金属污染土壤的植物修复

自20世纪80年代开始，利用植物对重金属的超积累功能进行土壤重金属污染修复得到了迅速的发展，大量重金属超富集植物的发现与研究，为重金属污染土壤植物修复技术的应用创造了前提条件。植物对土壤重金属污染的修复技术主要是通过植物对重金属的富集、根系的过滤、植物对重金属存在形态的影响等机制来实现。本章重点介绍土壤植物修复的概念与特点、原理与方法以及苜蓿对土壤重金属污染的修复。

第一节　植物修复的特点

一、植物修复的概念及类型

（一）植物修复的概念

植物修复是指通过植物对土壤中重金属的吸收、富集、降解、固定及与微生物共生等特性，在受到污染的土壤中种植植物的方法，实现土壤中重金属的收集、转移、处理等功能，最终在一定程度上对土壤重金属污染问题实现修复。

简言之，植物修复是利用植物去除环境中有害元素的方法。

（二）植物修复技术的类型

根据植物修复的定义可知，植物修复技术包括植物萃取、植物固定、植物降解、植物挥发、根际过滤、植物刺激等类型。

1.植物萃取

利用重金属超富集植物对土壤中重金属的超量积累并向地上部转运的功能，然后通过将植物生物体转移的方式去除受污染土壤中的重金属。

2.根际过滤

根际过滤是指借助植物根系的代谢活动，实现对重金属的吸收、富集和沉淀等作用，最终实现降低土壤中重金属毒性的修复方式。

3.植物降解

植物降解是指通过植物的代谢活动，改变重金属污染的存在形态，最终将污染物转化为毒性微弱甚至无毒性形态的过程。

4.植物挥发

植物挥发是指通过植物的代谢活动，将吸收进入植物体内的污染物转化为可挥发的形态，最终通过植物的蒸腾作用将其释放进入大气中。

5.植物固定

植物固定是指利用植物的分泌物吸附重金属，以改变其移动性或生物有效性，从而实现重金属的固定、隔绝，以减少其对生物的毒害。

6.植物刺激

植物刺激是指植物通过刺激其共生微生物的代谢活动，达到改变重金属的生物活性的目的，最终降低了重金属对生物的毒害损伤。

二、植物修复的特点

植物修复技术具有两面性，既有优点也有缺点。

该技术的优点主要表现为：①处理成本低廉；②原位修复，不需要挖掘、运输和巨大的处理场所；③易于操作，效果持久，如植物固化重金属产生的化合物性质稳定，不易再次释放进入土壤；④安全可靠，没有副作用；⑤对环境扰动小，不会破坏景观生态，还可以增加环境的绿化率，可以起到美化环境的作用，容易为大众和社会所接受。

该技术的缺点主要表现为：①效率低；②对土壤环境的条件有一定要求；③植物对重金属的吸收、富集通常存在一定的选择性，需要选择合适的植物进行修复；④若对收割的植物处置不当会再次污染土壤；⑤对污染物的存在形态具有一定的要求，必须可以被植物吸收利用，且对深层土壤中的污染物不起作用；⑥异地引种可能会破坏当地的生态环境。

第二节　超富集植物对土壤重金属污染的修复

植物修复是降低土壤重金属污染修复成本的重要技术之一。超富集植物在吸收富集重金属之后，可以进一步将植物体内的重金属提纯为工业原料，实现土壤修复的经济性。考虑到既不耽搁农业生产，又能修复土壤，因此提出采用富集植物与作物间作修复模式，土壤修复和农业生产同时进行。

一、超富集植物的定义及标准

超富集植物（*hyper accumulator*）的报道和研究有较长的历史。早在1583年，意大利植物学家塞萨林就发现了一种特殊的植物，可以实现重金属的超量富集。而对超富集植物的研究可追溯到19世纪。1841年，德斯沃克斯将这种特殊植物命名为布氏香芥，后经过测定发现布氏香芥植物叶片中的Ni浓度达到了7900mg/kg。1885年，鲍曼对遏蓝菜属植物的茎叶灰分进行了测定，发现其中的ZnO含量占到了17%。1977年，德国科学家布鲁克斯首次提出了重金属超富集植物的概念。

超富集植物是指对重金属的吸收累积量超过一般植物100倍以上的植物。1983年钱尼提出了利用超富集植物修复土壤重金属污染的想法。1989

年，贝克和布鲁克斯对超富集植物重新做了诠释，规定了只要满足各种重金属元素的最低富集含量（表6.1），且植物地上部分较地下部分对重金属的累计量大的植物就称为超富集植物。由定义可知，超富集植物主要考虑的是生物富集系数和转运系数则两个因素，两者均大于1，未考虑到植物生物量的大小和从土壤转移到地上部分的量。

表6.1 超富集植物重金属临界含量

重金属元素	临界含量/（mg/kg）	重金属元素	临界含量/（mg/kg）
Cd	100	Cu	1000
As	1000	Mn	10000
Pb	1000	Co	1000
Cr	1000	Zn	10000
Ni	1000	Hg	10

聂发辉提出了采用生物富集系数来评价植物的富集能力，是指化合物在生物干重中的浓度和溶解在水中的浓度之比。此系数的提出扩大了传统超富集植物所包含的范围，将一些生物量很大的植物也纳入了超富集植物的范畴。

通常意义上的超富集植物需具有以下4个基本特征：①耐性特征，是指植物需具有较强的重金属耐性。超富集植物体内的重金属含量可以达到常规植物的10～500倍而不影响其生物活动。广泛采用的参考值是植物茎或叶中重金属富集的临界含量，Zn和Mn为10g/kg，Pb、Cu、Ni、Co及As均为1g/kg，Cd为0.1g/kg。②植物的富集系数（BCF）大于1，即植物体内该元素含量大于土壤中该元素的含量。富集系数=植物体内该元素含量/土壤中该元素的含量，即植株地上部和地下部重金属含量之和与土壤中该重金属含量之比大于1。富集系数越大，表示植物累积该种元素的能力越强。③植物的位移系数（Translocation Factor，TF）大于1，植物地上部分的含量高于根部。位移系数=植物地上部分该元素的含量/植物根部该元素的含量。位移系数用来表征某种重金属元素或化合物从植物根部到植物地上部的转移能力。位移系数越大，说明植物根部向地上部运输重金属元素或化合物的能力越强，对某种重金属元素或化合物位移系数大的植物显然利于植物提取修复。④超过临界含量10～500倍条件下，植物正常生长不受影响。

筛选为超富集植物必须满足三个基本特征（临界含量、转运系数和富集系数），同时还需要考虑植物的生长速度快、生长周期短、根系组织发达、地上部生物产量高、气候适应性强、抗病虫害能力强、种植管理技术、收割物后处理和管理技术及生物入侵的风险性等。根据土壤污染的复杂程度，最好能筛选出同时富集几种重金属的植物。

目前已被确认的超富集植物为700多种，它们广泛分布于植物界的45个科。目前世界公认的超富集植物主要集中在几种植物，如天蓝遏蓝菜是Zn和Cd的超富集植物，目前被研究得最多。布朗等于1994测定了浓度为1.02g/kg的Cd污染土壤上生长的天蓝遏蓝菜的Cd累积量，生长5周后的天蓝遏蓝菜叶片中的Cd含量已达到1.8g/kg。同年，贝克对重金属污染土壤上生长的遏蓝菜中Zn和Cd的含量进行了测定，分别为1.3～2.1g/kg和0.164g/kg。布朗等于1995通过Zn和Cd胁迫的遏蓝菜水培试验发现，其Zn和Cd的含量分别为33.6g/kg和1.14g/kg。

蜈蚣草是一种对As超富集的植物。Ma等（2001）在对铬化砷酸铜污染土壤上生长的14种植物进行分析时发现，蜈蚣草体内的As含量达到了3280～4980mg/kg。进一步研究发现，当As浓度为18.8～1603mg/kg时，蜈蚣草羽片中As含量为1442～7526mg/kg。在未污染区土壤中As浓度为0.47～7.56mg/kg时，植物羽片As含量为11.8～64.0mg/kg。当采用砷酸钾浓度为50mg/kg、500mg/kg和1500mg/kg的溶液对蜈蚣草进行两周的水培实验后进行测定，发现其叶片中As含量分别为5131mg/kg、7849mg/kg和15861mg/kg。有研究曾于2002年对泰国一矿区生长的蜈蚣草进行了测定，发现当土壤As浓度为810～1400mg/kg时，蜈蚣草叶片中As含量为4240～6030mg/kg。韦朝阳等（2002）发现As的超累积植物大叶井口边草（*Pteris cretica*），最大As含量可达694mg/kg，生物富集系数为1.3～4.8。

刘威等（2003）发现宝山堇菜是一种Cd超富集植物，土壤中总Cd浓度为152～2587mg/kg，平均值为663mg/kg；土壤中有效态Cd浓度为18～288mg/kg，植物地上部Cd含量为465～2310mg/kg，平均值为1168mg/kg，地上部富集系数为0.70～5.26，并且17个样品中有13个植物地上部的Cd含量大于其根部Cd含量。利用1/2强度Hoagland营养液进行温室盆栽试验表明，在浓度为0～30mg/kg的Cd营养液中，宝山堇菜的生物量随Cd浓度的增加而增大，并在Cd浓度为30mg/kg时达到最大值，在Cd浓度为50mg/kg时受到明显的抑制，其体内Cd的含量为4825mg/kg。

植物地上部Cd富集系数随营养液中Cd浓度的增大而减小。吴双桃等（2004）首次报道了土荆芥是一种Pb超富集植物，其体内Pb高达3888mg/kg；将土荆芥培养在含有高浓度可溶性Pb的营养液中时，可使茎中Pb含量达到1.5%。参照非污染环境中Pb 5mg/kg干重、Zn 100mg/kg干重和Cd 1mg/kg干重的植物体内重金属含量，Zu等（2004，2005）在会泽铅锌矿区筛选出了

Pb/Zn超累积植物小花南芥，Cd超累积植物续断菊（表6.2）。

表6.2 矿区植物根叶土壤中铅、锌和镉含量

重金属	植物品种	茎叶/（mg/kg）	根/（mg/kg）	土壤/（mg/kg）	与正常植物比	富集系数	位移系数
Pb	抱茎箐姑草	3141.2	7456.5	6507	620	0.48	0.42
	续断菊	2193.7	4560.8	2880.2	439	0.76	0.48
	野生羊茅	2023.1	5588.6	3342.8	405	0.61	0.36
	圆叶无心菜	1873.1	2317.5	4969.9	375	0.38	0.81
	小花南芥	1711.8	1963.2	13268	342	0.13	0.87
	红花酢浆草	1689.1	1836.1	2587.3	338	0.65	0.92
	紫茎泽兰	1436.6	1845.8	3205.8	287	0.45	0.78
	藏大蓟	1198.8	629.3	4455.6	240	0.27	1.9
	密花香薷	1015.4	1341.4	5664.4	203	0.18	0.76
Zn	鼠尾草	7004.3	6050.1	8755.3	70	0.8	1.16
	滇黄堇系	5959.9	5402.3	9166.7	60	0.65	1.1
	小花南芥	5632.8	4508.7	13032	56	0.43	1.25
Cd	岩生紫堇	329.8	301.2	1896	330	0.19	1.1
	翅瓣黄堇	215	311.5	1183.4	215	0.18	0.69
	西南委陵菜	214	320.1	815.5	214	0.26	0.67
	粗丝木	164.8	231.4	437.2	165	0.38	0.71
	毛连菜	145.2	354.5	925.4	145	0.16	0.41

二、超富集植物机理

超富集植物对重金属有很强的耐性和转运富集能力。在重金属浓度相对较高的土壤中，超富集植物的重金属浓度比普通植物高10倍甚至上百倍而不产生毒害作用，表明超累积植物对重金属具有持续向地上部运输并储

存的能力。超富集植物怎样吸收、转运、累积重金属、解毒重金属毒害成为人们研究的重点，超富集植物在高浓度重金属胁迫下仍能维持正常的代谢过程，可能是由多基因控制的复杂过程，涉及重金属离子在根部区域的活化、吸收，地上部运输、贮存及耐性等方面。

（一）植物的根际效应

根系是植物与土壤进行离子交换，从环境中摄取养分和水分的主要器官，土壤中的重金属进入植物最重要的途径就是通过根系的吸收。一般植物只吸收水溶态和可交换态的重金属，有效态重金属的含量在土壤中是十分少的，因此能真正被植物吸收的部分很少。超累积植物根系不仅能感应环境中的有效元素，而且向环境中溢泌质子和离子并释放大量的有机物质，改变重金属的存在形态。

1.超富集植物根系形态分布

重金属污染土壤中植物在长期的适应过程中，植物根系改变其生长形态来从污染的土壤中避免或者积极引进重金属。例如，超富集植物Thlaspi caerulescens为了吸收金属，使根部在金属富集区域有效地生长。重金属污染的土壤中超富集植物的细根在浓密根系统中占很大比例，能够加强对金属的吸收。

超富集植物能耐受一定重金属胁迫，但达到一定浓度富集植物根系形态也会表现出不同程度的变化。唐秀梅等（2008）以龙葵为材料，水培法研究在0、10mg/L、25mg/L、50mg/L和100mg/L镉质量浓度下的根系形态，发现在处理17d和34d，中低质量浓度（10～50mg/L）的镉促进龙葵根系生长，在处理17d时其根长、体积均随镉质量浓度升高而增加；高质量浓度（100mg/L）的镉抑制根系生长，在处理34d时其根长、体积和直径低于对照。随着镉处理时间的延长，10mg/L促进效果明显，表现为处理34d时其根长、体积、直径均达到最大值，100mg/L抑制程度加剧，表现为其根长、体积、直径均急剧下降。

续断菊与蚕豆间作的盆栽试验显示，随着土壤Cd浓度的增加，蚕豆根系投影面积没有明显变化趋势。间作的蚕豆根系投影面积高于单作蚕豆的根系体积。在100mg/kg Cd处理条件下，蚕豆和续断菊单作时根系均正常伸展，而在间作条件下，蚕豆偏向续断菊生长，尤其在下部偏移量增多（图6.1），可能是由于续断菊净化周围土壤，使得蚕豆偏向净化土壤生长。下部偏移量增多有可能是因为营养分布不均匀，因为续断菊的根系较短，续断菊下部的营养没有被吸收，蚕豆根系向着营养丰富的土壤生长。

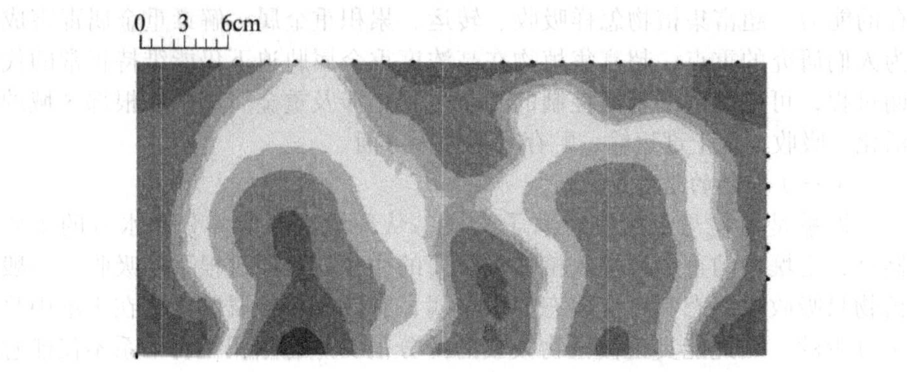

蚕豆单作

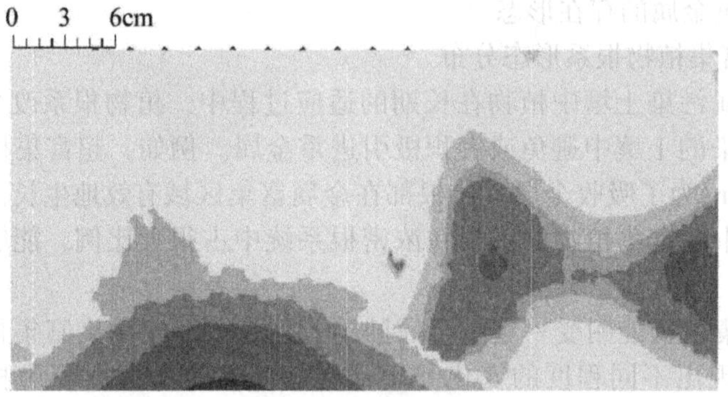

蚕豆 / 续断菊间作

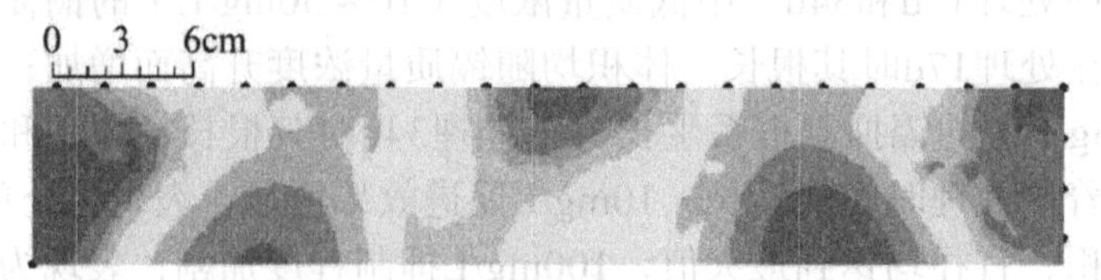

续断菊单作

图6.1 单作和间作续断菊、蚕豆根表面积分布图

由图6.2可以看出，蚕豆单作时的根尖数分布均匀，同样，续断菊单作时根尖数在土壤各层也分布均匀。续断菊间作时蚕豆的根尖数较多分布在深层土壤，蚕豆的根尖数多偏向于续断菊方向。

由图6.3可以看出，蚕豆单作时的根系分布向两边展开，蚕豆的根系主要分布在5～15cm的土层，随着深度的增加，每层的根长呈减小趋势。而与续断菊间作时蚕豆根系则有向深层生长的趋势。续断菊的根系较小，根深较浅，主要分布在0～5cm的土层。间作体系中，左侧为蚕豆，右侧为续断菊，从图中可知蚕豆与续断菊间作后上层根密度明显减小，向深层生长，下层根密度增大，根系总量增加，并且偏向续断菊方向生长。总之，续断菊与蚕豆间作后改善了蚕豆的根系生长状况，在同一个土壤层中，间作的根系各项指标均大于单作的根数量。间作根系活力大于单作，间作后蚕豆根长大于单作。

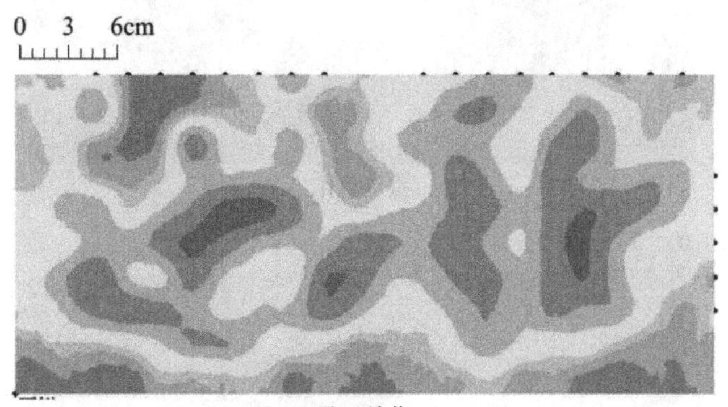

蚕豆单作

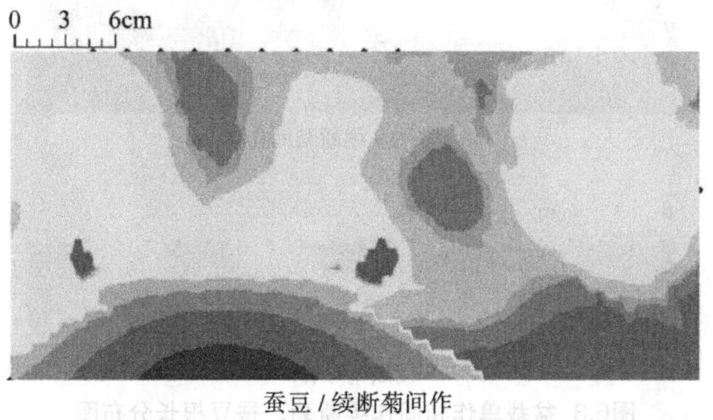

蚕豆 / 续断菊间作

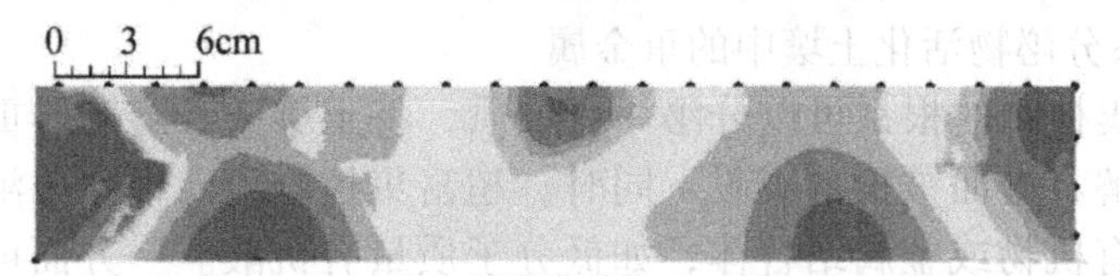

续断菊单作

图6.2　单作和间作续断菊、蚕豆根尖数分布图

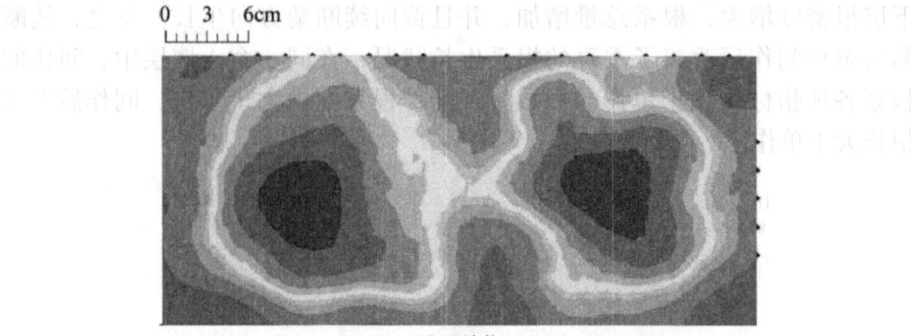

蚕豆单作

蚕豆/续断菊间作

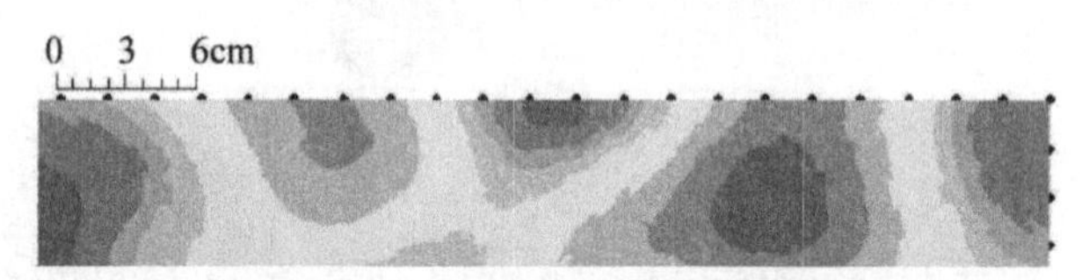

续断菊单作

图6.3 盆栽单作和间作续断菊、蚕豆根长分布图

2.根系分泌物活化土壤中的重金属

超富集植物的根系可以分泌一些物质，将土壤中难溶态的重金属进行活化和溶解，进而被根部吸收。同时，超富集植物可向根际分泌某种或某些特有的有机物或金属结合体，如低分子质量有机酸。一方面可被植物再吸收利用，促进了植物营养元素的物质循环和能量流动；另一方面使土壤的pH值降低，显著活化了土壤中不溶态的重金属，促进金属的溶解和释放，提高金属的植物有效性，从而促进了超富集植物对土壤中重金属元素的吸收。

对单作与间作体系中小花南芥与玉米根系的低分子质量有机酸（LMWOA）研究发现，单作玉米根系分泌的有机酸有5种：柠檬酸、乙酸、草酸、苹果酸和酒石酸，间作的时候还会分泌乳酸；与单作相比，间作玉米根系会分泌更多的草酸、柠檬酸、苹果酸和乙酸，分别为2.7、2.0、2.3和18.0倍。小花南芥单作与间作根系分泌物种类和数量差异显著。单作小花南芥根系分泌的低分子质量有机酸为草酸、柠檬酸和苹果酸，间作体系有草酸、柠檬酸、苹果酸、乙酸和乳酸。与单作相比，间作小花南芥根系草酸、柠檬酸和苹果酸分泌量显著增加，分别增加了16.6、10.7和4.7倍（表6.3）。

表6.3 铅胁迫下间作对小花南芥与玉米植物根系分泌LMWOA的影响

植物	处理模式	草酸/（mg/株）	柠檬酸/（mg/株）	酒石酸/（mg/株）	苹果酸/（mg/株）	乙酸/（mg/株）
玉米	单作	1.21 ± 0.48b	3.5 ± 1.1b	0.09 ± 0.04a	0.78 ± 0.22b	0.024 ± 0.005b
	间作	3.23 ± 0.86a	7.09 ± 0.63a	0.31 ± 0.24a	1.77 ± 0.47a	0.36 ± 0.13a
小花南芥	单作	0.12 ± 0.04b	0.91 ± 0.06b	—	0.06 ± 0.02b	—
	间作	1.99 ± 0.11a	3.31 ± 0.85a	—	0.28 ± 0.07a	0.03 ± 0.007

注：“—”表示未检出该物质。

大田和盆栽试验中，Pb、Cd胁迫条件下，间作小花南芥根系分泌的可溶性糖、游离氨基酸和草酸、酒石酸含量增加，间作蚕豆和玉米分泌的可溶性糖和游离氨基酸降低，有机酸组成和含量变化复杂，柠檬酸分泌量显著增加，根系分泌物改变可能改变了重金属的形态。

3.根际微生物效应

通常植物根系与大量耐重金属的真菌和细菌形成了共生的关系，这些微生物可以通过调节植物的分泌物以及自身的新陈代谢等方式来改变重金属的生物有效性。如植物的共生丛枝菌根真菌（AMF），主要通过其菌丝的代谢活动来影响植物根际环境和重金属的生物有效性，从而影响植物对重金属的吸收和转运，最终增强植物的修复效率。

（二）超累积植物体内重金属的转运与富集

根系吸收是重金属离子进入植物体内的第一步骤，无论是普通植物或是超富集植物，大部分金属离子都是通过专一或通用的离子载体（如转运蛋白）进入根细胞的。超富集植物对重金属的吸收主要是通过根系的被动吸收和主动吸收两种方式。被动吸收即重金属顺着浓度差或细胞膜的电化学势进入植物体内；主动吸收即以根表皮细胞膜上的转运蛋白或根系分泌的一些有机酸作为重金属的载体。重金属进入植物根部后，与植物体内的金属结合蛋白形成复合物，然后转运到各个器官。植物的木质部存在大量的有机酸和氨基酸，是重金属运输过程中的主要螯合物。超富集植物比普通植物的木质部具有更多的有机酸和氨基酸，它们能够与金属离子结合，降低重金属的毒性，促进重金属的运输。

超富集植物的根部细胞具有较多的重金属结合位点，一般为重金属离子转运蛋白，分布于细胞膜上，这些结合位点可以增强植物对重金属的吸收能力。比如，具有超富集能力的遏蓝菜和不具有超富集能力的遏蓝菜，前者相比于后者，其根系细胞膜上分布着更多的Zn^{2+}转运蛋白。研究发现，两者对Zn^{2+}的吸收机制完全相同，但是对Zn^{2+}的吸收量确差异明显，就是因为Zn^{2+}转运蛋白含量的不同所致。跨膜的金属转运蛋白在重金属的吸收、木质部的转运及液泡区室化作用中，起到了决定的作用。超富集植物对重金属的吸收有很强的选择性，这是由细胞膜上的转运蛋白或通道蛋白所决定的。

超富集植物中存在多种金属运载蛋白，主要包括阳离子转运促进蛋白（CDF）家族、天然抗性巨噬细胞蛋白（NRAMP）家族、锌铁蛋白（ZIP）家族等金属阳离子运载蛋白，这些运载蛋白对重金属在细胞中的运输、分布和富集及植物对重金属的耐性方面意义重大。

三、超富集植物对土壤重金属污染的净化效率

修复重金属污染的土壤，提高生产力，已成为我国农业可持续发展亟待解决的问题。目前对于利用超富集植物修复重金属中度污染土壤研究报道比较多，下面列举几种典型重金属污染土壤的植物修复效率。

（一）镉污染土壤的植物净化效率

通过实地采样或盆栽试验发现，虽然Cd在土壤中移动性强，但超富集植物对Cd的修复效率并不高（表6.4）。其中，狗牙根对土壤中Cd的最大耐受限度高达960mg/kg，说明狗牙根对土壤中的重金属Cd有一定的耐受性和去除作用，修复效率为0.59%，续断菊效率最高，为1.23%，而银合欢最低，为0.004%。

表6.4 植物对土壤Cd的去除率

土壤中含量/（mg/kg）	植物种类	修复效率
27.1	银合欢	0.004%
100	续断菊	1.23%
5.04	狗牙根	0.59%
3.11	皇竹草	0.73%
1.31	巨菌草	O.09%
1.01	遏蓝菜	O.93%

（二）砷污染土壤的植物净化效率

自从发现凤尾蕨属植物蜈蚣草可以超富集As以来，相继又报道发现了另外几种超富集植物，分别为澳大利亚粉叶蕨、欧洲凤尾蕨、大叶井口边草、金叉凤尾蕨、斜羽凤尾蕨、紫轴凤尾蕨和凤尾草等，这些植物都具备超富集植物的特点（表6.5），其中蜈蚣草以其生物量大、地上部富集As浓度较高，且转移能力较强等诸多优点成为超富集植物的研究重点，备受国内外学者的重视。

表6.5 文献报道砷超累积植物的修复效率

植物种类	浓度/（mg/kg）	转移系数
澳大利亚粉叶蕨	16413	＞1
大虎杖	1900	4.42
蜈蚣草	2350 ~ 5018	＞1
凤尾草	＞1000	＞1
斜羽凤尾蕨	＞1000	＞1
大叶井口边草	694	1 ~ 2.6

叶文玲等（2014）通过盆栽试验研究砷（As）的超富集植物蜈蚣草对As污染土壤中As总量的吸收及形态分布的影响。由表6.6可以看出，蜈蚣草能将根部吸收的As大量转移至地上部。

表6.6 蜈蚣草各部位干重及As含量

部位	干重/（g/盆）	As含量/（mg/kg）	As总量/mg
羽叶	12.1 ± 1.6	1050 ± 34	12.7 ± 0.054
叶柄	12.1 ± 1.6	370 ± 16	1.3 ± 0.026
根	5.5 ± 1.4	80 ± 10	0.4 ± 0.014

施加适当磷肥可以提高蜈蚣草对As的修复效率（表6.7），施用200kg/hm^{2}磷肥，As累积量最高达3.74kg/hm^2，土壤As修复效率为7.84%。实验证明，对蜈蚣草施加一定的磷肥可以促进其生长，从而提高蜈蚣草对As的累积量，增加了蜈蚣草对As污染土壤的修复效率。但是，并不是施磷施加越多，蜈蚣草的产量就越大，过量的磷肥会降低蜈蚣草对As的累积量，从而降低修复效率。磷肥可以增加As的生物有效性，从而提高超富集植物对As的累积量。施用磷肥是蜈蚣草应用在现场修复中的必要措施，优化磷肥的

施加量可以大幅度提高植物对As污染土壤的修复效率。

表6.7 施磷对表层土壤As含量变化和蜈蚣草修复效率的影响

施磷量/（kg/hm^2）	土壤As/（mg/kg）		土壤有效As/（mg/kg）		修复效率/%
	种植前	收获	种植前	收获	
0	58.0a	56.6b	2.14a	1.85b	2.31c
50	58.5a	57.2b	2.19a	2.02b	2.19c
100	69.8a	64.4b	2.21a	2.10a	7.67ab
200	63.9a	58.9b	2.61a	2.06a	7.84a
400	66.8a	62.0b	2.2lb	2.47a	7.10ab
600	67.7a	63.2b	2.19b	2.76a	6.63b

蜈蚣草修复As污染的土壤已有大量的报道，这些报道一致认为，蜈蚣草对土壤中的As具有很强的吸收能力，并且能够将根部吸收的As大量转移至地上部，蜈蚣草的植物修复作用除了能降低土壤中As总量外，还能改变土壤中As的形态分布。有盆栽试验表明，蜈蚣草能去除土壤中0.1%～26%的As，蜈蚣草各部位As的含量羽叶、叶柄和根系分别为120～1540mg/kg、70～900mg/kg和80～900mg/kg，富集系数为0.94～15.4。上述试验有的是盆栽，有的是野外采样测定数据，盆栽试验周期都比较短，如果在农田中连续种植蜈蚣草，土壤中As的有效性是否会继续发生改变，能否达到预期的效果，都有待做进一步的研究。

（三）铅污染土壤的植物净化效率

酸性大田土壤种植小花南芥，超累积植物小花南芥对Pb的净化效率在0.32%左右（图6.4）。

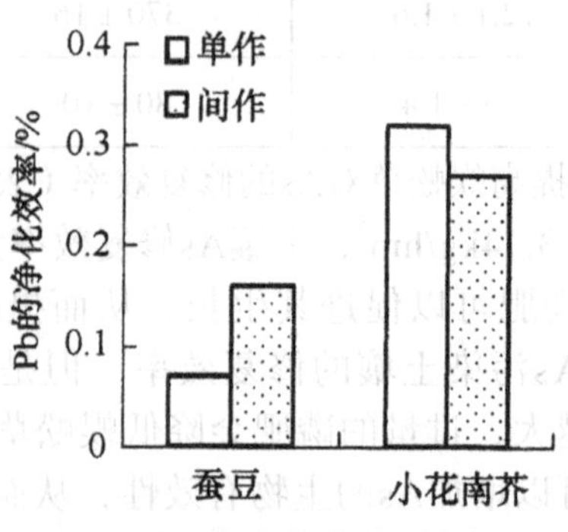

图6.4 蚕豆和小花南芥的净化效率

四、作物–超富集植物间作修复

在我国，对大面积受中、低度重金属污染的农田土壤休耕，进行植物修复是不现实的。随着超富集植物研究的深入，已有利用超富集植物与作物间作的重金属污染土壤修复模式，即在农业生产的同时进行重金属污染土壤治理，收获符合卫生标准的农产品，实现“边生产边修复”，切合我国国情。

（一）作物–超富集植物间作的概念

作物–超富集植物间作指在同一田地上于同一生长期内，分行或分带相间种植一种作物和超富集重金属植物的种植方式。间作在生产上具有很多优点：①作物间作的目的是为了最大化土地的利用率，合理的作物间作可以更充分地利用阳光，增加单位面积土地上的农作物产量；②间作的植物还可能会产生相互促进的协同作用，如宽窄行间作或带状间作中的高秆作物有一定的边行优势；禾本科富集作物与豆科属作物间作，可以增加土壤氮元素的供给量；③间作增强了作物对病害的抗性，减少了杂草的生长量，可以有效提高作物的生物量和粮食产量。但是间作也存在这一定的缺点，间作的植物之间对阳光、水分和养分等生长条件存在着竞争关系。因此需要合理搭配不同株高、不同生育期的作物，并根据间作作物的不同，合理配置作物的种植行距，以最大化作物的间作效果。

目前，在旱地、低产地、无法开展机械化耕作的田地，多采用豆科、禾本科作物的间作。目前已积累了大量的关于间作在提高农业资源利用率、增加产量等方面的研究成果。近年来，间作对植物吸收重金属也有不少研究报道。间作主要是通过改变根系分泌物、土壤微生物、土壤pH值、土壤酶活性等，使土壤中重金属存在形态发生变化等途径，从而影响植物对重金属的吸收。

（二）作物–超富集植物间作体系对植物重金属累积的影响

目前已有大量关于普通作物间作对植物重金属吸收影响的研究报道，包括玉米和鹰嘴豆、玉米和豆科作物、豌豆和大麦、油菜和白菜等间作的研究发现，这类型作物的间作促进了植物吸收重金属的能力，导致作物体内重金属含量超标，存在生产的农产品安全问题。例如，李凝玉等于2008年通过镉胁迫玉米与紫花苜蓿、扁豆、眉豆、鹰嘴豆、墨西哥玉米草、籽粒苋和油菜等7种作物的间作体系研究发现，4种豆科作物的间作均出现大幅提高玉米对Cd积累量的情况，尤以眉豆和鹰嘴豆间作的促进作用最大，分别使玉米对Cd的积累量增加了1.6倍和2.1倍。同时发现，玉米草和籽粒苋可以降低玉米对Cd的吸收。这7种间作植物中，籽粒苋和油菜可以大量吸收、去除土壤中的Cd含量。

利用重金属富集植物间作，如维斯哈默（Wieshammer）等（2007）利用深根的Cd、Zn富集植物柳树和矮小浅根的拟南芥间作，并没有增加植物对Cd和Zn的提取效率，可能是因为水、营养和污染物的竞争吸收及杂草；Chen等（2009）报道超富集Zn、Cd的蕨类植物蹄盖蕨和另外一个Zn、Cd富集植物*Arabisflagellosa*间作也不能增加植物对Zn和Cd的累积量，分析认为是这两种富集植物对Zn/Cd的吸收存在着竞争关系。因此，富集植物之间存在对重金属的竞争作用导致不能提高富集植物对土壤重金属的修复效率。

依据富集植物吸收累积重金属的特性，开展富集植物与作物间作体系研究，发现Zn富集植物遏蓝菜与大麦的间作体系，可以降低大麦对Zn的吸收累积。秦欢等（2012）采用土壤盆栽试验，研究As超富集植物大叶井口边草与玉米品种云瑞6号、云瑞8号、云瑞88号间作对其吸收积累重金属的影响。结果表明，该间作体系下的大叶井口边草地上部和根部对As、Cd的累积得到了显著提高，同时大叶井口边草地上部对Pb的吸收得到了显著抑制，而地下部对Pb的吸收却有明显增加，其中云瑞8号玉米的影响效果最为明显。与此同时，间作的玉米各器官中重金属累积量得到了显著的提高，只有云瑞88号的茎中As含量明显降低，由单作的310.89mg/kg降低至间作的145.86mg/kg。结果表明，大叶井口边草与玉米云瑞8号的间作体系可增加As、Cd、Pb污染土壤的修复效率。在对印度芥菜和苜蓿间作体系对重金属吸收影响的研究中发现，印度芥菜地上部中Cd的累积量得到了提高，同时苜蓿地上部中Cd的累积量得到了降低。对东南景天和玉米间作的体系研究发现，该体系下东南景天的生物量得到了显著的提高，从而增加了东南景天对Zn和Cd的总累积量，明显提高东南景天的修复效率。同时还发现这种间作体系可以降低玉米对重金属的吸收，玉米中的重金属含量达标，降低了土壤重金属污染修复的成本。吴启堂等将东南景天和高富集K的芋头品种套种在一起处理城市污泥，可以将有害元素和营养元素K实现绿色分离，收获的芋头可以作为有机钾肥。可见，采用间作修复土壤重金属污染的模式时，要主要间作植物的搭配。大量的研究表明，普通作物的间作或富集植物的间作模式，很难达到理想的土壤修复效果，因此，近年来，大多数学者致力于探索超富集植物与作物间作模式的，已取得一些研究进展。

1.Cd超富集植物与作物间作

前期的研究发现，叶菜类蔬菜，如菜心、白菜等，与富集植物油菜间作是不可行的，如镉超富集植物油菜与中国白菜的间作体系，虽然结果表明确实可以降低中国白菜对Cd的累积量，但仍然不能达到蔬菜的安全标准。将油菜与小白菜的间作体系在Cd浓度为10mg/kg和20mg/kg的土壤上种植后发现，小白菜有较高的地上部生物量和较低的Cd累积量，油菜在一定程度上减轻了Cd对小白菜的毒性，但小白菜的Cd含量仍然超标。张广鑫等在对大量研究结果整理后于2013提出，对于受到重金属污染的土壤中，不适宜于种植叶菜类及块茎类植物，应该种植瓜果类和果树等可食用部分对重金属积累量较少的植物，从而降低土壤重金属修复的成本，这是一种能够在很大程度上使受到重金属污染的土壤重新获得生产潜力的方法，实际生产中就是将超富集植物与低累积重金属作物相互种植在一起，在实现修复土壤的同时，增加土地的经济效益。

不同Cd浓度（0、50mg/kg、100mg/kg、200mg/kg）对续断菊与玉米间作条件下两种植物Cd吸收积累的影响表明：与单作续断菊和玉米相比，间作使续断菊生物量提高了4.8%～64.9%，玉米生物量提高了4%～33%。间作续断菊体内Cd含量较单作提高了31.4%～79.7%（100mg/kg Cd处理除外）。与单作相比，在土壤cd含量为50～200mg/kg时，间作使玉米体内Cd含量降低了18.9%～49.6%。单作时，续断菊地上部和根部Cd含量都与土壤可溶态Cd含量呈显著正相关，相关系数分别为0.962和0.976；间作条件下，玉米根、茎、叶中Cd含量均与土壤可溶态Cd含量显著正相关，相关系数分别为0.991、0.959和0.977。表6.8和表6.9除对照外，与续断菊的间作可以降低玉米对Cd的有效转运系数，不同Cd浓度胁迫下的转运系数分别降低了21%、71%和25%。单作和间作模式下的续断菊对Cd转运系数都高于玉米对Cd的转运系数。研究结果表明，该间作体系在提高续断菊对土壤Cd污染修复的同时，还可以增加土壤玉米的经济效益。

表6.8　镉胁迫下续断菊的镉转运系数

Cd浓度/（mg/kg）	续断菊单作		续断菊间作	
	转运系数	有效转运系数	转运系数	有效转运系数
0	1.1	3.5	0.5	0.8
50	1.5	5.5	0.8	2.1
100	0.7	3	0.8	3.1
200	1.4	5.3	0.8	6

表6.9　镉胁迫下玉米的镉转运系数

Cd浓度/（mg/kg）	玉米单作		玉米间作	
	转运系数	有效转运系数	转运系数	有效转运系数
0	0	0	1.3	3.4
50	1.1	3.3	0.6	2.6
100	0.7	3.8	0.4	1.1
200	0.3	0.8	0.4	0.6

秦丽等（2013）研究结果显示，Cd的超富集植物续断菊与玉米间作后，续断菊在大量吸收镉的同时，抑制了玉米对镉的吸收，进一步揭示间作后土壤中可溶态Cd与植物体内Cd富集存在显著相关性，但对于间作条件下土壤可溶态Cd增加的原因及超富集植物更多富集机理仍然需要深入研究。

为了证明玉米与续断菊间作的修复效果，进一步进行了大田试验，结果发现，玉米各部位Cd质量分数由拔节期向成熟期呈递减规律，成熟期间作玉米根茎叶Cd质量分数相对于拔节期分别降低了24.51%、29.06%、55.32%，成熟期单作玉米根茎叶Cd质量分数相对于拔节期分别降低了22.05%、7.20%、45.02%，同一部位，间作Cd质量分数下降大于单作（图6.5）。

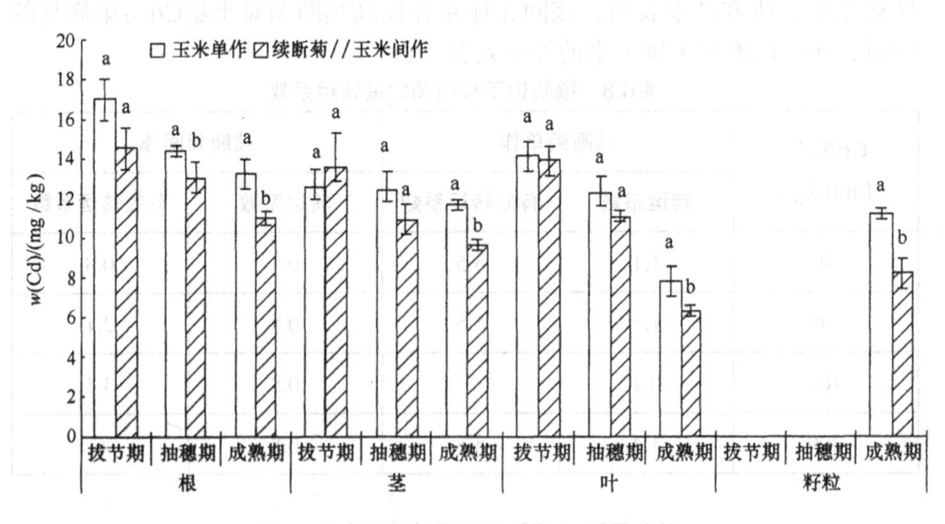

图6.5 玉米不同部位不同时期Cd质量分数

拔节期，单作与间作玉米Cd质量分数分布均为：根＞叶＞茎，间作玉米根茎叶之间没有差异性，而单作玉米的根部Cd质量分数显著大于茎叶部分，且间作玉米根茎叶平均Cd质量分数13.97mg/kg，小于单作平均Cd质量分数14.45mg/kg；抽穗期，间作玉米Cd质量分数分布为：根＞叶＞茎，单作分布为：根＞茎＞叶，均是根部Cd质量分数显著大于茎叶部分，且间作玉米根茎叶平均Cd质量分数14.41mg/kg，小于单作平均Cd质量分数11.90mg/kg；成熟期，单作与间作玉米根、茎、叶、籽粒Cd质量分数差异显著，大小顺序为：根＞茎＞籽粒＞叶，且间作玉米根茎叶籽粒平均Cd质量分数8.74mg/kg，小于单作平均Cd质量分数10.94mg/kg。

玉米与续断菊大田间作下，间作与单作续断菊根部、地上部Cd质量分数从拔节期到成熟期呈现增加趋势，间作续断菊根部与地上部Cd质量分数分别增加16.88mg/kg、15.45mg/kg，单作续断菊根部与地上部Cd质量分数分别增加5.5mg/kg、10.09mg/kg，间作根部、地上部Cd质量分数增加量大于单作（图6.6）。在拔节期、成熟期，单作与间作续断菊Cd质量分数分布均是地上部显著大于根部。

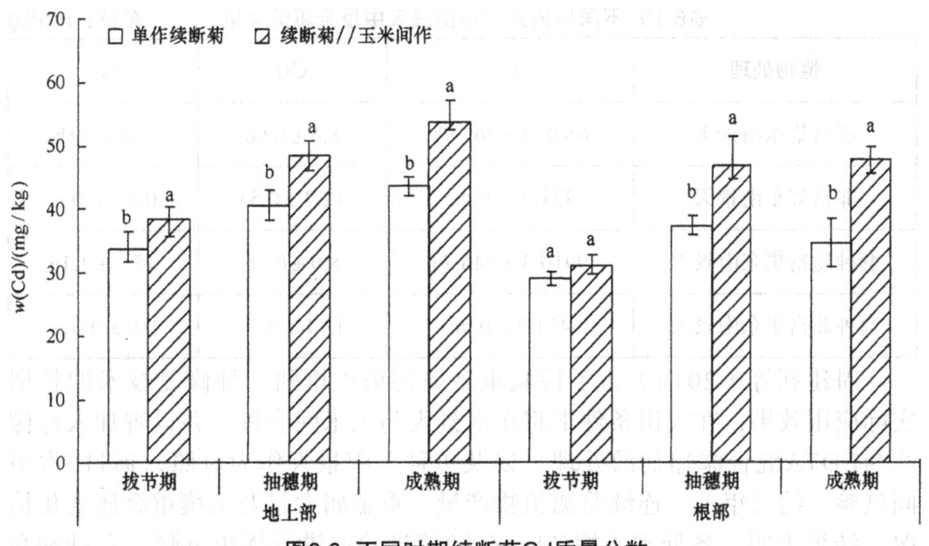

图6.6　不同时期续断菊Cd质量分数

印度芥菜和苜蓿间作条件下，单作和间作苜蓿Cd含量均超过饲料卫生限定标准，但间作种植方式仍然使苜蓿地上部Cd含量较单作降低了2.8%～48.3%，印度芥菜地上部Cd含量也较单作降低了1.1%～48.6%。在土壤Cd浓度为10.37mg/kg时，间作印度芥菜Cd转运系数比单作提高了6%，其余浓度下则降低了5%～27%，在土壤Cd浓度为5.37～20.37mg/kg时，间作苜蓿Cd转运系数比单作降低了30%～46%。表明印度芥菜和苜蓿间作的种植方式能够降低植物从地下部向地上部运输Cd的能力。不论单作还是间作，印度芥菜Cd转运系数都远高于苜蓿，可见印度芥菜有较强的Cd转运能力。

2.Zn超富集植物与作物间作

由于选择的超富集植物、作物、研究方法、种植模式等不相同，得到的结果也存在很大差异。Gove等（2002）报道遏蓝菜与大麦种植在一起，减少了大麦对Zn的吸收。黑亮等（2007）将东南景天与低累积作物玉米套种在污泥上，发现与超富集东南景天单独种植相比，套种显著提高了超富集东南景天提取Zn的效率，Zn含量达9910mg/kg，是单种的1.5倍（表6.10），而且生产出的玉米籽粒重金属含量符合食品和饲料卫生标准，处理后的污泥生物稳定性明显提高。利用室内盆栽试验初步研究了两种植物根系相互作用的机理，超富集东南景天和玉米半透膜隔开的盆栽套种试验也显示，在套种条件下，玉米促进超富集东南景天吸收更多的重金属的部分原因是玉米根系降低溶液pH值和提高水溶性有机物（DOC）及Zn/Cd浓度，从而可向超富集东南景天一侧输送更多的水溶态Zn/Cd。然而，对于DOC中起主要作用的成分及溶液pH值降低的作用因素，需要更深入地进行研究。

表6.10 不同种植处理东南景天中重金属的含量　　单位：mg/kg

植物处理	Zn	Cu	Cd
超富集东南景天	6538.3 ± 264.9b	8.6 ± 0.6b	8.6 ± 0.1b
非富集东南景天	421.9 ± 38.8c	12.7 ± 0.5a	0.8 ± 0.03c
套种超富集东南景天	9910.3 ± 446.7a	8.6 ± 0.7b	15.4 ± 1.1a
套种非富集东南景天	421.2 ± 0.9c	13.1 ± 0.3a	0.9 ± 0.01c

周建利等（2014）为了检验重金属污染土壤间套种修复技术的长期实际应用效果，在大田条件下将东南景天与玉米间套种，并设置加入柠檬酸与EDTA混合添加剂的处理，以及单种东南景天作为对照，通过5次田间试验（约三年），连续监测植物产量、重金属含量及土壤重金属变化情况。结果表明，各处理土壤Cd、Zn随着试验的进行逐步下降，套种和套种+混合添加剂处理经过5次种植后土壤达到国家土壤环境质量二级标准，土壤Cd从1.21～1.27mg/kg降为0.29～0.30mg/kg，Zn从280～311mg/kg降为196～199mg/kg，达到了国家土壤环境质量标准（GB 15618–1995）的要求（Cd≤0.30mg/kg，Zn≤200mg/kg），而对于土壤全铅量，试验前各小区为110～130mg/kg，低于国家土壤环境质量标准（250mg/kg），三年试验后没有显著变化。混合添加剂未表现出强化东南景天提取重金属的效果。第5季施用石灰后，东南景天Cd/Zn含量明显降低。而且，施用MC（柠檬酸/

EDTA=10/2）的处理Cd含量更低。混合添加剂MC可螯合活化重金属，但该螯合态重金属可被酸性富铁土壤吸附而不易被水淋失，但是石灰的施用促进螯合态重金属的淋失，造成东南景天的吸收量减少。东南景天重金属浓度和提取效率没有出现逐年下降的现象。间套种可生产符合饲料卫生标准的玉米籽粒，第4季达到食品卫生标准。从收获的东南景天计算得到的提取量占土壤Cd下降的贡献率为32.5%～36.5%，玉米提取仅占0.47%～0.60%，其余63.0%～66.9%为淋溶等其他因素带离表层土壤。土壤重金属Zn的降低幅度为30%～36%，东南景天的贡献率为37%～39%，玉米约为2%，其余60%左右为淋溶等其他因素的作用。说明在该酸性（pH值为4.7）土壤上，除了植物提取去除Cd/Zn，向下淋溶也起重要作用（表6.11）。套种除了增加了玉米的吸锌作用，也增加了锌的淋溶作用，使土壤锌变得较单种更少。

表6.11 田间试验土壤重金属降低因素分析

元素	种植方式	土壤重金属降低率/%	东南景天提取贡献率/%	玉米提取贡献率/%	淋溶等因素贡献率/%
Cd	单种	75.7	36.5	0	63.5
	套种	76.4	36.5	0.47	63
	套种+MC	76	32.5	0.6	66.9
Zn	单种	29.3	56.5	0	41.9
	套种	36.3	37.3	2.0	61.0
	套种+MC	30.1	39.0	2.0	59.2

3.As超富集植物与作物间作

As超富集植物大叶井口边草与玉米品种云瑞88号间作表明，间作显著提高了大叶井口边草地上部对As的吸收量（$P<0.05$），与单作相比提高幅度达41%（表6.12），间作玉米对大叶井口边草As富集量有促进作用。

表6.12 不同种植方式植物地上部对重金属的提取量 单位：μg/kg

处理	大叶井口边草		玉米	
	As	Pb	As	Pb
单作	513.7 ± 70.9b	83.44 ± 8.37a	/	/
单作6	/	/	73.57 ± 6.48d	10.85 ± 0.79d
单作8	/	/	140.2 ± 29.37cd	12.89 ± 0.67d

续表

处理	大叶井口边草		玉米	
	As	Pb	As	Pb
单作88	/	/	457.1 ± 16.29ac	12.69 ± 1.02d
间作6	327.3 ± 21.33b	45.3 ± 6.08b	178.8 ± 18.52c	67.89 ± 1.52b
间作8	725.5 ± 80.52a	47.5 ± 12.09b	703.9 ± 16.67a	78.4 ± 0.58a
间作88	135 ± 30.52c	45.3 ± 21.07b	676.9 ± 36.43b	22.7 ± 1.08c

4.Pb超富集植物与作物间作

Pb超富集植物小花南芥与蚕豆大田试验发现，与单作蚕豆和小花南芥比较，间作显著降低了土壤中铁锰氧化物结合态和有机物结合态铅的含量（表6.13）。这说明间作改变了铅在土壤中的存在形态。

表6.13 土壤的不同重金属形态含量　　单位：mg/kg

土壤	形态	可交换态	碳酸盐结合态	铁锰氧化物结合态	有机物结合态
蚕豆单作	Pb	12.50 ± 2.03a	26.56 ± 2.29a	436.3 ± 42.03a	11.5 ± 3.14a
	Cd	5.13 ± 0.60a	4.43 ± 0.59a	1.29 ± 0.45a	0.92 ± 0.57a
蚕豆/小花南芥间作	Pb	12.91 ± 1.35a	24.2 ± 7.03a	279.7 ± 50.7b	5.5 ± 0.03b
	Cd	4.76 ± 0.65a	4.01 ± 0.52a	1.67 ± 0.84a	0.80 ± 0.11a
小花南芥单作	Pb	12.94 ± 1.40a	23.34 ± 2.17a	311.7 ± 65.87b	5.96 ± 1.01b
	Cd	4.91 ± 0.46a	4.08 ± 0.08a	1.13 ± 0.09a	0.86 ± 0.18a

在40d、80d和120d分别采集植株，测定不同时期蚕豆地上部和地下部的Pb含量，蚕豆单作地上部的Pb含量为7.09mg/kg，7.80mg/kg和5.30mg/kg，间作为8.78mg/kg、8.80mg/kg和13.27mg/kg，单作与间作地上部分Pb含量差异均显著（除80d以外），而Pb含量单作先升高后降低，间作逐渐升高，120d含量是80d和40d的1.51倍；蚕豆单作地下部Pb含量分别为5.06mg/kg、6.26mg/kg和9.65mg/kg，间作为8.69mg/kg、6.67mg/kg和14.51mg/kg，第40d和120d，单作与间作Pb含量差异显著，第80d差异不显著。随着时间变化，单作地下部分Pb含量逐渐升高，第120d时的Pb含量是第80d的1.51倍，是第40d的1.91倍，间作Pb含量也均是先降低后升高，第80d比40d时下

降了23.3%（图6.7）。

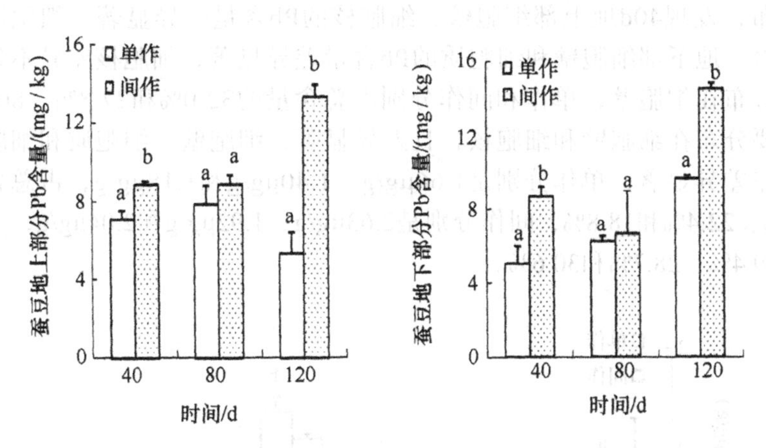

图6.7 不同种植模式下蚕豆Pb含量

在种植后的40d、80d和120d，小花南芥单作Pb含量分别为25.32mg/kg、38.20mg/kg和28.08mg/kg，间作分别为23.21mg/kg、36.12mg/kg和29.41mg/kg，第40d和80d的单作与间作地上部分Pb含量差异均不显著，单作与间作地上部分Pb含量都有先升高后降低的趋势，第80d时Pb含量比40d时分别升高了33.7%和35.7%；单作Pb含量29.43mg/kg、26.26mg/kg和48.12mg/kg，间作27.36mg/kg、39.44mg/kg和39.91mg/kg，在第40d时，单作与间作地下部分Pb含量差异不显著，第80d和120d，差异均显著。单作Pb含量也是先降低后升高，80d含量比40d下降了10.8%，间作含量呈逐步上升趋势，120d含量分别是80d和40d的1.46和1.01倍（图6.8）。

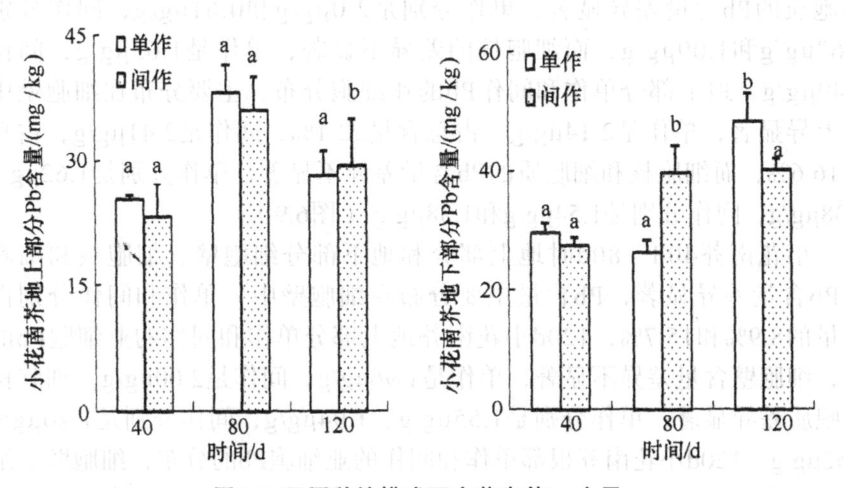

图6.8 不同种植模式下小花南芥Pb含量

采集了40d、80d和120d蚕豆和小花南芥地上和地下部，研究Pb的亚细胞分布，发现40d地上部细胞壁、细胞核的Pb含量差异显著，细胞质差异不显著，地下部细胞壁和细胞质的Pb含量差异显著，细胞核差异不显著，主要分布在细胞壁，单作和间作分别占总含量的32.0%和27.8%。80d地上部主要分布在细胞壁和细胞核，且差异显著，细胞壁、细胞质和细胞核的Pb含量差异显著，单作分别是1.66μg/g、1.40μg/g和1.18μg/g，占总含量的26.5%、22.4%和18.8%，间作分别是2.63μg/g、1.92μg/g和2.04μg/g，占总含量的39.4%、28.7%和30.6%。

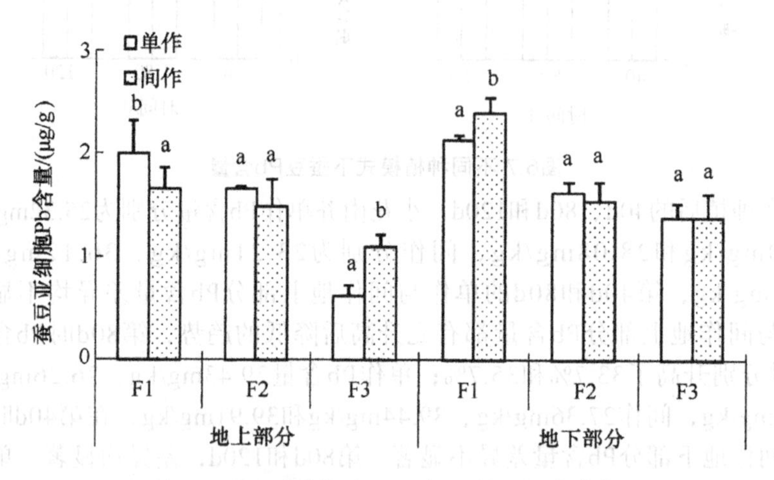

图6.9 蚕豆成熟期（120d）Pb的亚细胞分布

120d蚕豆成熟期地上部分单作和间作的亚细胞Pb的分布，细胞壁、细胞质的Pb含量差异显著，单作分别是2.0μg/g和0.61μg/g，间作分别是1.67μg/g和1.09μg/g，而细胞核的差异不显著，单作是1.65μg/g，间作是1.49μg/g。地下部分单作和间作Pb的亚细胞分布，主要分布在细胞壁中，且差异显著，单作是2.14μg/g，占总含量22.1%，间作是2.41μg/g，占总含量16.6%，而细胞核和细胞质的Pb含量差异不显著，单作分别是1.62μg/g和1.38μg/g，间作分别是1.54μg/g和1.38μg/g（图6.9）。

小花南芥40d、80d时地上部分和地下部分细胞壁、细胞核和细胞质的Pb含量差异显著，Pb含量主要分布在细胞壁中，单作和间作分别占总含量的8.9%和15.7%，120d小花南芥地上部分单作和间作的亚细胞Pb的分布，细胞壁含量差异不显著，单作是1.96μg/g，间作是2.00μg/g，细胞核和细胞质差异显著，单作分别是1.55μg/g、1.94μg/g，间作分别是1.20μg/g、1.52μg/g。120d小花南芥根部单作和间作的亚细胞Pb的分布，细胞壁、细胞核和细胞质差异显著，主要分布在细胞壁和细胞核中，单作分别是2.16μg/g、

1.54μg/g和0.81μg/g，间作分别是3.66μg/g、3.28μg/g和1.91μg/g（图6.10）。

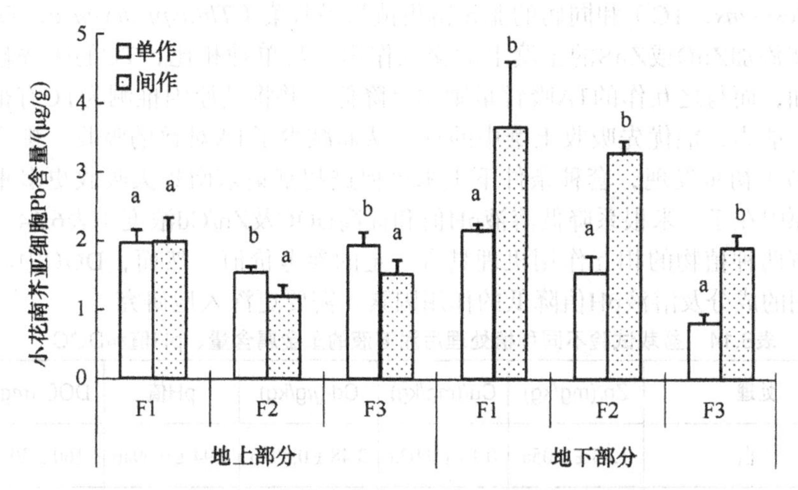

图6.10 小花南芥（120d）Pb的亚细胞分布

成熟期Pb含量最高，间作蚕豆比单作高40.2%；间作小花南芥Pb含量比单作高9.04%。植物细胞的Pb含量依次为细胞壁＞细胞质＞细胞核，蚕豆和小花南芥Pb在亚细胞中的含量地上部分和地下部分均表现出间作大于单作的趋势。

这些研究表明，重金属富集植物和低累积作物间作在重金属污染的土壤上，与单作超富集植物相比较，间作超富集植物提取重金属的效率明显提高，而且与单作作物比较，减少作物对重金属的积累，同时产量未受明显影响。因此，开发合理的富集植物与作物间作，可缩短植物处理土壤所需的时间，同时可收获符合卫生标准的食品或动物饲料或生物能源，是一条不需要间断农业生产、较为经济合理的绿色组合模式，应该受到广泛的关注。遗憾的是，富集植物和作物间作的模式仍然很少，富集植物和作物间作体系的研究仍不深入，富集植物和作物间作促进富集植物吸收重金属，减少作物吸收重金属的作用机理也需要深入研究。

三、作物-超富集植物间作体系促进重金属累积的机理

重金属超富集植物和低富集植物种植在同一单元土壤中，低富集植物减少对重金属的吸收量，同时超富集植物提取重金属的效率比单种超富集植物明显提高。目前对于两种植物的吸收转运区别都在推测阶段，主要从以下几方面预测可能的机理。

（一）超富集植物与低富集作物吸收能力的差异

怀汀（Whiting）等（2001）研究了锌超富集植物遏蓝菜（*Thlaspi caerulesc-ens*，TC）和同属的非超富集植物遏蓝菜（*Thlaspi arvense*，TA）套种在添加ZnO或ZnS的土壤上的交互作用，与单种相比，TC的吸锌量显著增加，而与之互作的TA吸锌量则明显降低，并将其原因推测为TC有很强的吸锌能力，能优先吸收土壤中的锌，从而减少了TA对锌的吸收。黑亮等（2007）初步发现，套种条件下玉米可促进超富集东南景天吸收更多重金属，原因在于玉米根系降低溶液pH值和提高DOC及Zn/Cd浓度（表6.14），对理解两种植物的相互作用机理具有一定的参考价值。然而，DOC中起主要作用的成分及溶液pH值降低的作用因素，需要更深入地研究。

表6.14　盆栽试验不同种植处理污泥溶液的重金属含量、pH值和DOC

处理	Zn/(mg/kg)	Cu/(mg/kg)	Cd/(μg/kg)	pH值	DOC/(mg/L)
空白	1.83 ± 0.05a	0.14 ± 0.02a	3.48 ± 0.59ab	5.94 ± 0.09ab	160 ± 20abc
超富集东南景天	1.51 ± 0.02b	0.11 ± 0.03a	3.10 ± 0.24ab	6.15 ± 0.05a	135 ± 15bc
非超富集东南景天	1.81 ± 0.08a	0.10 ± 0.01a	3.73 ± 0.18ab	6.15 ± 0.07a	140 ± 10abc
玉米	1.86 ± 0.19a	0.14 ± 0.02a	4.38 ± 0.33a	5.81 ± 0.08b	177 ± 21ab
超东南景天+玉米	1.49 ± 0.05b	0.12 ± 0.01a	2.73 ± 0.53b	5.98 ± 0.08ab	116 ± 21.5c
超东南景天+玉米/玉	1.75 ± 0.12ab	0.13 ± 0.03a	3.85 ± 0.45ab	5.9 ± 0.09ab	200 ± 14.7a
非超东南景天+玉米	1.67 ± 0.12ab	0.11 ± 0.01a	3.20 ± 0.24ab	5.97 ± 0.09ab	167 ± 23.2abc
非超东南景天+玉米/玉	1.88 ± 0.11a	0.13 ± 0.01a	3.23 ± 0.36ab	6.0 ± 0.06ab	133 ± 20.4bc

温室土培盆栽试验中，在石灰性土壤加入$CdCO_3$条件下，研究印度芥菜和油菜套种对它们吸收土壤中难溶态镉（$CdCO_3$）的影响。随着土壤Cd含量的增加，印度芥菜无论是单作还是间作地上部吸Cd量均显著增加；而油菜在单作和间作条件下，地上部的吸Cd量在土壤Cd含量达到100mg/kg时比50mg/kg时非但没有增加，还略有下降，这主要是随着土壤加入Cd量的增加，油菜的地上部干重显著下降所致。无论是印度芥菜还是油菜，在土壤Cd量相同的条件下，间作时植株的吸Cd量都高于单作，其中土壤Cd含量达到100mg/kg时，印度芥菜还达到了显著水平，这说明印度芥菜和油菜在间作条件下，更有利于它们对石灰性模拟Cd污染土壤中难溶态镉的吸收，提高植物提取修复难溶态镉污染土壤的能力。与单种相比，间作对印度芥菜

吸收镉的能力无显著影响，但可以显著增加油菜植株体内的Cd含量，推测印度芥菜的根系有很强的活化能力，当印度芥菜和油菜互作以后，提高了印度芥菜和油菜吸收土壤中Cd的机会，因此和单作时相比，印度芥菜和油菜间作后提高了对土壤的净化率（表6.15）。

表6.15 印度芥菜和油菜在不同镉浓度下吸镉量及土壤净化率

Cd浓度/（mg/kg）	对植方式	镉富集量/（μg/株）		净化率/%	
		印度芥菜	油菜	印度芥菜	油菜
0	单作	0.95d	0.78b	—	—
	间作	0.93d	0.61b	—	—
50	单作	12.05c	5.39a	0.14	0.06
	间作	15.21c	6.21a	0.18	0.07
100	单作	19.12b	4.83a	0.11	0.03
	间作	23.10a	5.92a	0.14	0.04

（二）超富集植物与低富集作物根系分泌物的差异

由于间作是两种不同种类植物同时存在，它们的根系分泌物的种类、数量、组成不同。一种植物的根系分泌物可以在土壤中扩散到另一种植物的根际，改变根际土壤中重金属的有效性，从而影响另一种植物对重金属的吸收。如当在酸性较强的土壤中种植植物时，间作比单作更倾向于促进pH值升高。例如，玉米与豆类间作（$pH_{单}$=3.22，$pH_{间}$=3.82）、幼龄茶树和大豆间作等。此外，间作对土壤pH值的改变，也反过来影响了植物根系分泌物、土壤微生物、土壤酶活性，这些因素都不是独立的，它们相互影响相互制约，共同作用于土壤中重金属的有效性，影响着植物对重金属的吸收。

左元梅等（2004）研究报道，玉米/花生间作系统中，无论是玉米根系与花生根系直接接触，还是两者根系用尼龙网隔开，玉米的根系分泌物都能进入花生根际，活化土壤中难溶性Fe，从而提高了可被植物吸收的Fe含量，使得花生铁营养状况得到了明显的改善作用。白羽扇豆的根系分泌有机酸，活化土壤中不溶态的磷酸盐，使得与其间作种植的小麦可以吸收更多的P。小麦与玉米间作后，根系分泌物的种类和数量均发生变化。单作小麦和玉米主要分泌苹果酸和柠檬酸，而间作主要分泌酒石酸，并且分泌物中酸的种类增多，且大多数酸的含量升高。玉米和马唐间作，为了活化土壤中的养分，植物根系分泌了更多有机酸，间接活化了镉，使得植物对镉的累积量提高。大田条件下将东南景天与玉米间套种后，不同处理下随着试验的进行，土壤pH值有下降的趋势，前4次试验结束后已降至pH=4左右。因此，第5次试验加入石灰改良土壤，pH值明显升高（表6.16）。

表6.16　5次田间试验前后各处理小区pH值的变化

处理	试验前	第一次	第二次	第三次	第四次	第五次
		春种夏收	秋种春收	春留茬夏收	秋种夏收	秋种春收
单种	4.97 ± 0.11	4.67 ± 0.16	4.71 ± 0.10	4.54 ± 0.05	4.08 ± 0.05	5.45 ± 0.14
套种	4.92 ± 0.14	4.68 ± 0.20	4.75 ± 0.17	4.50 ± 0.14	4.04 ± 0.06	6.23 ± 0.59
套种+MC	4.84 ± 0.11	4.66 ± 0.15	4.92 ± 0.13	4.60 ± 0.11	3.98 ± 0.09	6.23 ± 0.09

pH值下降，土壤呈较强酸性，导致重金属的生物有效性增加。5次田间试验前后各处理土壤有效Cd和Zn大幅度下降，但有效Pb没有显著变化。推测超富集植物根系可能分泌更多质子，从而促进植物对土壤中元素的活化和吸收。麦克拉斯（Mcgrath）等（2007）利用根袋试验表明，土壤中有效Zn含量下降，不到超富集植物*T. caerulescens*吸收Zn总量的10%，说明*T. caerulescens*可以将土壤中难溶态Zn转化为有效态，使得土壤中有效Zn含量下降不多。张淑香等（2000）研究发现，作物根系分泌的脂肪酸在根际环境中的积累，尤其是在还原条件下的积累会造成局部土壤酸性环境。一些学者还提出超富集植物从根系分泌特殊有机物如有机酸来酸化根际重金属，从而促进土壤重金属的溶解和根系吸收，或者超富集植物的根毛直接从土壤颗粒上交换吸附重金属的观点。

（三）超富集植物与低富集作物间作影响土壤微生物

超富集植物改变生境种植在富含重金属的土壤中，改变生存环境后，可通过氧化还原作用或分泌出质子等方式改变土壤微生物的数量和种类，微生物可增加土壤中可溶态重金属的量。White等（2001）在Zn超富集植物的根围接种一种细菌，结果增加了根围土壤重金属的溶解量，与对照相比，该植物对Zn的累积量明显增加。间作可以提高土壤中微生物的丰度和活性，进而提高土壤重金属的有效性，促使植物吸收重金属。近年来，固氮菌、菌根真菌和放线菌等微生物也被应用到植物修复中。在植物修复中，可培育或筛选出特定的微生物，然后与特定的共生植物相匹配，使二者协调发挥作用，从而提高植物修复的效率。

（四）超富集植物与低富集作物间作影响土壤酶活性

超富集植物与作物间作后根系分泌物的改变，可能导致可溶态重金属的含量增加。当土壤中进入大量的可溶态重金属时，对土壤中的酶活性造成一定的影响。具体的影响机理有三个方面，分别为：第一，抑制作用，土壤酶的活性中心被进入土壤中的重金属所占据而无法与其他的基团（如羟基、巯基等）结合；第二，激活作用，土壤酶的合成需要重金属的参与，土壤重金属可以改变土壤酶表面所带的电荷，从而改变酶促反应的平衡；第三，没有专一性，土壤中的重金属对酶促反应没有相关的联系。

间作对土壤酶活性的影响因作物和土壤酶种类不同而改变，如板栗和茶树、玉米和大豆、玉米和花生等间作土壤酶活性都高于植物单作，进而提高土壤重金属的有效性，促使植物吸收重金属。相反的报道也表明，间作会降低土壤酶活性，玉米和鹰嘴豆间作后，玉米根围土壤中脲酶和酸性磷酸酶活性显著降低；香蕉和大豆、花生、生姜间作与香蕉单作相比，提高了土壤脲酶、碱性磷酸酶、蔗糖酶的活性，降低了土壤过氧化氢酶的活性。说明间作对土壤酶活性影响取决于参与间作的植物种类和土壤酶的种类。

总之，超富集植物是从富含重金属的土壤上筛选出来的，而作物当重金属浓度超过一定限制就会受到不同程度的伤害，把这两种不同生境的植物间作到一起，有可能通过根系改变土壤环境（如植物根系分泌物、土壤微生物、土壤酶活性、土壤的pH值），进一步改变根系吸收累积重金属的途径等。

第三节　苜蓿对土壤重金属的修复

豆科植物历来被很多学者用来对矿区重金属土壤污染的植物修复研究，长速快且产草量大的特性在众多植物中占据重要位置并有天然的固氮能力，不仅能吸收富集重金属，还能有效改善土壤的理化性质，被优先作为重金属污染土壤修复研究。许多学者研究证明，豆科植物适应尾矿重金属污染环境中生长。苜蓿属于豆科草本植物，以“牧草之王”著称，不仅产量高，而且草质优良，各种畜禽都喜食，是一种高产出的经济作物，传统种植苜蓿是为了获取牲畜饲料，而今有用紫花苜蓿改善生态环境及吸收土壤中的重金属，已有报道紫花苜蓿（*Medicago sativa L.*）对 Ni 和 Cu离子具有较高的富集作用，是一种很有应用前景的土壤修复植物。Peralta-Videa

等指出，紫花苜蓿是一种很有潜力的清除含有高含量 Cd、Cu 或 Zn 的土壤修复植物，是一种很有开发和利用价值的土壤修复植物。

一、苜蓿对重金属的富集作用及耐性研究

紫花苜蓿对Cd、Pb、Ni、Cu的富集作用明显，是修复污染土壤和改善生态环境的理想植物。叶春和于2002年研究了紫花苜蓿对铅污染土壤的修复能力，以10mmol/L $Pb(NO_3)_2$处理紫花苜蓿幼苗 10d，分析了Pb在紫花苜蓿幼苗根、茎、叶中的积累情况，Pb在根表皮细胞中的亚细胞区域化特点，以及Pb在紫花苜蓿体内的主要存在形式。结果表明，Pb在紫花苜蓿幼苗中积累量（M）特点为：$M_{根}>M_{茎}>M_{叶}$。同时 X-ray 微区分析显示，胞间隙是紫花苜蓿积累 Pb浓度最高的部位，细胞壁和液泡次之，胞质中最低。Pb的存在形式分析表明Pb在紫花苜蓿体内主要以难溶的形式存在，另外BSO能够加剧Pb污染对紫花苜蓿幼苗Pn累积和生长的抑制作用，显示了紫花苜蓿对Pb的耐受与植物络和素的形成有关。这些都表明紫花苜蓿对Pb具有一定的耐受机制，避免其对胞质代谢的毒性。同时紫花苜蓿具有很高的生物量和对Pb较高的富集作用，因此是一种很有利用价值的土壤铅污染修复植物。

紫花苜蓿幼苗在以含有10mmol/L $Pb(NO_3)_2$的*Hoagland*培养液处理10d后，其根、茎以及叶片内的Pb水平极显著升高，而根部比其他部位积累的多，具体地说，根中Pb水平分别是茎的 22.43倍，叶片的 35.466倍（表6.17）。

表6.17　Pb在紫花苜蓿幼苗不同部位中的含量

处理	紫花苜蓿不同部位中的 Pb 含量/（μg/g）		
	根	茎	叶
对照	15.31	20.34	16.17
Pb 10mmol/L	12134.21	541.08	342.17

用 X-ray 分别测定了紫花苜蓿幼苗根表皮细胞的细胞壁、细胞质、液泡以及细胞间隙中的Pb相对含量。结果表明，对照植株根细胞及细胞间隙中的Pb含量可能太低而没有测出。但是Pb处理的紫花苜蓿幼苗根细胞的细胞壁、细胞质、液泡和细胞间隙中积累了大量的Pb，其中细胞间隙中Pb含量最高，细胞壁和液泡次之，细胞质中的最低，具体来讲，细胞间隙、细胞壁和液泡中的Pb含量分别是细胞质中的 3.19、2.47和 1.70倍（图6.11，表6.18）。

表6.18　Pb在紫花苜蓿幼苗根表皮细胞中的区域化

处理	紫花苜蓿幼苗根表皮细胞不同部位 Pb 含量（CPS）			
	细胞壁	细胞质	液泡	细胞间隙
对照	0	0	0	0
Pb 10mmol/L	69.99	28.31	48.26	90.33

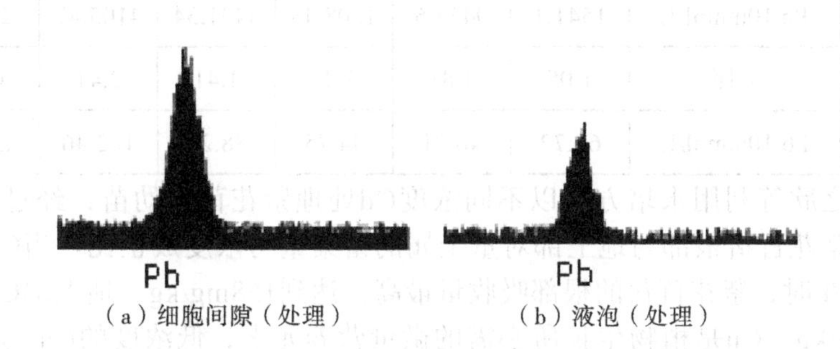

（a）细胞间隙（处理）　（b）液泡（处理）

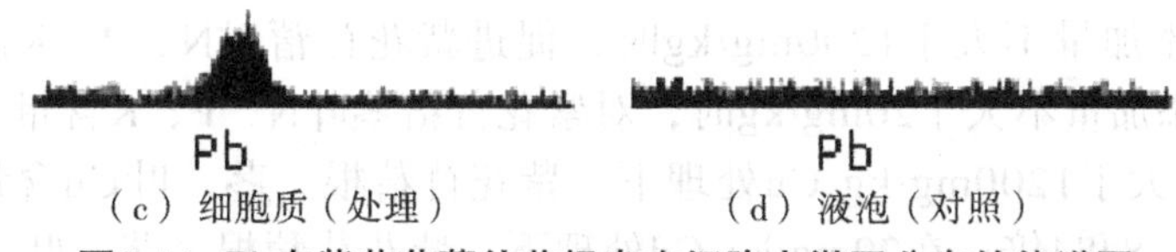

（c）细胞质（处理）　（d）液泡（对照）

图6.11　Pb在紫花苜蓿幼苗根表皮细胞中微区分布的能谱图

紫花苜蓿幼苗根和叶片内Pb化学形态的实验结果表明，在Pb污染下，Pb的醋酸（HAc）提取态和盐酸（HCl）提取态是紫花苜蓿幼苗根内 Pb的主要化学形态，它们分别占根中总含Pb量的 36%和 33%左右。其他形态的含量相对较低，它们的大小顺序为：$F_{HAc}>F_{HCl}>F_{Ehtanol}(12.6\%)>F_{NaCl}(9.9\%)>F_{Water}(7.7\%)>F_{Residue}(0.2\%)$。在叶片中Pb的主要提取形态与根中的相似，HCl 提取态和 HAc 提取态是主要形态，它们大约分别占叶片中总含Pb量的41%和20%（表6.19）。

紫花苜蓿对 Pb 的耐受机理在整体水平上表现为把 Pb 的积累局限于根部，从而避免对地上部分的毒害；在亚细胞水平上，将 Pb 区域化于细胞间隙、细胞壁及液泡等微区内，从而避免了 Pb 在胞质中的过度积累和对代谢酶的抑制作用。同时进入紫花苜蓿植株体内的 Pb 主要以难溶性的化合物形式存在，一方面阻止了 Pb 向植株地上部分的运输；另一方面造成其在胞间隙和细胞壁的沉积，减少了其进入细胞的机会和降低了 Pb 本身的毒性。由于紫花苜蓿具有很高的生物量（*biomass*），而且其对 Pb 具有较高的富集作用，可以有效地对Pb污染进行修复。

表6.19　紫花苜蓿幼苗根和叶片内 Pb 化学形态的含量

器官	处理	不同 Pb 化学形态的含量/（μg/g）					
		$F_{Ethanol}$	F_{Water}	F_{NaCl}	F_{HAc}	F_{HCl}	$F_{Residue}$
根	对照	1.84	1.47	2.56	4.89	2.37	4.91
	Pb 10mmol/L	1541.1	943.66	1208.43	4431.34	4105.47	26.88
叶	对照	1.05	1.81	2.21	1.41	2.41	0.92
	Pb 10mmol/L	60.72	40.21	44.75	88.23	182.46	26.37

牛之欣等利用水培方法以不同浓度Cd处理紫花苜蓿幼苗，经过5周培养后，紫花苜蓿根部与地上部对重金属的富集量与浓度成正比。当Cd浓度为20mg/L时，紫花苜蓿的根部吸收量最高，达到158mg/kg，地上部Cd含量为71mg/kg。Cu是植物生长所必需的微量营养元素，低浓度的Cu^{2+}会促进植物的生长，但过量的铜会抑制植物的生长。韩晓姝等采用盆栽实验研究了Cu^{2+}、Cd^{2+}单一污染对紫花苜蓿生长及氮磷钾含量的影响。结果表明，土壤Cu^{2+}添加量不大于1200mg/kg时，促进紫花苜蓿对N、P、K的吸收；土壤Cd^{2+}添加量不大于20mg/kg时，对紫花苜蓿茎叶N、P、K含量有促进作用。 在不大于1200mg/kg Cu处理下，紫花苜蓿根、茎、叶Cu含量分别是对照的21、8和4倍；在20mg/kg Cd处理下，紫花苜蓿根、茎、叶含Cd量达到最高水平，分别是对照处理的64、34和5倍，但是会促进紫花苜蓿对N、P、K的吸收，对Cd具有较好的耐性。说明紫花苜蓿可以很好地对土壤中Cu、Cd污染进行修复。余艳华等在2006年对Pb^{2+}、Ca^{2+}、Cd^{2+}对苜蓿种子发芽和生长情况进行了研究，结果表明，Pb^{2+}、Ca^{2+}、Cd^{2+}单一处理在低浓度时对苜蓿的发芽和生长有一定刺激作用。在浓度为100mg/kg时，苜蓿种子发芽率Pb^{2+}处理较对照增加了10.66%，Ca^{2+}处理增加了0.66%，Cd^{2+}处理增加了14%；Pb^{2+}处理在不大于3000mg/kg浓度时地上部分的长度比对照高出3.73%～13.53%，鲜重高出6.10%～22.95%；地下部分的长度比对照高出13.46%～24.50%，鲜重高出9.54%～211.07%；高浓度时随着浓度的升高而抑制效应增强。Ca^{2+}处理与Pb^{2+}处理趋势相同，但浓度达到3000mg/kg 就表现出抑制效应；Cd^{2+}的抑制最强烈，当浓度达到500mg/kg时就表现出明显的抑制效应，浓度为3000mg/kg时植株全部死亡。总体来说，Pb^{2+}影响幼苗成活率，而Ca^{2+}对发芽率抑制明显。Cd^{2+}对植株的发芽及生长均有强烈的抑

制作用。

二、重金属对苜蓿抗氧化酶的影响

酶是蛋白质，重金属毒害能使其失活、变性，甚至破坏。抗氧化酶系统是植物抵抗逆境的第一道防线，主要功能就是当植物受到逆境胁迫时产生氧自由基和过氧化物时清除活性氧自由基，防止氧自由基对植物细胞膜的伤害，抑制其膜脂过氧化，保护植物免受其伤害，还能增加植物对逆境胁迫的抵抗力。SOD、P弧和CAT这三种作为植物保护性酶，当植物体受到重金属胁迫会产生相应的一些变化，因此也可用来作为植物受重金属污染的指示剂。

植物在受到外界环境胁迫如重金属污染时，植物细胞内会产生较多的超氧自由基破坏植物细胞膜系统，逐渐积累会对植物造成伤害，植物自动启动保护酶系统清除其受胁迫产生的活性氧自由基。

（一）不同Pb、Zn浓度对紫花苜蓿、黄花苜蓿SOD活性的影响

由图6.12明显可以看出，紫花苜蓿地上部SOD活性在各铅锌浓度处理下呈上升趋势，而其地下部呈震荡上升趋势。紫花苜蓿地上部和地下部超氧化物歧化酶活性在5Pb+15Zn处理下分别是对照的6.37倍和1.89倍；黄花苜蓿在各处理下呈上升趋势，这种递增趋势更明显，地上部分别是对照的3.6、2.94、2.65、2.52、4.92、2.93、3.83、1.54倍：地下部分别是对照的2.28、2.21、3.64、9.95、7.31、7.23、6.8、9.77倍。说明SOD在紫花苜蓿和黄花苜蓿耐铅锌胁迫方面起到了积极作用。

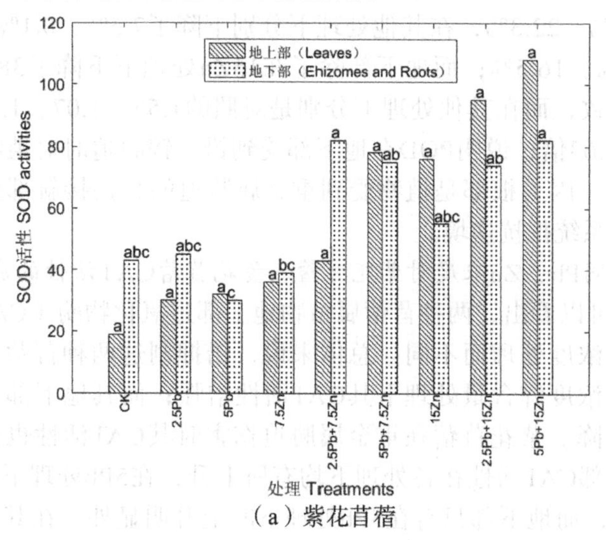

（a）紫花苜蓿

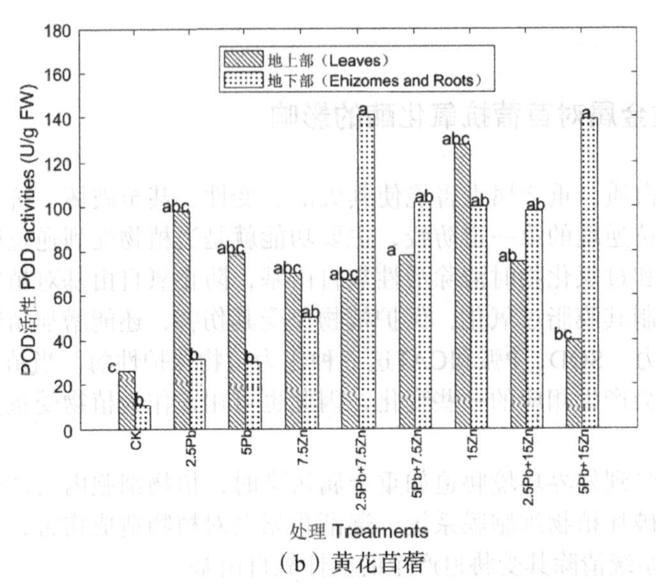

（b）黄花苜蓿

图6.12 不同Pb、Zn浓度对紫花苜蓿、黄花苜蓿SOD活性的影响

（二）不同Pb、Zn浓度对紫花苜蓿、黄花苜蓿POD活性的影响

由图6.13可以看出，紫花苜蓿、黄花苜蓿地上部及地下部过氧化物酶（POD）含量趋势趋同。紫花苜蓿地上部、地下部POD含量分别在15Zn处理下比对照下降了0.23、0.39倍；其他处理地上部分别是对照的2.22、2.5、2.0、2.12、1.94、1.2、1.72倍，地下部POD活性也比对照增强；说明在单一锌处理下，过量的锌破坏紫花苜蓿抗氧化酶系统，不能及时清除氧自由基，给植物造成伤害。黄花苜蓿叶片部分除了在2.5Pb、5Pb下POD活性分别增加了15.8%、22.3%，在其他处理下分别下降了7.5%、0.1%、20.7%、20.0%、12.8%、16.5%；而地下部除了在15Zn处理下下降了38.6%，与紫花苜蓿趋势一致，而在其他处理下分别是对照的1.55、1.07、1.47、1.47、1.47、1.36、1.63倍；说明POD在地下部受到铅、锌胁迫时对植物起到了很好的保护作用，因为根部是植物受到重金属胁迫的直接接触部位，接收到信号开启防疫系统抵抗逆境。

（三）不同Pb、Zn浓度对紫花苜蓿、黄花苜蓿CAT活性的影响

由图6.14可以看出，两种苜蓿属植物地上部过氧化物酶（CAT）活性因着不同铅、锌浓度处理而不同。总体来说，铅抑制这两种苜蓿属植物CAT的活性，在高浓度锌含量处理下其CAT活性增强；而其地下部在任何处理下均比对照下降。紫花苜蓿在重金属胁迫伤害时其CAT活性也受到抑制，黄花苜蓿地上部CAT活性在各处理下均有所上升，在5Pb处理下CAT活性为对照的4.37倍，而地下部只有在5Pb处理下时上升明显外，在其他处理下无

明显规律。

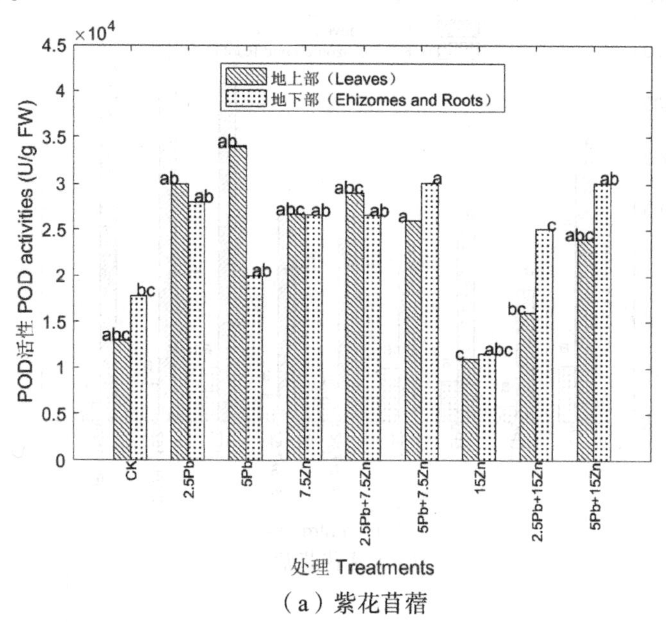

（a）紫花苜蓿

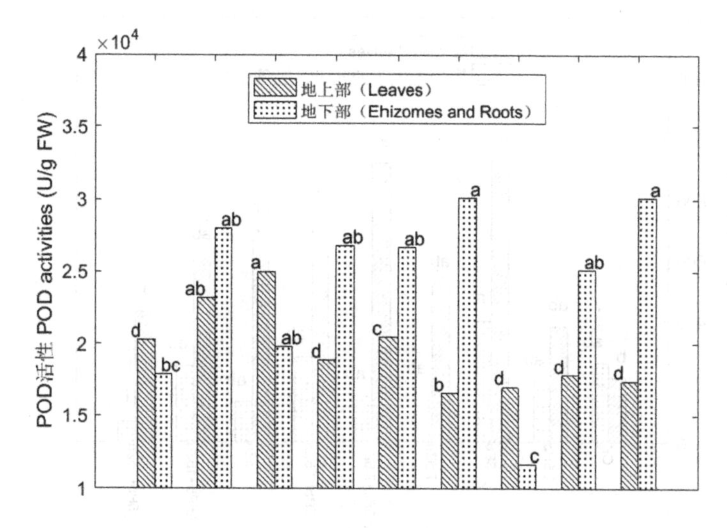

（b）黄花苜蓿

图6.13　不同Pb、Zn浓度对紫花苜蓿、黄花苜蓿POD活性的影响

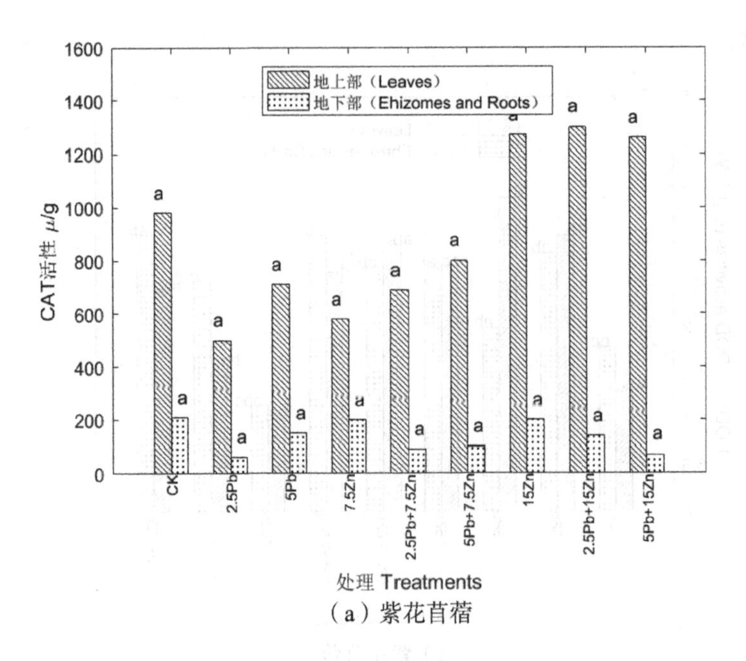

（a）紫花苜蓿

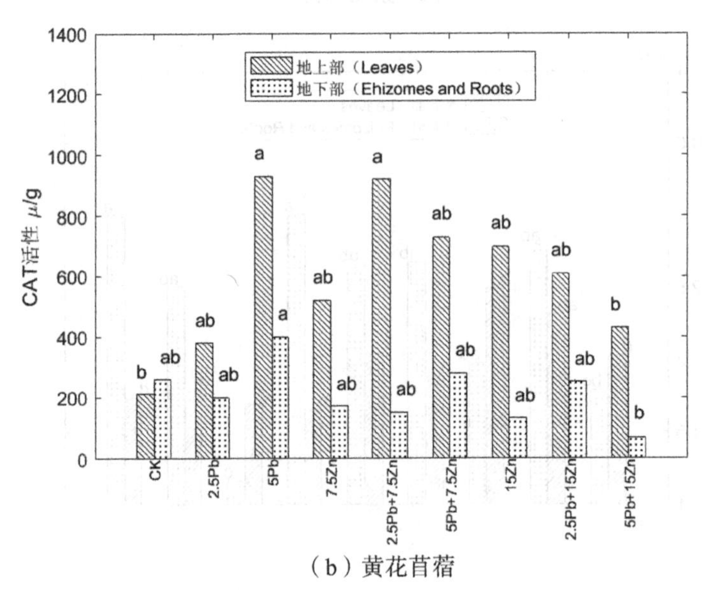

（b）黄花苜蓿

图6.14 不同Pb、Zn浓度对紫花苜蓿（A）、黄花苜蓿（B）CAT活性的影响

三、苜蓿与微生物的联合修复

黄晶、凌婉婷等研究了丛枝菌根真菌（AMF）对紫花苜蓿吸收土壤中

Cd和Zn的影响，结果表明，Cd、Zn 污染下AMF 仍然明显侵染紫花苜蓿，并促进紫花苜蓿对 Cd、Zn 的吸收积累，但不同 AMF 影响的效应和植株不同部位对重金属的吸收积累规律存在差异。AMF 处理下紫花苜蓿根部 Cd、Zn 含量和积累量明显增加，但地上部 Cd、Zn 的含量则降低，地上部 Zn 的积累量也减小，这表明AMF 处理减弱了 Cd、Zn 由根部向地上部的运移，减轻了植物地上部毒害。接种 AMF 条件下，植株尤其是根部生物量增加是 Cd、Zn 在其体内含量和积累量增加的重要因素，不同种类 AMF 促进植株生物量增加的幅度不同，导致植株对 Cd、Zn 的积累和抗性存在差异。

表6.20 出苗80d时接种不同AMF处理的植株Cd含量及积累量

处理	Cd含量/（mg/kg）				Cd积累量/（mg/pot）			
	地上部	变化幅度	根部	变化幅度	地上部	变化幅度	根部	变化幅度
CK	6.3（2.6）		76.9（9.4）		3.4（0.8）		48.9（11.1）	
G.la	4.8（1.5）	-24.1%	99.0（1.3）	29%	4.5（1.5）	32.1%	80.9（25.1）	64.8%
A.m	2.5（1.2）	-60.0%	100.4（15.4）	31%	2.0（0.9）	-41.0%	83.9（25.1）	71.9%
G.m	4.7（1.1）	-25.1%	93.8（18.3）	22%	3.0（0.5）	-11.9%	73.7（25.3）	51.0%
G.i	1.4（1.2）	-77.2%	111.0（3.4）	44%	1.3（1.2）	-60.8%	100.5（6.7）	105.8%
G.e	4.5（3.1）	-30.1%	89.8（3.3）	17%	4.8（3.5）	40.8%	64.8（4.9）	31.9%
G.c	3.4（3.7）	-46.0%	91.6（6.4）	19%	2.7（2.9）	-19.2%	68.4（7.8）	40.2%
D.s	9.2（2.4）	50.2%	92.8（29.7）	21%	7.9（2.9）	136.0%	76.2（49.3）	55.7%
G.a	5.4（2.5）	-15.1%	115.6（24.8）	50%	5.3（2.1）	56.8%	109.8（44.9）	123.6%

接种AMF后，重金属Cd和Zn在紫花苜蓿体内的含量和分布发生明显变化（见表6.20、表6.21）。80d收获时接种AMF处理植株地上部Cd含量为1.43～9.18mg/kg，根部Cd含量为89.71～115.53mg/kg；未接种AMF对照处理地上部的 Cd 含量为6.34mg/kg，根部为76.94mg/kg。表6.20中数据表明，除了D.s外，其他7种AMF处理的植物地上部 Cd 含量均低于对照，但AMF种类不同，植物地上部Cd含量降低幅度差异很大（15%～77%）；接种处理的根部 Cd 含量则均高于对照，增加幅度为17%～50%。从植株Cd积累量来看，接种AMF处理植株地上部 Cd 积累量为1.32～7.96mg/pot，根部 Cd 积累量为64.8～109.82mg/pot；未接种 AMF 对照处理的地上部 Cd 积累量为

3.37mg/pot，根部为48.92mg/pot。8种 AMF处理的根积累量均高于对照，增加幅度从 32%至 124%，平均增加了68%。D.s、G.a、G.e 和G.la 处理的地上部Cd积累量高于对照处理，而 A.m、G.m、G.i 和 G.c 处理的地上部 Cd积累量则低于对照。

表6.21 出苗80d时接种不同AMF处理的植株Zn含量及积累量

处理	Zn含量/（mg/kg）				Zn积累量/（mg/pot）			
	地上部	变化幅度	根部	变化幅度	地上部	变化幅度	根部	变化幅度
CK	76.0（23.6）		229.7（32.5）		41（5.7）		146（33.98）	
G.la	23.5（0.99）	-69%	273.4（45.4）	19%	21.8（3.1）	-47%	223.3（35.1）	53%
A.m	17.8（1.65）	-77%	279.5（32.4）	22%	13.9（1.5）	-66%	226.8（14.7）	55%
G.m	40.3（5.2）	-47%	320.9（29.1）	40%	25.9（6.8）	-37%	246.9（53.1）	69%
G.i	83.6（2.5）	10%	355.9（9.5）	55%	74.7（8.7）	82%	322.1（15.1）	121%
G.e	21.3（0.7）	-72%	235.3（20.4）	2%	23.1（4.1）	-44%	170.1（20.6）	16%
G.c	43.9（13.6）	-42%	323.6（47.9）	41%	37.2（8.3）	-9%	241.6（44.8）	65%
D.s	60.2（12.3）	-21%	326.4（39.1）	42%	50.4（16.3）	23%	246.1（59.0）	69%
G.a	59.1（5.5）	-22%	309（20）	35%	62.3（24.7）	52%	283.2（49）	94%

80d时接种AMF的紫花苜蓿地上部Zn含量为17.81～83.59mg/kg，根部Zn含量为273.42～355.94mg/kg；未接种AMF处理（CK）植物地上部 Zn 含量为76.03mg/kg，根部为229.70mg/kg。表6.21中数据表明，除了G.i 外，其他7种AMF处理的植株地上部Zn含量均低于对照，降低幅度为 21%～77%；根部 Zn含量则均高于对照，增幅为2%～55%。从植物 Zn 积累量来看，接种 AMF 处理植株地上部 Zn 积累量为13.93～74.74mg/pot，根部 Zn 积累量为170.14～322.12mg/pot；未接种 AMF 对照处理地上部Zn积累量为41.00mg/pot，根部为146.06mg/pot。8种AMF 处理的根部Zn积 累量均高于对照，增幅为16%～121%。G.i、D.s和G.a处理的地上部Zn积累量高于对照，而G.la、A.m、G.m、G.e 和 G.c 处理的地上部Zn积累量则低于对照。

娄晨就纳米材料–紫花苜蓿–根瘤菌复合体系对镉污染土壤修复进行了研究。结果发现：在TY培养基中，不同的纳米材料对根瘤菌的生长均有较大影响。当纳米羟基磷灰石浓度达到0.5g/100ml时，根瘤菌活菌数量减少12.92%。而纳米Fe_2O_3浓度达到0.5g/100ml时，根瘤菌活菌数量减少43.80%。对比可见，纳米Fe_2O_3对根瘤菌的影响远高于纳米羟基磷灰石。

盆栽试验中，随着土壤Cd浓度升高，紫花苜蓿的株高、根长、结瘤数目及干重均呈下降趋势。Cd浓度越高，对紫花苜蓿的影响越大。低Cd浓度下，接种根瘤菌CCNWSX0020可以明显提高紫花苜蓿的结瘤数目。但当Cd浓度达到40mg/kg时，接菌与否对结瘤的影响不显著。

纳米羟基磷灰石-紫花苜蓿-根瘤菌复合体系可以有效减少土壤中的总Cd含量，使土壤中总Cd含量降低16.57%。该复合体系还使土壤中有效态Cd含量显著降低，土壤中减少35.04%的有效态Cd，将之转化为生物无法利用的残留态Cd，减轻Cd对生物的毒性。此外，紫花苜蓿茎叶部分的Cd含量也显著降低17.46%。

纳米Fe_2O_3-紫花苜蓿-根瘤菌复合体系能够使土壤中总Cd含量降低14.93%。该体系显著降低土壤中的有效态Cd含量，降低33.79%。不仅如此，紫花苜蓿茎叶部分的Cd含量也显著降低了20.11%。

参考文献

[1] 王连生 . 环境中的有机金属化合物 [M]. 南京大学出版社，1989.

[2] 马蓓蓓 . 环境样品中有机金属化合物的检测及形态分析 [J]. 中国卫生检验杂志，2002，12(5)：623-625.

[3] 王莉，康树静，王浩 . 土壤重金属污染 [J]. 科技信息：科学教研，2008(19)：53-53.

[4] 崔德杰，张玉龙 . 土壤重金属污染现状与修复技术研究进展 [J]. 土壤通报，2004，35(3)：366-370.

[5] 夏星辉，陈静生 . 土壤重金属污染治理方法研究进展 [J]. 环境科学，1997(3)：72-76.

[6] 郭平，谢忠雷，李军，等 . 长春市土壤重金属污染特征及其潜在生态风险评价 [J]. 地理科学，2005，25(1)：108-112.

[7] 顾继光，周启星，王新 . 土壤重金属污染的治理途径及其研究进展 [J]. 应用基础与工程科学学报，2003，11(2)：143-151.

[8] 陈怀满，郑春荣，涂从，等 . 中国土壤重金属污染现状与防治对策 [J]. 人类环境杂志，1999(2)：130-134.

[9] 沈振国，陈怀满 . 土壤重金属污染生物修复的研究进展 [J]. 生态与农村环境学报，2000，16(2)：39-44.

[10] 宋伟，陈百明，刘琳 . 中国耕地土壤重金属污染概况 [J]. 水土保持研究，2013，20(2)：293-298.

[11] 王新，周启星 . 土壤重金属污染生态过程、效应及修复 [J]. 生态科学，2004，23(3)：278-281.

[12] 宋玉芳，许华夏，任丽萍，等 . 土壤重金属污染对蔬菜生长的抑制作用及其生态毒性 [J]. 农业环境科学学报，2003，22(1)：13-15.

[13] 屈冉，孟伟，李俊生，等 . 土壤重金属污染的植物修复 [J]. 生态学杂志，2008，27(4)：626-631.

[14] 王心义，杨建，郭慧霞 . 矿区煤矸石堆放引起土壤重金属污染研究 [J]. 煤炭学报，2006，31(6)：808-812.

[15] 范拴喜，甘卓亭，李美娟，等 . 土壤重金属污染评价方法进展 [J]. 中国农学通报，2010，26(17)：310-315.

[16] 陈世宝，华珞 . 有机质在土壤重金属污染治理中的应用 [J]. 农业环

境与发展，1997(3)：26-29.

[17] 刘勇，岳玲玲，李晋昌 . 太原市土壤重金属污染及其潜在生态风险评价 [J]. 环境科学学报，2011，31(6)：1285-1293.

[18] 高太忠，李景印 . 土壤重金属污染研究与治理现状 [J]. 生态环境学报，1999(2)：137-140.

[19] 滕彦国，庹先国，倪师军，等 . 应用地质累积指数评价攀枝花地区土壤重金属污染 [J]. 重庆环境科学，2002，24(4)：25-27.

[20] 钟晓兰，周生路，赵其国 . 长江三角洲地区土壤重金属污染特征及潜在生态风险评价——以江苏太仓市为例 [J]. 地理科学，2007，27(3)：395-400.

[21] 李永涛，吴启堂 . 土壤重金属污染治理措施综述 [J]. 生态环境学报，1997(2)：134-139.

[22] 郭笑笑，刘丛强，朱兆洲，等 . 土壤重金属污染评价方法 [J]. 生态学杂志，2011，30(5)：889-896.

[23] 杨苏才，南忠仁，曾静静 . 土壤重金属污染现状与治理途径研究进展 [J]. 安徽农业科学，2006，34(3)：549-552.

[24] 郭朝晖，朱永官 . 典型矿冶周边地区土壤重金属污染及有效性含量 [J]. 生态环境学报，2004，1(4)：553-555.

[25] 张磊，宋凤斌，王晓波 . 中国城市土壤重金属污染研究现状及对策 [J]. 生态环境学报，2004，13(2)：258-260.

[26] 许学宏，纪从亮 . 江苏蔬菜产地土壤重金属污染现状调查与评价 [J]. 生态与农村环境学报，2005，21(1)：35-37.

[27] 徐友宁，张江华，刘瑞平，等 . 金矿区农田土壤重金属污染的环境效应分析 [J]. 中国地质，2007，34(4)：716-722.

[28] 钟晓兰，周生路，李江涛，等 . 长江三角洲地区土壤重金属污染的空间变异特征——以江苏省太仓市为例 [J]. 土壤学报，2007，44(1)：33-40.

[29] 张孝飞，林玉锁，俞飞，等 . 城市典型工业区土壤重金属污染状况研究 [J]. 长江流域资源与环境，2005，14(4)：512-515.

[30] 徐燕，李淑芹，郭书海，等 . 土壤重金属污染评价方法的比较 [J]. 安徽农业科学，2008，36(11)：4615-4617.

[31] 常学秀，施晓东 . 土壤重金属污染与食品安全 [J]. 环境科学导刊，2001，20(s1)：21-24.

[32] 祖艳群，李元 . 土壤重金属污染的植物修复技术 [J]. 环境科学导刊，2003，22(s1)：58-61.

[33] 武正华，张宇峰，王晓蓉，等 . 土壤重金属污染植物修复及基因技

术的应用 [J]. 农业环境科学学报，2002，21(1)：84-86.

[34] 史贵涛，陈振楼，李海雯，等．城市土壤重金属污染研究现状与趋势 [J]. 环境监测管理与技术，2006，18(6)：9-12.

[35] 姜菲菲，孙丹峰，李红，等．北京市农业土壤重金属污染环境风险等级评价 [J]. 农业工程学报，2011，27(8)：330-337.

[36] 刘玉燕，刘敏，刘浩峰．城市土壤重金属污染特征分析 [J]. 土壤通报，2006，37(1)：184-188.

[37] 魏秀国，何江华，陈俊坚，等．广州市蔬菜地土壤重金属污染状况调查及评价 [J]. 土壤与环境，2002，11(3)：252-254.

[38] 樊文华，白中科，李慧峰，等．复垦土壤重金属污染潜在生态风险评价 [J]. 农业工程学报，2011，27(1)：348-354.

[39] 郭伟，赵仁鑫，张君，等．内蒙古包头铁矿区土壤重金属污染特征及其评价 [J]. 环境科学，2011，32(10)：3099-3105.

[40] 刘春早，黄益宗，雷鸣，等．湘江流域土壤重金属污染及其生态环境风险评价 [J]. 环境科学，2012，33(1)：260-265.

[41] 徐龙君，袁智．土壤重金属污染及修复技术 [J]. 环境科学与管理，2006，31(8)：67-69.

[42] 彭景，李泽琴，侯家渝．地积累指数法及生态危害指数评价法在土壤重金属污染中的应用及探讨 [J]. 广东微量元素科学，2007，14(8)：13-17.

[43] 黄勇，郭庆荣，任海，等．城市土壤重金属污染研究综述 [J]. 热带地理，2005，25(1)：14-18.

[44] 陈晶中，陈杰，谢学俭，等．北京城市边缘区土壤重金属污染物分布特征 [J]. 土壤学报，2005，42(1)：149-152.

[45] 丁真真．中国农田土壤重金属污染与其植物修复研究 [J]. 水土保持研究，2007，14(3)：19-20.

[46] 陈涛，常庆瑞，刘京，等．长期污灌农田土壤重金属污染及潜在环境风险评价 [J]. 农业环境科学学报，2012，31(11)：2152-2159.

[47] 马成玲，周健民，王火焰，等．农田土壤重金属污染评价方法研究——以长江三角洲典型县级市常熟市为例 [J]. 生态与农村环境学报，2006，22(1)：48-53.

[48] 刘哲民．宝鸡土壤重金属污染及其防治 [J]. 干旱区资源与环境，2005，19(2)：101-104.

[49] 王英辉，陈学军，赵艳林，等．铅锌矿区土壤重金属污染与优势植物累积特征 [J]. 中国矿业大学学报，2007，36(4)：487-493.

[50] 李井峰．土壤重金属污染治理方法研究进展 [J]. 科研：00202-

00203.

[51] 郑海龙，陈杰，邓文靖，等．南京城市边缘带化工园区土壤重金属污染评价 [J]. 环境科学学报，2005，25(9)：1182-1188.

[52] 杨科璧．中国农田土壤重金属污染与其植物修复研究 [J]. 世界农业，2007，14(8)：58-61.

[53] 罗强，任永波，郑传刚．土壤重金属污染及防治措施 [J]. 世界科技研究与发展，2004，26(2)：42-46.

[54] 王海慧，郇恒福，罗瑛，等．土壤重金属污染及植物修复技术 [J]. 中国农学通报，2009，25(11)：210-214.

[55] 顾红，李建东，赵煊赫．土壤重金属污染防治技术研究进展 [J]. 中国农学通报，2005，21(8)：397-399.

[56] 郭伟，孙文惠，赵仁鑫，等．呼和浩特市不同功能区土壤重金属污染特征及评价 [J]. 环境科学，2013，34(4)：1561-1567.

[57] 任旭喜．土壤重金属污染及防治对策研究 [J]. 环境保护科学，1999(5)：31-33.

[58] 谢荣秀，田大伦，方晰．湘潭锰矿废弃地土壤重金属污染及其评价 [J]. 中南林业科技大学学报，2005，25(2)：38-41.

[59] 邵学新，吴明，蒋科毅．土壤重金属污染来源及其解析研究进展 [J]. 广东微量元素科学，2007，14(4)：1-6.

[60] 佟洪金，涂仕华，赵秀兰．土壤重金属污染的治理措施 [J]. 西南农业学报，2003(s1)：33-37.

[61] 李海霞，胡振琪，李宁，等．淮南某废弃矿区污染场的土壤重金属污染风险评价 [J]. 煤炭学报，2008，33(4)：423-426.

[62] 王真辉，林位夫．农田土壤重金属污染及其生物修复技术 [J]. 海南大学学报 (自然科学版)，2002，20(4)：386-393.

[63] 马瑾，潘根兴，万洪富，等．珠江三角洲典型区域土壤重金属污染探查研究 [J]. 土壤通报，2004，35(5)：636-638.

[64] 和莉莉，李冬梅，吴钢．我国城市土壤重金属污染研究现状和展望 [J]. 土壤通报，2008，1(5)：1210-1216.

[65] 刘敬勇．矿区土壤重金属污染及生态修复 [J]. 中国矿业，2006，15(12)：66-69.

[66] 夏来坤，郭天财，康国章，等．土壤重金属污染与修复技术研究进展 [J]. 河南农业科学，2005(5)：88-92.

[67] 沈根祥，谢争，钱晓雍，等．上海市蔬菜农田土壤重金属污染物累积调查分析 [J]. 农业环境科学学报，2006，25(S1)：46-49.

[68] 程炯，吴志峰，刘平，等．福建沿海地区不同用地土壤重金属污染及其评价 [J]. 土壤通报，2004，35(5)：639-642.

[69] 柴世伟，温琰茂，张亚雷，等．地积累指数法在土壤重金属污染评价中的应用 [J]. 同济大学学报（自然科学版），2006，34(12)：1657-1661.

[70] 余剑东，倪吾钟，杨肖娥．土壤重金属污染评价指标的研究进展 [J]. 广东微量元素科学，2002，9(5)：11-17.

[71] 檀满枝，陈杰，徐方明，等．基于模糊集理论的土壤重金属污染空间预测 [J]. 土壤学报，2006，43(3)：389-396.

[72] 李娟娟，马金涛，楚秀娟，等．应用地积累指数法和富集因子法对铜矿区土壤重金属污染的安全评价 [J]. 中国安全科学学报，2006，16(12)：135-139.

[73] 陈迪云，谢文彪，宋刚，等．福建沿海农田土壤重金属污染与潜在生态风险研究 [J]. 土壤通报，2010，41(1)：194-199.

[74] 肖鹏飞，李法云，付宝荣，等．土壤重金属污染及其植物修复研究 [J]. 辽宁大学学报（自然科学版），2004，31(3)：279-283.

[75] 刘晶，滕彦国，崔艳芳，等．土壤重金属污染生态风险评价方法综述 [J]. 环境监测管理与技术，2007，19(3)：6-11.

[76] 郑国璋．农业土壤重金属污染研究的理论与实践 [M]. 北京：中国环境科学出版社，2007.

[77] 李向，李玲玲．GIS 支持的土壤重金属污染评价与分析 [M]. 郑州：郑州大学出版社，2012.

[78] 徐明岗，曾希柏，周世伟．施肥与土壤重金属污染修复 [M]. 北京：科学出版社，2014.

[79] 张学洪，刘杰，朱义年．重金属污染土壤的植物修复研究：李氏禾铬超富集特征、机理及修复潜力研究 [M]. 北京：科学出版社，2011.

[80] 胡振琪，杨秀红，张迎春．重金属污染土壤的粘土矿物与菌根稳定化修复技术 [M]. 北京：地质出版社，2006.

[81] 陈英旭．土壤重金属的植物污染化学 [M]. 北京：科学出版社，2008.

[82] 骆永明．重金属污染土壤的香薷植物修复 [M]. 北京：科学出版社，2012.

[83] 陈怀满．土壤－植物系统中的重金属污染 [M]. 北京：科学出版社，1996.

[84] 范拴喜．土壤重金属污染与控制 [M]. 北京：中国环境科学出版社，2011.

[85] 周振民 . 污水灌溉土壤重金属污染机理与修复技术 [M]. 北京：中国水利水电出版社，2011.

[86] 张世熔 . 重金属污染土壤修复植物种质资源研究 [M]. 北京：科学出版社，2013.

[87] 孙锐，舒帆，郝伟，李丽，孙卫玲 . 典型 Pb/Zn 矿区不同用地类型土壤重金属污染特征与 Pb 同位素源解析 [J]. 环境科学，2011（4）：1146-1153.

[88] 张世熔，贾永霞 . 重金属污染土壤修复植物种质资源研究：以川西矿区为例 [M]. 北京：科学出版社，2013.

[89] 杨卓，尹凡 . 重金属污染土壤的植物修复及其强化技术研究 [M]. 长春：吉林人民出版社，2014.

[90] 郑佳 . 土壤中矿物临界吸附量以及重金属污染矿物学评价 [D]. 北京大学硕士论文，2006.

[91] 王祖伟，王中良 . 天津污灌区重金属污染及土壤修复 [M]. 北京：科学出版社，2014.

[92] 滕葳 . 重金属污染对农产品的危害与风险评估 [M]. 北京：化学工业出版社，2010.

[93] 李东伟，尹光志，焦斌权 . 重金属污染土壤 (渣汤) 环境危害及综合防治技术 [M]. 北京：科学出版社，2012.

[94] 张学洪，刘杰，朱义年 . 重金属污染土壤的植物修复技术研究 [M]. 杭州：科学出版社，2011.

[95] 廖敏 . 重金属镉、铅、汞对土壤作物系统的生态效应 [M]. 杭州：浙江大学出版社，2013.

[96] 崔兆杰，成杰民，王加宁 . 盐渍土壤石油 – 重金属复合污染修复技术及示范研究 [M]. 北京：科学出版社，2015.

[97] 李梦红 . 农田土壤重金属污染状况与评价 [D]. 济南: 山东农业大学，2009.

[98] 赵淑苹 . 哈尔滨市绿地土壤重金属污染及评价 [D]. 哈尔滨：东北林业大学，2005.

[99] 徐冬寅 . 金矿区农田土壤重金属污染与人体健康风险研究 [D]. 西安：长安大学，2011.

[100] 赵庆龄 . 基于文献计量的土壤重金属污染国际比较研究 [D]. 北京: 中国农业科学院，2010.

[101] 王嘉 . 铜陵矿区土壤重金属污染现状评价与风险评估 [D]. 合肥：合肥工业大学，2010.

[102] 陈婧．典型金属矿山城市土壤重金属污染及健康风险评估 [D]. 合肥：合肥工业大学，2013.

[103] 张锂．黄土高原地区煤矿土壤重金属污染调查研究及生态风险评价 [D]. 兰州：西北师范大学，2007.

[104] 张春梅．城市土壤重金属的污染和生态风险评价 [D]. 杭州：浙江大学，2006.

[105] 陈江奖．工矿区土壤重金属生态风险评价 [D]. 厦门：厦门大学，2007.

[106] 严重玲．植物抗氧化酶系对土壤重金属（Hg、Cd、Pb）胁迫的响应 [D]. 2008.

[107] 尤冬梅．农田土壤重金属污染监测及其空间估值方法研究 [D]. 北京：中国农业大学，2014.

[108] 王新，贾永锋．紫花苜蓿对土壤重金属富集及污染修复的潜力 [J]. 土壤通报，2009，40(4)：932-935.

[109] 吴卿，高亚洁，李东梅，等．紫花苜蓿对重金属污染河道底泥的修复能力研究 [J]. 安徽农业科学，2011，39(28)：17376-17378.

[110] 潘澄，滕应，骆永明，等．紫花苜蓿、海州香薷及伴矿景天对多氯联苯与重金属复合污染土壤的修复作用 [J]. 土壤学报，2012，49(5)：1062-1067.

[111] 湛天丽．贵州铜仁汞矿区农田土壤重金属污染风险评估和紫花苜蓿修复效果 [D]. 贵阳：贵州大学，2017.

[112] 厉芳．转基因紫花苜蓿及其抗重金属、抗有机污染物研究 [D]. 青岛：青岛科技大学，2014.

[113] 权美平，王娟．紫花苜蓿对重金属、石油污染土壤的植物修复研究 [J]. 陕西农业科学，2013，59(1)：159-160.

[114] 林双双．AM 真菌调节紫花苜蓿对重金属元素 Cd 的吸收和分配策略 [D]. 兰州：兰州大学，2013.

[115] 娄晨．纳米材料－紫花苜蓿－根瘤菌复合体系对镉污染土壤修复技术的研究 [D]. 杨凌：西北农林科技大学，2016.

[116] 李跃鹏．紫花苜蓿对土壤中镉—芘复合污染的修复及机理 [D]. 广州：暨南大学，2012.

[117] 任丽娟．紫花苜蓿吸收土壤中重金属 Cd、Co 影响因素的研究 [D]. 乌鲁木齐：新疆大学，2015.

[118] 谭凌艳，杨柳燕，缪爱军．人工纳米颗粒对重金属在水生生物中的富集与毒性研究进展 [J]. 南京大学学报（自然科学），2016，52(4)：

582-589.

[119] Alexandre KONATE. 磁性四氧化三铁纳米颗粒对黄瓜和小麦的生理学效应及其对重金属毒性的缓解作用 [D]. 北京：中国农业大学，2017.

[120] 李帅，刘雪琴，王发园，等 . 纳米氧化锌、硫酸锌和 AM 真菌对玉米生长的影响 [J]. 环境科学，2015，36(12)：4615-4622.

[121] 葛春梅，黄茜枝，林道辉，等 . 人工纳米材料对贝类生态毒理效应的研究进展 [J]. 生态毒理学报，2015，10(4)：1-16.

[122] 朱蕊 . 土壤中无机纳米颗粒提取、表征及其重金属吸附研究 [D]. 杭州：浙江大学，2011.

[123] 王丽华 . 纳米氧化锌和纳米银对丛枝菌根的毒性效应 [D]. 洛阳：河南科技大学，2014.

[124] 李鸿程 . 几种典型人工纳米材料的生物毒性效应研究 [J]. 中国科学院生态环境研究中心，2009.

[125] 胡俊栋，刘崴，沈亚婷，等 . 天然有机质存在条件下的纳米颗粒与重金属协同行为研究 [J]. 岩矿测试，2013，32(5)：669-680.

[126] 李远，李忠海，黎继烈 . Fe_3O_4 纳米颗粒制备及其在重金属富集检测中的研究进展 [J]. 食品工业，2014(6)：205-208.

[127] 张海祥 . 谷胱甘肽引导合成金属纳米颗粒及其检测重金属离子的应用 [D]. 天津：天津大学，2015.

[128] 游海萍 . 纳米颗粒对红萍富集水体中重金属的影响 [D]. 福州：福建师范大学，2014.